国家"十三五"重点图书出版规划项目

常青　主编 | 城乡建成遗产研究与保护丛书

都市演进的技术支撑

上海近代建筑设备特质及社会功能探析（1865—1955）

Technical Foundation of Modern Shanghai:

A Study on the Development and Social Implications of Building Services 1865－1955

蒲仪军　著

在观察和表达中

不可避免

重构了上海

这,就是我的上海

总　序

国际文化遗产语境中的“建成遗产”(built heritage)一词，泛指历史环境中以建造方式形成的文化遗产，其含义大于“建筑遗产”(architectural heritage)，可包括历史建筑、历史聚落及其他人为历史景观。

从历史与现实的双重价值来看，建成遗产既是国家和地方昔日身份的历时性见证，也是今天文化记忆和“乡愁”的共时性载体，可作为所在城乡地区经济、社会可持续发展的一种极为重要的文化资源和动力源。因而建成遗产的保护与再生，是一个跨越历史与现实、理论与实践，人文、社会科学与工程技术科学的复杂学科领域，有很强的实际应用性和学科交叉性。

显然，就保护与再生而言，当今的建成遗产研究，与以往的建筑历史研究已形成了不同的专业领域分野。这是因为，建筑历史研究侧重于时间维度，即演变的过程及其史鉴作用；建成遗产研究则更关注空间维度，即本体的价值及其存续方式。二者在基础研究阶段互为依托，相辅相成，但研究的性质和目的已然不同，一个主要隶属于历史理论范畴，一个还需作用于保护工程实践。

追溯起来，我国近代以来在该领域的系统性研究工作，应肇始于1930年由朱启钤先生发起成立的中国营造学社，曾是梁思成、刘敦桢二位学界巨擘开创的中国建筑史研究体系的重要组成部分。斗转星移80载，梁思成先生当年所叹“逆潮流”的遗产保护事业，于今已不可同日而语。由高速全球化和城市化所推动的城乡巨变，竟产生了未能预料的反力作用，使遗产保护俨然成了各地趋之若鹜的社会潮流。这恰恰是因为大量的建设性破坏，反使幸存的建成遗产成为了物稀为贵的珍惜对象，不仅在专业研究及应用领域，而且在全社会都形成了保护、利用建成遗产的价值共识和风尚走向。但是这些倚重遗产的行动要真正取得成功，就要首先从遗产所在地的实际出发，在批判地汲取国际前沿领域先进理念和方法的基础上，展开有针对性和前瞻性的专题研究。唯此方有可能在建成遗产的保护与再生方面大有作为。而实际上，迄今这方面提升和推进的空间依然很大。

与此同时，历史环境中各式各样对建成遗产的更新改造，不少都缺乏应有的价值判断和规范管控，以致不少地方为了弥补观光资源的不足，遂竞相做旧造假，以伪劣的赝品和编造的历史来冒充建成遗产，这类现象多年来不断呈现泛滥之势。对此该如何管控和纠正，也已成为城乡建成遗产研究与实践领域所面临的棘手挑战。

总之，建成遗产是不可复制的稀有文化资源，对其进行深度专题研究，实施保护与再生工程，对于各地经济、社会可持续发展具有愈来愈重要的战略意义。这些研究从基本概念的厘清与限定，到理论与方法的梳理与提炼；从遗产分类的深度解析，到保护与再生工程的实践探索，需要建立起一个选题精到、类型多样和跨学科专业的研究体系，并得到出版传媒界的有力助推。

为此，同济大学出版社在数载前陆续出版“建筑遗产研究与保护丛书”的基础上，规划出版这套“城乡建成遗产研究与保护丛书”，被列入国家“十三五”重点图书。该丛书的作者多为博士学位阶段学有专攻，已打下扎实的理论功底，毕业后又大都继续坚持在这一研究与实践领域，并已有所建树的优秀青年学者。我认为，这些著作的出版发行，对于当前和今后城乡建成遗产研究与实践的进步和水平提升，具有重要的参考价值。

是为序。

同济大学教授、城乡历史环境再生研究中心主任
中国科学院院士

丁酉正月初五于上海寓所

序　言

在蒲仪军博士的大作《都市演进的技术支撑》付梓之际，我感到由衷的高兴。蒲仪军博士的著作是在他的博士论文基础上修改、完善、提高而成的。我有幸作为他的论文评阅人，并参加了他的论文答辩，当时他的论文被所有的答辩委员会成员一致同意推荐为优秀博士论文，并最终获评 2015 年同济大学优秀博士论文。

蒲仪军早年学的是暖通专业，毕业后在设计院工作，由于种种机缘巧合从事了建筑设计，而后报考了同济大学建筑与城市规划学院的研究生，并成为常青院士的弟子。常青院士知人善任，根据蒲仪军的背景确定了他从事建筑设备发展史方向的研究。我以为这是常老师非常有远见的决定。同时，常老师又给予十分深入和细致的指导，使得这项研究具有很高的立意。

蒲仪军博士的著作有几个重要特点：

首先，他的研究填补了国内建筑设备应用历史的空白。国内已经有一些相关的技术史著作出版，如《中国制冷史》《中国电器工业发展史》等，都是反映行业发展的脉络，重点在各项关键技术的编年。但还未曾见过从应用的视角，综合各种建筑设备和系统，并与市井生活息息相关并体现社会文化发展的历史书籍。其次，本书明确了上海作为中国近代建筑设备引进、制造和应用发祥地的地位。随着老一代建筑设备专业技术人员和学者逐渐离去，这段历史也行将失传。现在的许多年轻建筑从业者，耳熟能详的多是国外品牌的建筑设备，国内知名品牌的建筑设备制造中心也转移到广东和山东，似乎上海就是一个"舶来主义"城市，没有传承。我作为在上海工作多年的从事建筑设备相关领域研究的学者，感到惋惜也感到惭愧。相信这本书的出版，会对上海建设科技创新中心有所推动，使上海重新恢复建筑设备研究、开发、制造和应用的中心地位。再者，本书诠释了技术在现代文明中所起的决定性作用。建筑设备的应用，关联千家万户，深刻影响人们的生活方式和社会文化。20 世纪初，上海在短短开埠五十年的时间里，就从一个传统中国小港发展成为著名国际大都市，外来文化和先进的设施设备的引进功不可没。今天，世界已经进入互联网和人工智能的时代，中国更需要具备开放和包容的心态，吸纳人类文明的精华，才能实现民族的伟大复兴。

本书反映出作者深厚的学术功底和严谨的治学态度。蒲仪军博士具备暖通空调和建筑史学科的双重背景，有完成这一跨学科研究的基本条件。但完成此类建筑历史和建筑遗产的著述，没有捷径，也不靠灵感，需要作者从浩如烟海的历史文献中查阅和整理资料。本书引用了500多篇文献，对这些文献的梳理和提炼，是一件艰苦的工作。作者还采访了数位建筑设备行业的前辈，对于他们的口述历史，再进一步寻找文献的佐证。做这样的历史研究工作，并没有什么看得见的实际利益。在当今比较浮躁的社会氛围下，蒲仪军博士为同龄人树立了榜样。他的艰苦劳动，理应得到社会的认可。

对近年来成为社会热点的南方供暖问题，书中也有回应。首先证明了中国最早的集中供暖并不在北方城市，而是在上海；其次也厘清了1949年以后集中供暖作为当时少数人享用的"奢侈品"，与"四马路""青红帮"等一起作为旧社会的残渣余孽被扫荡的历史。现在，政府的执政理念转到以人为本的方向，供暖问题应该成为民生问题，进入政府议事日程。

本书文笔流畅、旁征博引，还加入了不少闻人轶事，通俗易懂。不仅适合研究者和技术人员阅读，也适合一般读者和普通市民。相信本书会给读者们带来知识和愉悦。

2017年3月

目　录

第1章 导 言

上海，世界第六大城市；上海，东方的巴黎；上海，西方的纽约。

——《上海指南》(1935 年版)[①]

1.1 上海灯火

这是 1935 年版《上海指南》开篇的三个排比句，极力渲染了当时上海与其他中国城市相比最与众不同的特色。从 1843 年开埠，在短短不足百年的时间，上海(租界)就从一片芦苇丛生的荒野成长为一个当时中国独有的、"高楼百尺，火树银花不夜城"的摩登城市，一个"最现代化，最富有活力"的都市中心。[②]

1865 年 12 月 18 日，上海租界南京路点燃了 10 盏煤气路灯，这标志着上海煤气灯使用的开始。当时煤气路灯安装的南京路宛如悬挂夜明珠的长廊，使得游人如织，流连忘返，被赞为"地火天灯，灿若星辰"。[③] 煤气灯的明亮与传统照明用具(如豆油灯、蜡烛等)的昏暗形成鲜明对比。煤气灯的首次点亮从某种程度上甚至比矗立在外滩的那些外廊式的康白渡(Compradoric Style)的建筑更能引起人们心底的震撼了。

而此时在欧洲的大城市，煤气灯照明已经普及。在巴黎，最早的煤气灯就是在拱廊里设置的，如果没有煤气灯，让闲逛者充满幻想的那种成为"室内"的街道(拱廊街)几乎不可能出现。在拿破仑三世(1808－1873)统治时期，巴黎的汽灯数量飞速增长，城市的安全程度因此提高，夜里人们在街上也会觉得很安逸。同时，汽灯比高楼大厦更成功地把星空从大城市的背景中抹去。[④]

像煤气灯这样给城市及建筑提供运行支持和保障的设施是西方工业革命后的产物。工业革命以纺织机械和蒸汽机为代表，实现了人类生产从手工劳动到机械制造的大转折。煤气灯、自来水、热水汀等设备的发明起初是为了解决资本主义快速发展的生

---

① All about Shanghai and Environs. A Standard Guidebook. 1935:1.

② 张鹏. 都市形态的历史根基:上海公共租界市政发展与都市变迁研究[M]. 上海:同济大学出版社,2008:1.

③ 上海煤气公司. 上海市煤气公司发展史(1865—1995)[M]. 上海:上海远东出版社,1995:5.

④ (德)瓦尔特·本雅明. 刘北成译. 巴黎,19 世纪的首都[M]. 上海:上海人民出版社, 2007:112.

产问题及城市快速扩张的环境问题，尔后再进入人们的生活领域。一开始使用煤气灯的是在棉纺厂，它使昼夜生产成为可能。工业革命带来的城市人口急剧增加导致环境恶化、瘟疫流行，也从卫生的角度让城市及建筑的给排水成为必需。如今，我们将这些与建筑紧密联系，并为建筑服务、提升建筑物性能及环境舒适度的给排水、电气、采暖通风空调等设施通称为建筑设备(Building Services)。

随着大规模以“水电煤卫”为主的市政建设，西方城市面貌发生了很大程度的转变，人们的居住环境变得更为舒适和便利。以此，也促使了人的观念及思想的相应变化，整体推动了西方的社会现代化，这些变化大都发生在 19 世纪中后半叶。与此同时，在东方的上海，随着西方殖民者在租界不断扩张，这些先进的装备被先后引入：1881 年是电灯、1882 年是电话、1883 年是自来水。而自来水(Faucet Water，Hydrant Water)及自来火(Matches Gas)[①]这些设施的中文译名也说明了当时人们对这些器物神奇功能的惊羡。在大规模的市政基础建设下，上海的建筑里开始装配了马桶、浴缸、电灯、电扇、电话、热水汀、电梯及消火栓等设备。进入 20 世纪后，空调也开始进入建筑，这也使得上海(主要是原来的租界区域)的城市、建筑环境面貌发生了巨大的改变。租界市政建设的迅速发展及其所显示出的先进西方近代文明，与传统的华界形成强烈的对比。[②] 这也促使了华界的效仿，按照唐振常先生的说法，西方现代性的物质层面比它的“精神”层面更能容易被中国人接纳，至于上海人对于西方现代性的物质形式的接受是明显遵循一个典型步骤的：“初则惊，继则异，再继则羡，后继则效”[③]这也从客观上推进了整个上海现代化的发展。

建筑设备的引入使得建筑的性能得到了巨大的提升，正是这些新技术的运用才真正使得上海的建筑逐渐缩短了与西方发达国家的距离，并使上海成为中国近代建筑业中处于领先地位的城市。[④] 20 世纪初在上海出现的各种新式功能的建筑：电影院、百货商店、公寓、舞厅和宾馆等，都武装有各式各样的先进建筑设备，离开这些建筑设备的支持，所有的建筑都无法使用。法租界高层公寓里 24 小时供应热水和煤气，直达各层的升降机让城市生活舒适便捷；外滩洋行里安装的热水汀采暖系统，让冬天温暖如春；公共租界的电影院开放的冷气使得夏天的酷暑全无；南京路商店橱窗绚丽的霓虹灯成为都市美丽的风景线，等等。这些新式体验都反映出上海的整个城市面貌出现了与过去非常不同的特质：时髦和现代，简而言之，就是摩登。而摩登则是 20 世纪二三十年代认识上海的关键词，是当时乃至现在上海最与众不同的特征。

英文的 Modern(法文 Moderne)是在上海有了它的第一个译音，根据辞海的解释：

---

① The Chinese Language in Fifty Ten-minute Lessons[J]. The China Weekly Reviews，1931-9-12.

② 伍江. 上海百年建筑史(1840—1949)[M]. 上海：同济大学出版社，2008：40.

③ 李欧梵. 上海摩登[M]. 毛尖，译. 北京：北京大学出版社，2005：6 .

④ 伍江. 上海百年建筑史(1840—1949)[M]. 上海：同济大学出版社，2008：57-58.

中文的摩登在日常会话中有"新奇和时髦"之义。至少在上海,现代性,正如它的译音"摩登"所示,已经成为风行的都会生活方式。[①] 而摩登的标志,就是"高高地装在一所洋房顶上而且异常庞大的霓虹电管广告,射出火一样的赤光和青磷似的绿焰:Light, Heat, Power![②]"在这里,用英文直接呈现的霓虹灯广告"光,热,力"除了一方面提醒人们控制这座城市的真正力量是国际资本主义,更是一种都市现代性的宣告。电灯发出的灿烂光辉,锅炉产生的巨大热能,发动机释放的无穷动力是"新时代的燃料和引擎",是这个摩登城市存在和发展的最重要的物质支撑。

李欧梵认为"至今没有引起学者足够重视的是西方文明在物质层面上对于中国的影响。"[③]摩登上海的发展,离不开这些看似普通,却总被研究忽略的建筑物质设备的支持。从某种意义上,它们也是理解上海现代性的钥匙之一。

哈贝马斯(J. Habermas)也指出,现代性体现在现代自然科学、普遍道德和法律以及自主的艺术等文化形式之中,也体现在技术和生产力的发展、社会民主制度的构建、个人和集体同一性的形成等社会现象之中。[④] 这也说明对于都市现代性的考察需要从多个纬度和层面来切入。建筑设备首先作为建筑的有机组成部分,是如何对建筑活动从器物层面(建筑技术)、制度层面(建筑制度)和精神层面(建筑观念)三方面进行影响的?再者,上海近代建筑设备演进与上海都市文明的关联是如何建立的?或者说近代建筑设备是如何影响上海现代化的?近代建筑设备的发展又受到哪些因素的影响?这些因素反过来对上海的现代性构建又起到什么作用?这些作用又是如何显现?对这些深层有着内在联系问题的探讨都使得对上海近代建筑设备的研究成为一种需要,这些问题产生和思考也成为本书研究的起点。

1.2　建筑设备概念认知

同"建筑"一样,中文"建筑设备"一词也是从日文间接转译过来。[⑤] (图1-1)19世纪中叶,日本被迫开埠,全国从上而下全盘实行西化,日本全面从欧美学习文化与技术,包括建筑技术,推动了日本近代建筑的发展。与此同时,也开启了日本对于西方科学文化词汇的翻译。"建筑设备"一词,早期并无定义,"建筑设备"作为一个集合名词,逐步形

---

① 李欧梵.上海摩登[M].毛尖,译.北京:北京大学出版社,2005:77.

② 茅盾.子夜[M]//茅盾选集.成都:四川人民出版社,1982:1.

③ 李欧梵.上海摩登.[M].毛尖,译.北京:北京大学出版社,2005:6.

④ 汪行福.走出时代的困境[J].引自王远义:《对中国现代性的一种观察》.台大历史学报,2001(28).

⑤ 建筑设备一词也是日语对于西语的意译,早期并没有专门定义,而后是对各种与建筑有关设施的统称,最早可追溯到1929年(昭和4年)日本出版的《建筑设备》一书。1934年(昭和九年)日本佐野利器编写的《高等建筑学第12卷—建筑设备》。同年,东京常盘书店出版了中西义荣编著的《建筑设备》。

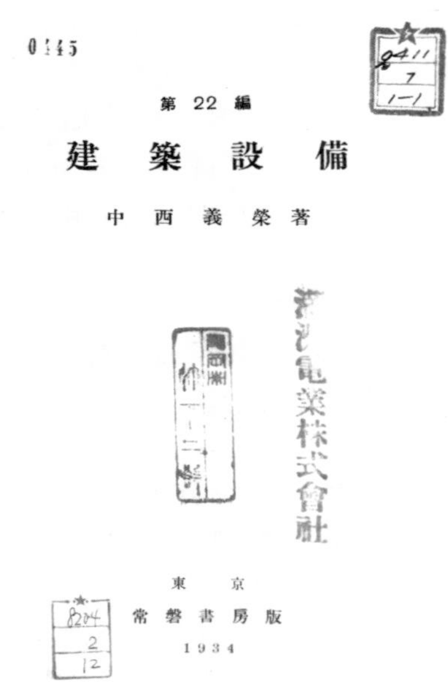

第 22 編

建 築 設 備

中 西 義 榮 著

東 京
常 磐 書 房 版
1934

图 1-1　日本 1934 年出版的《建筑设备》

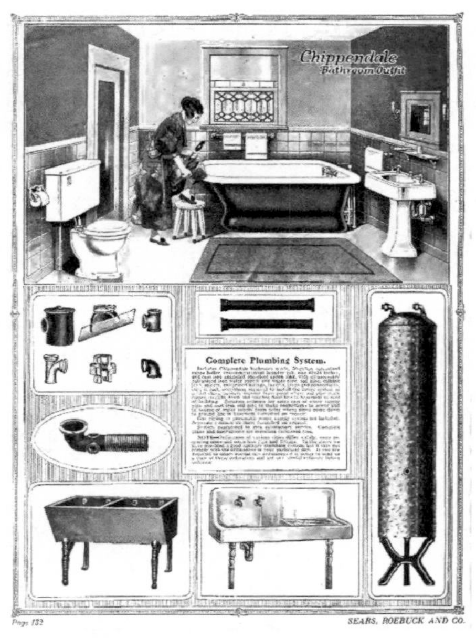

图 1-2　美国家庭卫生设备广告

成其内涵，而其外延随着时代的发展不断扩展。

作为西方舶来之物，建筑设备概念的形成、发展背景与西方工业革命、殖民扩张密切相关。

1.2.1　建筑设备发展概述

现代意义上的建筑设备是西方工业革命之后的产物。而在此之前的时期，刘易斯·芒福德称之为“原始技术(Eotechnic)时代”，生产技术水平低下，当时人类的生活用具：水罐、便桶、火塘、蜡烛、油灯和壁炉等则是现代建筑设备的雏形，我们称之为原始建筑设备。这些设备的形态在世界各地基本都相差不大。

工业革命后，近代技术文化语境逐渐形成，启蒙运动、百科全书派的技术乐观主义以及德国的技术理性主义逐渐取代了中世纪的宗教文化，这为各种建筑设备的发明提供了思想准备；西方工业生产发展速度加快，物质手段与生产力发展需求在很多方面出现了极大矛盾：大机器、规模化生产需要 24 小时连续照明，洲际运输需要冷冻保鲜设施等都成为急需解决的问题；与此同时，不仅大城市快速膨胀，人口拥挤，而且新兴城市也发展快速。城市的过快发展直接导致了城市基础设施配套严重滞后，与快速发展的社会经济不能匹配，由此带来城市严峻的环境问题成为那个时代急需解决的社会问题之一；此时，新的建筑类型：火车站、办公楼、工厂、医院、百货商店和影剧院等也不断出现，新的建筑形式有新的功能要求，更需要从建筑技术上解决这些功能问题。这些原因都促使需要发明新的设备来为建筑服务，以满足需要。

基于以上的因素，建筑设备在工业革命后

随着技术发展和特别是19世纪大规模的城市市政建设，迅速出现并普及开来。欧洲已有五百年的有限城市在这一个世纪内完全改观了，这是由一系列前所未有的技术和社会经济发展相互影响而产生的结果。[①] 本书附表《西方近代建筑设备演进表》从当时主要的科学理论、建筑技术及设备发明之间的关系入手，借以梳理一个简明的建筑设备演进脉络。

新式设施设备发明首先用于工业建筑，以提高生产效率及安全性，而后再进入居住建筑，对居住形态和生活舒适度产生重要的影响，进而对整个建筑发展产生影响。作为不可阻挡的历史洪流，建筑设备的普及非常迅速。建筑设备甚至比建筑样式及风格更具有普适性和先验性，在建筑还不能摆脱承重的古典外壳的时候，他们的内部都纷纷开始武装各种建筑设备，整个室内环境已经先期现代化了。

建筑设备的出现对建筑本体产生了重要影响。这些机械化的服务设施影响建筑平、立、空间的变化。给排水技术的发展和完善，使得卫浴空间慢慢变成了建筑空间中必不可少的一部分。当开始使用管道供应冷热水并进行排水时，卫浴方式也完成了从游牧式到固定式的转变，[②]这就开启了卫生间的专门化，图1-2为19世纪末美国家庭的卫浴设备广告。与此同时，对于大型建筑来说，与之配套的建筑设备间或设备层成为建筑设计的必须。空调、煤气灯、电灯等设备出现后导致房屋可以脱离自然条件的限制而获得自由：建筑的层高可以降低、进深可以扩展、开窗面积可以缩小。电梯与钢结构一起，使得建筑向高度方向发展成为可能。

建筑设备的出现极大地促进了社会的发展。煤气照明使得二十四小时轮班工作成为可能，因此成为工业革命的推手；同时这些新式照明不仅延长了晚间的娱乐时间，也使得城市的安全程度得以提高。新式照明使得白昼变长，夜间阅读成为可能，民众读书识字的程度由此大幅提升，也促进了夜校的出现，有助于产生新的文化和教育形式；垂直运输设备——电梯的出现使得城市密度的增加成为可能；卫生设备系抑制了各种微生物疾病的传播，不仅提高了城市的卫生，同时也延长了人的寿命。

建筑设备的出现极大地促进了社会的变化。建筑设备工业化及批量生产，使得“舒适”慢慢变成了一种大众商品；室内给排水设施、煤气灶具、电灯等设备的普及，加速了仆佣阶层的消失，最终促进了社会阶层的整合；煤气及电力设备进入建筑使得室内摆脱燃料烟尘污染，室内清洁也成为可能，卫生间的出现使得清洁更成为一种“习惯”；由于室内没有明火的出现，降低了建筑火灾的发生概率。各种设备进入建筑，打破了建筑原

---

① (美)肯尼斯·弗兰姆普敦.现代建筑：一部批判的历史[M].张钦楠等，译.北京：生活·读书·新知三联书店，2005：11.

② Siegfried Gideion. MechanizationTakes Command: A Contribution to Anonymous History[M]. New York Oxford University Press，1995：686.

本自给自足的独立性，这些设备管道系统连同建筑的道路等将建筑与城市的其他部分连接在一起：从而使得个体（建筑）成为社会（城市）运行链条中一部分，加强了个体生活对社会组织的依赖，这也是伴随而来的现代社会特征之一。

同时，建筑设备成为室内风格最重要的表现部件。随着功能的不断改进，这些器物也越来越适用且精美，它们不仅提供生理的舒适，更提供视觉的愉悦。社会风尚的变迁，材料与技术的革命，在建筑设备这些器物上表现得十分明显。建筑设备的演化，不仅是生产技术和生活观念发展变化的缩影和表征，同时成为时间驻留的容器，承载着珍贵的社会信息。①

随着工业革命的成功，西方列强国家也开始了第二次海外扩张②，与第一次不同的是西方国家经过近代工业革命的洗礼，不仅有了更利于进攻和镇压的坚船利炮，而且还拥有了能够吸引他国的物质文明和先进的科技文化。水、电、煤、卫等作为西方物质文明象征的建筑设备成为扩张最有说服力的文明武器。

在亚洲地区，1864 年底英国的殖民地——香港点燃了 500 盏煤气灯，绵延 15 英里（约 24.1 公里）。③ 1865 年，上海租界也点燃了煤气灯。在上海租界煤气灯出现的七年后，日本横滨也在法国工程师亨利·澳格斯特·贝尔戈林（Henri Auguste Pelegrim）指导下，于 1872 年点燃了街头的煤气灯，据说贝尔戈林也就是上海法租界煤气街灯系统的建立者。④

明治维新后，日本通过对国外技术的引进吸收很快走向了强国之路。1895 年日本因马关条约殖民台湾，积极开展对台殖民建设，也宣示了台湾近代化建设的开始，这也成为台湾地区近代建筑史研究的起始点。在此期间，各项公共基础设施建设亦多延续清末的基础进行修缮沿用，例如，铁道建设、电力、电信及城市卫生的改善等公共工程建设，其目的是为加速开发台湾产业，促进货物流通，积极建设，发展资本主义，欲使台湾成为世界模范殖民地。⑤

由此可见，亚洲国家的近代化，如近代的城市化和城市的近代化是被催发而成的。⑥ 亚洲近现代建筑发展也都明显地受到西方殖民主义的影响，而以水电设施设备为前导的城市建设使得传统城市向现代城市的转型成为可能。虽然东方国家及城市近代化的一些基本生活特征和理念具有相似性，但各个国家特别是城市间却又有各自的

---

① 王绪远. 壁炉：浓缩世界室内装饰史的艺术[M]. 上海：上海文化出版社，2006：16.

② 第一次海外扩张是指 15—16 世纪英、法、西班牙、葡萄牙、荷兰的航海远征。

③ Dan Waters. Hong Kong Hongs With Long Histories and British Connections[J]. Journal of the Royal Asiatic Society Hong Kong Branch，1990(30)：247.

④ Takeyoshi Hori，Shinya Izumi. Dynamic Yokohoma：A City on the move. City of Yokohama1986：22-36.

⑤ 廖镇诚. 日治时期台湾近代建筑设备发展之研究[D]. 桃园：中原大学，2007：21.

⑥ 上海档案馆. 上海和横滨：近代亚洲两个开放城市[M]. 上海：华东师范大学出版社，1997：5.

独特性。因此对于这些具有相似发展历程的亚洲国家及城市近代设备发展的研究参照及比较,也为我们理解上海近代建筑设备的演变提供了更为广阔的视野和空间。

1.2.2 建筑设备特质与社会功能

建筑设备是工业革命的产物,是新的社会需求与生产力发展相互触发的体现,反映了工业时代的技术特征。与此同时,建筑设备的发明又不仅仅是一种技术的进步,刘易斯·芒福德指出:机器确实使我们我们周围的物理环境发生了巨大的变化,但是,从长远来说,这种变化也许比不上机器在精神方面对文化的贡献。[①] 指出了技术与文化之间的紧密关联,工业革命后,技术越来越多地参与了文化的建构,在不同的地域,技术更是参与具有地方特色文化特质的搭建。而在这一点上,作为西方舶来品的建筑设备则在东方殖民地或开埠城市显现出强烈的影响:不仅提高了当地的建筑技术水平,提升了城市环境的品质,同时改变了当地的生活方式,更潜移默化地影响了社会观念,成为传统到现代社会演变的重要推手。

1. 建筑设备与技术文化

工业革命后,新器物构成了现代化、城市化的重要零件和元素,全面广泛深刻地改变了人们的生产方式与生活方式。刘易斯·芒福德认为技术在现代文明中起到了决定性作用,把技术的历史作为人类文化的一个组成部分,同时去评估其社会的和文化的对应性。并提出了是否能将一种特定的,为人类生活服务的技术所特有的性质提炼出来,并加以定义?能否从道德方面、社会方面、政治方面和美学方面,将其与早前较原始的形式区分开来?[②] 这为研究建筑设备提供了新的视角。威托德·黎辛斯基从建筑文化方面对各种建筑设备发明并进入建筑后对于社会及建筑发展的作用进行阐述[③],指出建筑设备改变了舒适的体验并成为了现代建筑的推手。

现代建筑的诞生,并不仅是现代美学思想的影响,很大程度上是由于科技进步带来的建筑技术的发明,特别是建筑设备技术的发明。作为一种现代技术的载体,建筑设备主要为城市及建筑提供运行的支撑,建筑设备的发明也为居住和生活所带来的体验:舒适性(comfortable),成为一个随着时代不断演进的词汇[④]。与此同时,建筑设备的演进成为建筑平面变化的动因,房间的专门化改变了对亲密与隐私的认识,煤气灯及通风设备的问世象征着家庭理性化[⑤]等,这些都显示了建筑设备所具有的技术文化属性。

---

① (美)刘易斯·芒福德.技术与文明[M].陈允明等,译.北京:中国建筑工业出版社,2009:2.

② 同上,10.

③ 详见《清洁与高雅:浴室和水厕趣史》(中文版2007年)。

④ 详见(法)琼恩·德尚著的《舒适年代》(中文版2011年)。

⑤ 详见(美)威托德·黎辛斯基著的《金屋、银屋、茅草屋》(中文版2007年):22-27。

在近代，西方的新技术传入中国，都不同程度地参与了地方文化特质的建构。比如火车、轮船、汽车，甚至照相和唱片，对于中国社会、经济、文化的影响都是巨大的。已有的参照研究[①]从不同的侧面揭示了近代科技发明在近代中国社会的遭际及其意义。如果说新式交通工具改变了人们空间观念、时间观念的复杂影响，那么对于建筑设备的传入及发展在近代中国社会的特定语境下的技术文化特性的解读则更具有现实的意义。

2. 建筑设备与现代性

正如阿尔布劳所总结的那样，现代性是“理性、领土、扩张、革新、应用科学、国家、公民权、官僚组织和其他许多因素的大融合”。这些因素集中表现在三方面：民族国家的出现、科学的发展、普遍的世俗思想即“启蒙思想”的兴起。[②] 而对于近代中国而言，中国的现代性建构，千言万语，则不外乎是一个现代中国文明秩序的塑造。[③] 中国近代城市与建筑对于中国现代性进程的响应突出反映在建筑系统内部各组成要素上。其现代性的内涵包括现代性进程中所遭遇到的所有问题及解决方案。[④] 在民族国家、消费文化、地方性及城市化等方面建筑设备都参与其建构。

煤气灯、电灯等这些外来的建筑设备在晚清，一开始不只是照明用具，而且是西方文化、城市近代化的象征物。[⑤] 物质生活器物的变化相伴随的是人们生活方式的巨大变化，[⑥]本质上是对整个社会文明进程的影响。上海之所以比中国别的开放城市先进发达，就是因为上海很早就从现代化进入了现代性。也就是说，现代性在现代化的过程中植入了上海和它的居民的本质中。[⑦] 在一般中国人的日常想象中，上海和现代很自然就是一回事。[⑧]

开埠之后，煤气灯、电灯、自来水、浴缸和马桶等这些设备的引入对上海社会变化的影响是巨大的。这些变化通过物质层面与非物质层面两方面对上海社会发生着影响。而本书是对上海近代建筑特质及社会功能的解析，聚焦的核心问题是近代上海建筑设备的演进与上海都市现代性的关系。

在现代性的其他方面，罗芙芸(Ruth Rogaski)通过阐述中国通商口岸卫生与疾病的含

---

① 具体参考有丁贤勇的《新式交通与社会变迁——以民国浙江为中心》(2007 年)，葛涛的《唱片与近代上海社会生活》(2009 年)和《具像的历史——照相与清末明初的上海社会生活》(2011 年，与石冬旭合著)等。

② 秦晓. 现代性有什么错？从杰姆逊的现代性言说谈起[J]. 北京：长城，2003(2).

③ 金耀基. 中国的现代转向[M]. 牛津大学出版社，2004：自序.

④ 彭长歆. 现代性地方性岭南城市与建筑的现代转型[M]. 上海：同济大学出版社，2012：21.

⑤ 熊月之. 照明与文化：从油灯、蜡烛到电灯[J]. 社会科学. 2003(3)：99-100.

⑥ 李长莉. 晚清上海风尚与观念的变迁[M]. 天津：天津大学出版社，2010：1.

⑦ (法)白吉尔. 上海史：走向现代之路[M]. 王菊，赵念国，译. 上海：上海社会科学出版社，2005：430.

⑧ 李欧梵. 上海摩登[M]. 毛尖译. 北京：北京大学出版社，2005：4.

义,[①]并以中国中心的意识,揭示了卫生如何在19、20世纪成为中国的现代性表述中的紧要因素。她解释了卫生的现代性不仅改变了一座城市,还塑造了中国人对于在立足于现代世界的卫生要求的认知,这对正确认识建筑设备发展的起因与社会作用有着重要的作用。葛凯(Karl Gerth)关于中国20世纪早期国货运动的研究[②]指出影响近代(Modern)世界的两大关键力量—民族主义(Nationalism)和消费主义(Consumerism)先后在中国滋长。在20世纪早期,民族主义把每件商品贴上"中国的"或"外国的"标签,消费文化变成了民族性概念被清晰表达,被制度化及被实践的场所,这为研究近代上海建筑设备产业及行业发展的复杂性研究提供了观测的视角。

李欧梵从都市文化和文学的角度对上海现代性的研究[③]。孙绍谊观察了1927年至1937年期间的上海半殖民地文化和现代性[④],通过对小说、电影、建筑、广告乃至时装等多重话语构建起来的关于上海都市之想象的探索,重现检视了都市上海在中国现代政治和文化史上的角色。这些对本书的研究提供了视角。

1.3 资料与文本解读

由于建筑设备的技术与文化属性和对现代性的作用,对于上海近代建筑设备的研究需要不仅从建筑学,更要从传播学、人类学、社会学、经济学和卫生学等多方面的角度来剖析,才能对建筑设备的演进过程做出相对全面的认识,获得更丰厚和多元的研究价值和意义。从历史档案、现场遗迹,包括文学作品、广告、电影中都可以找到上海近代建筑设备的研究资料。

1.3.1 从上海史到设备史

因上海的特殊性和重要性,对于上海研究一直是中外史学界的热门话题,又有显学之称。在浩如烟海的上海研究中,既有对上海城市发展的通论,也有关注城市历史具体问题的专门史研究,都从不同的视角为本论文提供了丰富的参考和论据。值得注意的是,几乎所有的研究都从多种不同的角度强调了上海的"都市变迁",及其变迁过程中华洋之间跨文化的碰撞、理解和多种矛盾的并存。[⑤] 新型世界观念、民主观念、市政管理

---

① 详见罗芙芸《卫生的现代性——中国通商口岸卫生与疾病的含义》(中文版2007年)。

② 详见葛凯《制造中国——消费文化与民族国家的创建》(中文版2007年)。

③ 详见李欧梵的《上海摩登——一种新都市文化在中国1930—1945》(中文版2001年)。

④ 孙绍谊的《想象的城市——文学、电影和视觉上海(1927—1937)》(2009年)。

⑤ 张晓春.文化适应与中心转移:近现代上海空间变迁的都市人类学研究[M].南京:东南大学出版社,2006:2.

和市民意识及民族意识的萌芽，均是在与西方物质文明和体制的碰撞与交融中形成。[①]这都是理解上海建筑设备发展演变影响因素关键所在。

上海学的研究庞大，已经从多时段、多角度、多侧面切入，将宏大叙事与日常生活有机结合起来。上海近代建筑史的研究也已从宏观整体转向了专题研究，从建筑地段、建筑类型、建筑师、建筑文化、建筑制度和建筑传播等方面对上海建筑史进行了更进一步的研究。但其中，关于建筑技术史方面的研究还是相对较少，专题进行建筑设备史方面的研究目前更是空白。

建筑设备作为西方工业革命的产物，西方对于建筑设备技术史的研究开展较早，既有宏观层面的研究，也有专项研究；既关注技术本身，更关注技术与社会和文化的密切联系。这其中较为重要的有：

Charles Joseph Singer 和 Trevor llltyd Williams 通过七卷宏大篇幅[②]涵盖了从远古至 20 世纪中叶人类技术的历程[③]。其中包含着建筑及设备（煤气灯、电灯等）制造技术的发展细节，并分析了技术间的相互影响。并富有启发性地指出“技术是历史的一个方面，特别是社会史的一个组成部分”。Cecil D. Elliott 则系统地对建筑材料与设备进行了历史性的研究[④]，其中包括避雷设施、卫生系统、照明设备、暖气通风设备、电梯、消防设备及声环境设备等，对西方建筑设备发展有清晰的演变脉络的叙述。Bill Addis 则从建筑学的视角对从古到近建筑结构及其设备发展的一次系统梳理[⑤]，并通过大量的图示对具有时代标志的建筑，如 17 世纪的英国棉纺厂、水晶宫等的剖析，来展示结构及设备与建筑发展的相互关系。

Reyner Banham 则论述了建筑环境控制与建筑设备的关系[⑥]，并通过近代建筑设备史的回顾告诉我们在建筑设计中怎样考虑环境控制问题。Siegfried Gideion 则研究了工业革命之后，机械化对于社会生活的改变[⑦]。其中第七章，通过对人类洗浴行为变迁的分析来说明机械化后卫生设备对于建筑发展及社会风尚的影响。Henry Cowan

---

① 熊月之. 上海租界与上海社会思想变迁［M］//上海研究论丛(2)，上海：上海社会科学院出版社，1989：124-145.

② 详 Charles Joseph Singer，Trevor Illtyd Williams：“A History of Technology”（Clarendon Press）。

③ 本书第一卷在 1954 年问世，整部著作综合索引的最后一卷Ⅶ出版于 1984 年。中文版《技术史》由上海科技教育出版社 2004 年引进。

④ 详见 Cecil D. Elliott Technices and Architecture：The Development of Materials and Systems for Buildings.”（The MIT Press，1992）。

⑤ 详见 Bill Addis：“Building：3000 Years of Design，Engineering and Construction”（Phaidon Press. 2007）。

⑥ 详见 Reyner Banham The Architecture of the Well-tempered Environment”（The University of Chicago Press，1969）。

⑦ 详见 Siegfried Gideion Mechanization Takes Command：A Contribution to Anonymous History ”（New York Oxford University Press，1995）。

探讨了澳洲近现代建筑结构和设备的引入及发展历史[①]，并从气候适应性等方面阐释了外来技术如何本地化。

明治维新后，日本通过对国外技术的引进吸收很快走向了强国之路。日本建筑设备发展史研究有丰硕的成果，这些研究主要集中在20世纪70年后，日本建筑学会编写的《近代日本建筑学发达史》(1972年)是由多位不同领域的学者共同完成，以环境工学发展概论为基础，详细论述了日本各个时期的建筑设备发展，内容主要针对日本设备的起源，演变及在建筑物上的运用等，并提出了未来设备发展的展望。到了20世纪80年代，日本也有关于近代建筑设备史的专著，[②]论述了日本建筑设备从各项技术草创到重要人物对设备研究的推广以及战后大型设备的研发等，使对日本建筑设备的发展有个清晰的脉络。

台湾地区有一系列关于建筑设备及相关市政发展的研究，并特别聚焦在日治时期。从对建筑设备发展的通史到聚焦日治时期电力、照明、便所等的专项研究[③]，聚焦于新的设备设施在台湾的发展以及对社会变化的影响。其中廖镇诚通过丰富的文献调查阐述了日治时期建筑设备的发展历程[④]，并指出了建筑设备作为文化遗产在历史建筑保护中的重要性。这些研究通过不同侧面，给予台湾地区近代建筑设备发展一个相对全面的评述。

大陆地区专门针对建筑设备以及其相关的市政历史专题研究相对较少，主要偏重于工业技术史。涉及电力、电器、煤气及制冷[⑤]，其中大多都与上海关联，这与上海在近代工业发展史上的特殊地位有关。史明正与张鹏的研究[⑥]分别以北京和上海的近代市政建设为研究对象，关注到了市政设施与建筑设备对于城市变迁的重要影响。李海清对于中国现代建筑转型的研究[⑦]全面回顾了19世纪40年代至20世纪40年代中国建

---

① 详见 Henry Cowan From Wattle & Daub to Concrete & Steel: the Engineering Heritage of Australia's Buildings"(Melbourne University Press, 1998)。

② 详见中村猛著的《近代建筑设备の系谱》(1987年)。

③ 比较重要的论文有:《建筑设备历史初探——人类居住生活与建筑设备的历史》(曾志远,1994)、《日治时期台湾的电灯发展(1895—1945)》(吴宪政,1999)、《台湾"便所"之研究(1895—1945)——以便所兴建与污物处理为主题》(董宜秋,1999)、《日治时期台湾电力设施之研究》(王丽夙,2004)。

④ 详见:《日治时期台湾近代建筑设备发展之研究》(廖镇诚、2007)。

⑤ 比较重要的有:黄晞先后编著了《电力技术发展史简编》(1986年)和《中国近现代电力技术发展史》(2006年),中国制冷学会编著的《中国制冷史》(2012年),中国电器工业发展史编委会编写的《中国电器工业发展史·用电设备》(1990年),2008年吴宇新的硕士论文《煤气照明在中国—知识传播、技术应用及其影响考察》,2009年黄兴的硕士论文《电气照明技术在中国的传播、应用和发展(1879—1936)》。

⑥ 详见史明正的博士论文《走向近代化的北京城——城市建设与社会变革》(1995出版),张鹏的博士论文《都市形态的历史根基——上海公共租界市政发展与都市变迁》(2008年出版)。

⑦ 详见李海清《中国建筑现代转型》(2004年出版)。

筑技术系统(其中有章节涉及到建筑设备)发展进程的轮廓及其与相关制度、观念演变之间的关系,从总体上理清了中国建筑现代转型的发展脉络。近代建筑技术的引进与发展对中国近代建筑的发展起到了关键的推动作用,同时也改变了中国的社会面貌。[①] 但总体上,对于中国建筑技术史的研究,特别是设备史的研究缺如。

1.3.2 内容与结构

本书的研究时间起始点确定是在开埠后引入的第一类建筑设备——煤气灯被点燃时,而研究的截止时间确立在上海 1950 年代放弃热水汀采暖系统之时。这近百年的上海城市发展洪流,其实是非常多元复杂的,本书的研究只是选取建筑设备这种器物作为对象,希望以点带面,来探讨近代上海文明演进的过程。

综上所述,本书的内容可以解析为以下几个问题:

1) 上海近代建筑设备的历史渊源

这是本书第一部分的内容,是对于近代上海建筑设备发展的历史溯源,借以梳理相关历史问题。开埠之前,上海是一个传统的日出而作、日落而息的中国农业社会生活形态,人们每日的生活运行主要依靠传统的照明(油灯)和取水(河水、井水)方式来实现。开埠之后,殖民者开始在上海开展大规模的道路、桥梁、给排水、电力和电信等现代市政基础建设,给(租界)城市及建筑发展带来了巨大变化。以水、电、煤、卫为主的现代市政系统建立是建筑设备引入的先导。

在此,需要厘清当时建筑设备引入上海的背景:市政设施和设备是怎么进行推广的? 租界和华界是如何应对的? 建筑设备的引入是如何改变人的思想观念和习俗的? 在引入过程所形成文化冲突是如何协调、接受和而后效仿的? 这都是之前研究未系统回答的问题。

2) 上海近代建筑设备与建筑进化

这是本书第二部分的内容,也是本书的重点章节,是从技术层面对于上海近代建筑设备的本体研究。已往上海建筑史的研究主流更多偏重于建筑样式、风格和类型,以及建筑师人物作品、思潮的研究,对于上海(甚至国内)近代建筑技术及设备的研究阙如。从某种意义上来讲,特别是 20 世纪以后,建筑的发展很大程度上是依赖于建筑技术(结构和设备)的发展。而建筑设备作为建筑中必不可缺的技术及物质支撑,其价值并没有被得到应有的重视。

因此通过对上海近代建筑设备的研究,可以了解建筑设备如何影响上海建筑的发

---

① 刘珊珊,张复合.中国近代建筑技术史研究状况及前景中国近代建筑研究与保护(八)[M].北京:清华大学出版社,2012:39.

展:当时如何采用设备来解决其空间和布局使用问题;建筑设备对建筑的高度、进深、舒适度及建筑等级有什么样的影响;当时的建筑如何考虑建筑环境控制;建筑设备的使用有没有地域性;建筑设备如何影响建筑造价;建筑设备设计的主体和契约,建筑设备与建筑法规制度的互动等。

3）上海近代建筑设备产业与都市发展

这是本书第三部分的内容,是从产业层面对于上海近代建筑设备发展的剖析。因亚洲国家的近代城市化和城市近代化基本都不是以工业化为起点的,[①]这就决定了亚洲国家难以随之迅速建立自己的工业,因此难以建立起自立的现代化物质支持体系。尽管上海是中国现代工业的发祥地,但其建筑设备制造业仍非常薄弱,贫弱的物质基础条件严重影响了中国建筑现代转型的进程。[②]

建筑设备虽不是当时上海主要产业类型,但由于具有制造流通业和建筑安装业的双重属性,它对当时上海社会发展具有全过程的影响。因此建筑设备行业发展,不仅是上海近代建筑业发展的一个缩影,更是上海近代工业及社会发展的一个侧影。本书希望通过对当时上海建筑设备行业发展的分析:水电工程行、设备制造商、代理商以及关键人物所呈现的复杂性的梳理,借以理清"华洋竞争"中整个民族产业的处境。更进一步地说明在制度、环境和技术等的制约下,使得设备产业对上海现代化的搭建作用,这也使得对上海摩登建构的认识更加客观。

4）上海近代建筑设备与都市现代性

这是本书第四部分的内容,也是本书的重点章节。这是从观念层面对上海近代建筑设备发展社会功能的剖析。技术运用与社会制度和社会观念之间的互动及相互影响反映出社会活动的复杂性,而这三者一起推动了社会的前进。近代建筑设备演进与都市现代性的梳理将从印刷媒体和传播学的角度分析建筑设备对上海都市现代性的影响。

与此同时,建筑设备因具备人的日常实用性,更从生活层面上通过人的体验,对其价值观念产生重要的影响:对于文明和卫生的认识、对于速度与效率的追求、对于舒适与方便的愉悦等,都从深层次上构建了上海对于摩登及现代的精神层面认识,并整体性地参与了都市现代性的建构中。而这些观念是如何通过"建筑设备"搭载、认知和传播,社会又是如何参与和形成这种集体意识等都是本书需要回答的问题。

5）上海近代建筑设备的启示

这是本书最后一部分的内容,也是对于全书研究的总结。首先对近代建筑设备的

---

① 上海档案馆. 上海和横滨:近代亚洲两个开放城市[M]. 上海:华东师范大学出版社,1997:6.

② 李海清. 中国建筑现代转型[M]. 南京:东南大学出版社,2004:206.

变迁进行了思考，通过对上海今昔建筑采暖历程的梳理，从政治、习俗、文化等角度进行剖析，引发对于当今国内采暖制度合理性的思考。再就目前在历史建筑保护中存在的设备问题进行了反思，进而就上海近代建筑设备的价值进行了解析。本书就是试图通过对上海近代建筑设备演进的研究，来挖掘建筑设备在上海建筑发展中所承载的各种价值信息和价值意义，据以作为建筑遗产保护的依据。而这方面之前是被忽视的。

上海近代建筑设备史研究的启示还在于要重视建筑演进中各种因素的相互作用并需要推动科技自主创新。与此同时，在承认近代建筑设备价值的同时，还需要在当今的绿色低碳的语境下，对目前历史建筑再利用中过分依赖新建筑设备来提升室内环境舒适度的技术路径进行批判和反思。

第2章　建筑设备引入与近代都市形成

昨夜，上海的景色将长久地遗留在中外居民的脑海里，他们第一次看到租界的街道上用上了电灯。中国居民对它印象如何，目前还不太清楚。他们中间曾经存在着一种坚强的信心：即有朝一日只需一盏电灯的光辉，就可照亮整个一座城市。

——《字林西报》(1882年7月27日)

近代西方城市化和城市近代化，一般被认为是工业化的产物。而在亚洲，则是完全不同的发展模式。近代亚洲国家却大都处于封建专制统治下，以农业和小手工业相结合，自给自足的家庭经济为主的生产方式，社会生产力远远落后于大机器生产的西方国家。工业革命成功后，西方列强开始在世界范围开拓市场并进行扩张，它们不仅有坚船利炮，而且还有能吸引他国的物质文明和先进科学技术。他们以不同的侵略方式打开了亚洲多数国家的国门，各种不平等条约签订最基本的一点是允许西方国家通商，让它们的侨民进入、居住和从事其他的活动。这些最早的通商口岸，开埠设港城市，也就成为西方进入这个国家的前哨，成为东西方新旧文明撞击冲突、交流融洽的交接点。这些港口城市先于这个国家其他地方，首先开始了城市近代化和近代城市化的步伐。伴随着城市开埠，各种西方的观念制度、物质文明都先后进入，水、电、煤、卫等作为西方物质文明的先导，对这些城市发展产生巨大的影响。

而中国上海就是这些亚洲港口城市其中最著名的一个。著名的旅行家海司(Ernst von Hesse-Wartegg)在其1897年出版的《中国和日本》一书中形象地描绘了他对亚洲通商城市的认识：

与上海相比，新加坡、槟榔屿、雅加达、马尼拉、横滨、神户和长崎这些东亚的欧洲城市就推到了后面。其中有一些尽管更大、更漂亮、更舒适，却没有可与之相比的发达贸易和船运，没有如此觉醒了的自由，活力和享乐的居民。这当然既非建筑上的奇迹，亦非我们概念中的伟大创造。不要忘记，上海在中国。但是人们从世界各地各个国家来到这一片平坦、泥泞、不卫生的扬子江口的低地，将此作为他们的家园，令人惊异地建起了这个美丽舒适又实用的欧华巴别塔。[①]

非常传神地说明了上海在当时整个亚洲城市中的地位。

2.1 从市政设施看近代上海都市的形成

2.1.1 “杂糅”的都市雏形

上海，初期不过是一个在中国中部沿海、长江入海口附近的小渔村，而后随着江南经济的兴盛及水路四通，襟江带海的优越地理位置，商贸日益发达而逐渐成市。由于清帝国采取海禁闭关政策，它主要在江南的商品交换中起到较大的作用和进行有限的海外贸易。[②] 但上海独特的地理位置及其优势却被外部世界充分的认识和重视，1832 年，英国东印度公司职员林赛(Huyh Hamilton Lindsay)等来中国考察东南沿海商业、防务情况，在对上海 18 天的实地考察后敏锐地发现了上海潜在的商业价值：“它具有优良的港湾和宜航的河道”；“上海实施上已经成为长江的海口和东南亚主要的商业中心，它的国内贸易远在广州之上”；“它可以视作沟通、连接帝国最遥远地区的宽阔水道”。“外国人特别是英国人如能获准在此自由贸易，所获利益将难以估量”。[③] 西人选择上海作为最主要对华通商口岸以及借此作为深入中国的基地，是基于这样的认识。

1842 年 8 月，中国近代史上第一个不平等条约中英《南京条约》签订。至此，清帝国闭关自守的大门被英国用炮火轰开，上海成为“五口通商”的口岸之一。1843 年 11 月 14 日，英国首任上海领事巴富尔(George Balfour)发出通告，宣布上海于 11 月 17 日正式开埠。尔后，法、美等国先后获得与英国相似的在华特权。

开埠后，英、法相继在上海县城以北辟设租界，1845 年 11 月 29 日公布的上海土地章程(Shanghai Land Regulations)确定了英国人居留地的范围为：东面以黄浦江为界，北面至李家厂，南面以洋泾浜(今延安路)为界，西界未定，约 830 亩，这其中大部分区域就是今天的“外滩”地区。1848 年 11 月，第二任英国驻沪领事阿礼国(Rutherford Alcock)又胁迫上海道台就居留地的西界推广至泥城浜(今西藏中路)，北界延伸至吴淞江，使租界面积扩大到 2820 亩。“英租界”的称呼从此时开始。[④] 1849 年 6 月，法国在英租界与上海县城之间取得第一块法租界，计 986 亩。在英法设立租界的同时，美国传

---

① Ernst von Hesse-Wartegg. 另眼相看：晚清德语文献中的上海[M]. 王维江，吕澍，辑译. 上海：上海辞书出版社，2009:151.

② 上海档案馆编. 上海和横滨：近代亚洲两个开放城市[M]. 上海：华东师范大学出版社，1997:10.

③ (英)胡夏米.“阿美士德号”1832 年上海之行纪事[M]. 上海研究论丛第 2 辑. 张忠民，译. 上海：上海社会科学出版社，1989:287.

④ 伍江. 上海百年建筑史[M]. 上海：同济大学出版社，2008:12.

教士文惠廉在苏州河(吴淞江)北面的虹口地区买地建屋,设立教堂,并向上海道台强压设立美租界,虹口一带最终成为美租界。1863 年 9 月 21 日,英租界、美租界合并成为外国人租界(Foreign Settlement),1899 年租界扩张并改称为国际公共租界(International Settlement),即公共租界。①

租界的设立,改变了近代上海的城市结构,逐渐形成了“三界”,即华界、公共租界、法租界三足鼎立的局面,如图 2-1 所示。这使得在古今中外城市史上,没有一个城市像近代上海那么内涵丰富,情况复杂:这里有三类市政机关,三个司法体系,四种司法机构(领事馆法庭,领事公堂,会审公廨和中国法庭),三个警察系统,三个公交系统,三个供水系统,三个供电系统,电压有两种(法租界是 115V,公共租界是 220V),有轨电车的路轨宽度也分两种。②

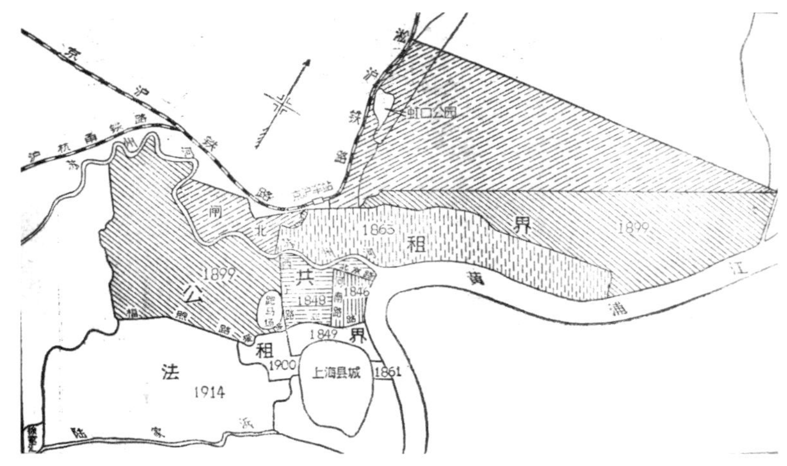

图 2-1　上海租界扩张图

熊月之先生非常形象地描绘了当时上海三界的复杂性:

假如有人想从南京路乘电车去中国城的某个地方,他必须先乘英国电车到租界边的爱德华七世大街(今延安东路),接着穿过马路进入法租界,乘法国电车到南头,然后穿过民国路,再乘中国电车继续前行。在这趟半个小时的路途上,首先可看到的是穿着英国警察制服的英国人,白俄人和印度锡克族人,然后是穿着法国警察制服的法国人,白俄人和越南人,最后是中国警察。③

在此意义上,上海的近代,可以说是拥有举世无双的“江南”这一宏大的传统文化背

① 上海租界志编委会.上海租界志[M].上海:上海社会科学出版社,2001:96.

② 熊月之.异质文化交织下的上海都市生活[M].上海:上海辞书出版社,2008:总序 1.

③ 石海山等.挪威人在上海 150 年[M].朱荣发,译.上海:上海译文出版社,2001:70.

景的前者，与近似于漫无边际的西方列强殖民地的后者相互冲突，相互融合的过程。正是这两个空间无休止的"越界"，使上海形成了一种所谓的"杂糅"的城市空间。[①] 成为两个"视野"的"并存"（Cohabitation）和"对比"（Contrast）。[②] 近代上海便成为全世界古往今来独一无二的异质文化交织的特有区域。近代上海城市的这种复杂性，复杂到难以想象的地步，以至于后来的研究者对其作任何简单的概括、断语都是一种冒险，都失之偏颇。[③]

2.1.2 开埠之初的生活环境

开埠之前的上海，与其他江南众多的城市一样，是传统的农耕社会生活模式。人们从江河取水，"当潮汛猝至之时，使水工荷而来，人先土后，至启争竞，水之清洁与否，不遑较也。""炎天酷暑，外湖之水，黄沙污泥，入口每有咸秽之味。"[④]"家庭照明多用油盏灯，注豆油或菜油于盏，引以草心，室外则用灯笼，内燃蜡烛。城内无有效的公共照明系统，入夜几同黑暗世界"。[⑤] 居民只能早早歇息。上海城市居民使用的燃料一部分来自上海周边农村的农作物的废弃物，如花萁、稻柴之类；另一部分是来自浙江绍兴地区和安徽运来的木材和木炭。这类燃料不耐烧，于是每天有大量运输木材、稻草的船只泊在苏州河和黄浦江上等待卸货。当然，燃烧的灰尘和烟雾也弥漫城市上空。[⑥]

但是进入近代，情况就发生了很大的变化，随着城市人口迅速增长，产出的生活垃圾越来越多，城市河流受到严重污染。而城市管理制度的滞后，使得缺乏公共意识的市民随意侵占公共河道的现象日益严重，城市河道日益萎缩和枯竭。特别是县城里的河道，因居民密集、秽物堆积而腐浊不清，取用河水虽用明矾澄清，仍腥臭难闻，城市环境卫生日趋恶化。

1862 年 6 月 2 日（清同治元年，日本文久二年五月五日），日本船"千岁丸"抵沪。这次日本幕府使团对中国考察开启了近代中日交往。这次随行的日本藩士形象地描述了当时上海县城的日常生活。日比野辉宽记录到：

上海市内水井非常少，人们都是把黄浦江水用矾石膏滤清后饮用。我们无奈只好买来大瓶子，用良药将污浊的水滤清后饮用。到了晚饭时间，我们将煎茶倒在饭上，呈现出青绿色，实在难吃。[⑦] 在清国多数人都住在楼上，因此都用马桶解手。马桶早晚都

---

① （日）刘建辉．魔都上海[M]．上海：上海古籍出版社，2003：2．

② 梁元生．晚清上海：一个城市的历史记忆[M]．桂林：广西师范大学出版社，2010：73．

③ 熊月之．异质文化交织下的上海都市生活[M]．上海：上海辞书出版社，2008：总序 4．

④ 拟建水池议．申报，1872-5-10．

⑤ 熊月之，周武．上海：一座现代化都市的编年史[M]．上海：上海书店出版社，2007：88．

⑥ 薛理勇．上海洋场[M]．上海：上海辞书出版社，2011：185．

⑦ 冯天瑜．"千岁丸"上海行：日本人一八六二年的中国观察[M]．武汉：武汉大学出版社，2001：306．

得拿到黄埔去清洗，可知黄浦江水有多脏。[①] 我的腹泻完全是因为饮用浑浊水。[②]

而华界污浊的环境更让这个爱好清洁的民族有强烈的感受：

华界粪芥满路，泥土埋足，臭气穿鼻，其污秽不可言状……故上海每年炎暑时节恶病大行，人民死亡甚多。[③]

同样，1861 年普鲁士外交特使团报告中也指出：

中国化的上海(华界)太没有意思，太衰败，无法忍受的肮脏，散发出难闻的气味。所以我们根本不愿意前往。[④]

这些游记作为一种“凝视”(Gaze)，从“他者”的角度，对当时上海的观察应该是相对客观的，尽管其中表露出的是殖民者的优越感，但也严肃指出了快速发展的城市与日趋恶化的环境之间的矛盾是当时上海华界面临的重要问题。

2.1.3　近代市政设施的出现

开埠之初，租界一片滩涂，日益增长的商业活动及日常生活迫切性需要使得侨民开始了大规模造屋筑路活动。

从气候上讲，上海位于长江入海口附近，属亚热带海洋性季风气候。全年雨量适中，但明显春秋短暂、夏冬漫长。并且夏天炎热、冬天阴冷。这也使得在上海生活，夏季防暑和冬季取暖显得比较重要。上海的纬度比巴黎、伦敦和纽约略低，气候有相似之处，特别是冬天，这几个城市都比较冷。西方殖民者因此在上海感受到的是和家乡差不多的气候条件，这里与他们之前在亚洲开辟其他殖民地孟买、新加坡等城市的热带气候环境完全不同。这也使得上海的城市建设，特别在建筑样式的选择上，在开埠不久就与其他亚洲口岸城市产生差异，适应于热带气候的亚洲殖民地外廊式建筑很快就被相对纯正的欧洲本土样式所代替。

同时，西方的物质文明特别是适用于日常生活必需的设施被先后引入，以改善相对艰苦的生活条件，以期达到欧洲同期相应的生活水平，适应侨民都市生活的需要。

1)照明系统

租界首先需要改进的是城市照明，1843 年 11 月上海开埠后，美国美孚石油公司(Mobil Oil Co)和俄国圣彼得堡的诺贝尔兄弟石油公司(Nobel Brothers Oil Co.)等外国企业就将煤油销入中国，时称“洋油”或“火油”。[⑤] 西人寓沪以后，开始引进煤油灯，

---

① 冯天瑜.“千岁丸”上海行：日本人一八六二年的中国观察[M]. 武汉：武汉大学出版社. 2001：312.

② 同上，315 页.

③ 同上，92 页.

④ 另眼相看：晚清德语文献中的上海[M]. 王维江，吕澍辑译. 上海：上海辞书出版社，2009：7.

⑤ 刘大钧. 中国工业调查报告[C]. 上册.(上海)经济统计研究所. 1937：123-125.

图 2-2　煤油灯

又称火油灯或洋油灯，如图 2-2 所示。同样大小的灯头，其亮度是油盏灯的 4～5 倍，价钱便宜，方便耐用，华人亦竞相使用。19 世纪 70 年代中期，上海已有五六家专门制造、出售玻璃火油灯的商店。到了 1880 年代，上海城市店铺照明皆改蜡烛为煤油灯。[①] 煤油灯成为租界最主要的室内照明灯具。但煤油路灯的推广却困难重重，尽管煤油路灯有亮度优势，从本质上，煤油灯仍然是一种传统的照明方式，需要经常定期添加燃油，并须防止燃油被窃，而且煤油极易燃烧，稍有不慎就可能引发火灾，给所在街区带来严重安全隐患。因此，进入 19 世纪 60 年代后，随着租界的急剧扩张，人口膨胀，煤油路灯更难以满足市政建设和治安管理的需要，所以在当时西方已经开始普及的煤气灯成为必然的选择。

1861 年开始，英商开始筹备在上海建造煤气厂（又称大英自来火房），厂址在苏州河南岸泥城浜（今西藏中路）以西的一片荒地。1862 年 2 月 26 日大英自来火房开始招股，1864 年，厂房建设及设备安装展开，上海大英自来火房正式宣告成立。1854 年到 1864 年间，英租界的道路面积占辖区总面积的比例从 14.2%上升到 23%，道路照明成为重要问题，自来火房紧随其后于 1864 年 9 月向工部局提交计划安装路灯的分布图。到 1865 年 6 月，整个管线设备和路灯照明点都处于可使用状态。[②] 12 月 18 日，自来火房为南京路安装的 10 盏煤气路灯全部点燃，成为首批出现于上海的煤气路灯。[③] 到 1866 年末，租界的外滩、四川路、江西路等主要路都已安装了煤气路灯，共计 205 盏；私人用户已达 185 户（包括 10 个华人用户）。1867 年，煤气管道延伸至虹口区（也称美租界），形成西到卡德路，南达广东路，东至霍山路，北到四川路、吴淞路的煤气覆盖网。[④]

1864 年 12 月 23 日，上海法商自来火行（Compagnie du Gaz de la Concession Francaise de Changhai）成立，厂址在洋泾浜南岸（即现在的永寿路和广西南路）。1867 年 3 月 6 日，法租界首次点燃煤气街灯，所用 169 盏路灯均购自法国。在煤气街灯的照耀下，法租界的城市照明大为改观，居民赞不绝口。

至此，上海成为继香港（1864 年）之后第二个使用煤气照明的中国城市。而后，广州（不详）、北京（1869 年）和天津（1877 年）三大城市也先后引入了煤气照明。[⑤] 日本第一盏煤气灯于 1872 年 9 月 29 日在其首先开埠的港口城市横滨启用，比上海晚了 7 年。

到了 19 世纪 70 年代，西方电力照明技术也开始成熟，1879 年 4 月 18 日，公共租界

---

① 熊月之. 照明与文化：从油灯、蜡烛到电灯[J]. 社会科学，2003(3)：95.

② 罗苏文. 上海传奇文明嬗变的侧影(1553-1949)[M]. 上海：上海人民出版社，2004：143-144.

③ 上海煤气公司. 上海煤气公司发展史(1865-1995)[M]. 上海：上海远东出版社，1995：5.

④ 上海租界志编纂委员会. 上海租界志[M]. 上海：上海社会科学院出版社，2001：374.

⑤ 吴宇新. 煤气照明在中国：知识传播、技术应用及其影响考察[D]. 内蒙古师范大学. 2007：19.

工部局电气工程师毕晓甫(J. D. Bishop)在乍浦路与武昌路路口东南角一间外商仓库里,用德国西门子公司(Siemens AG)的 10hp 自激式直流发电机,通过蒸汽压力带动引擎,试燃了中国境内第一盏电弧灯。① 1882 年 4 月,英国商人立德尔(R. W. Little)等筹建上海电光公司(Shanghai Electric Company)。1882 年 5 月,公司正式成立,厂址位于南京路与江西路交汇处西北角。发电设备从美国克利夫兰电气公司(Brush Company of Cleveland)订购。② 1882 年 7 月初,电光公司从其围墙内起,沿外滩到虹口招商局码头,架设了 6.4 公里电力线路,在关记钟表行、福利公司、常胜军纪念碑、音乐厅、麦加利纪念碑、礼查饭店和招商局下游码头等处串联 15 盏 2000 烛光③的电弧灯,正式揭开了上海供电照明的序幕。如图 2-3 所示。

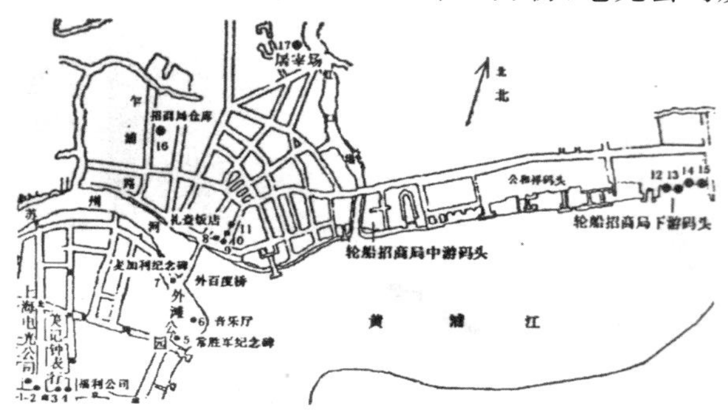

图 2-3　最早的电弧灯布置地点

7 月 26 日开始供电,“成百上千的人带着十分羡慕与得意的神态,凝视着明亮如月的电灯”。④ 当时的报纸都报道了这个重要事件。早期的电灯如图 2-4 示。1890 年,公共租界的白炽灯照明采用电压 100 伏,频率 110 赫兹供电,光绪二十七年(1901 年),开始日夜供电,电压改为 200 伏。光绪三十年,公共租界电网的频率由 100 赫兹改为 50 赫兹。光绪三十一年,工部局电气处开始向用户出租电动机,鼓励各工厂使用电力。法租界于 1912 年使用交流单相 110 伏,三相 190 伏供电,频率 50 赫兹。当电动力逐渐成为工厂主要动力后,沿道路竖立的电杆,架设的三项四线制低压配

图 2-4　早期的电弧灯

① 黄兴. 电气照明技术在中国的传播、应用和发展(1879-1936)[D]. 内蒙古师范大学. 2009:23.

② 孙毓棠. 中国近代工业史资料第一辑[M]. 北京:北京科学出版社,1957:194.

③ “烛光”是发光强度单位 candlela 的中译,但上海人又把“烛光”讹读和讹写为“支光”。

④ 上海电气公司昨夜电灯第一次通电放光. 字林西报[N]. 1882-7-27.

电电网逐步遍布全市，仅在局部地区敷设电缆。[①] 同时，因 1900 年之前并不能昼夜供电，很多经营性场所如理查饭店(Astor House)由于需要持续供电，因此也自己发电。[②]

1893 年 3 月，公共租界纳税人年会决定，仿照英国市政府管理公共事业的模式，由工部局接管电灯业。[③] 这代表着市政事业的公共化，这在当时也是一种先进的管理体制。上海电光公司也是世界上成立较早的电力企业之一，它的设立仅比世界第一家发电厂——巴黎火车站电厂晚 7 年，与日本首家电力公司——东京电灯会社同年开办，比爱迪生的纽约珍珠街电厂早 2 个月。[④] 在国内在上海之后，香港(1890 年)、广州(1890 年)、旅顺口(1898 年)、台北(1897 年)、天津(1903 年)和汉口(1906 年)也纷纷开展了照明用电。

电灯的出现在一开始就显示了要取代煤气灯作为光源的决心。当时的报纸描述说：

昏暗的煤气灯光给人一种可怜的形象，它在新电灯的强光下看上去完全和紫铜的颜色那样，毫无光彩。这种新灯具，推广到居民家里使用或许还要有一段时间，但可以肯定，推广这项革新只是个时间问题。[⑤]

而上海电气公司的招股书里这样写道：

虽说在美国的许多城市里煤气的价格并不太贵，但勃刺许照明系统仍可在商业竞争中取得巨大的成功；在这里，上海煤气价格远远超过一般家庭的开支。几个月后，在租界里或许会使用本公司的电灯，使街道的照明亮度提高，而价格相比之下比目前使用煤气灯的要低。可以肯定，使用煤气大用户中如俱乐部、仓库、工厂等地方，一旦公司能为他们提供电灯时，将乐意使用电灯取代煤气灯。

在私人住宅里使用的白炽灯，其优越性，尤其在夏天，是无可争辩的。它们不受拉风扇或任何一种空气流的影响，也不会散发不受欢迎的热量和气味。[⑥]

这既显示出上海电气公司在这场竞争中的乐观，也客观反映了煤气作为照明用具的缺点。但双方在相当长的一段时间竞争中一直处于势均力敌的状态。同时煤电公司通过竞争都使自己的效能得到极大发挥，从而最大限度地拓展了市场，进一步扩展了城市照明系统的范围。但电气照明其先天的技术优势取代煤气照明是历史的必然，而后煤气公司逐渐将业务重点转移到家庭煤气烹饪和取暖上。1918 年以后，煤气照明逐渐

---

① 上海市电力工业局史志编纂委员会. 上海电力工业志[M]. 上海：上海社会科学院出版社. 1994：104-105.

② Astor House Hotel. Social Shanghai. Vol. V. Jan-June 1908：273.

③ 孙毓棠. 中国近代工业史资料第一辑[M]. 北京：北京科学出版社，1957：196-198。

④ 黄兴. 电气照明技术在中国的传播、应用和发展(1879-1936)[C]. 内蒙古师范大学. 2009：24-25.

⑤ 上海电气公司昨夜电灯第一次通电放光[N]. 字林西报. 1882-7-27.

⑥ 上海电气公司发起书. 字林西报[N]. 1882-5-10.

图 2-5　杨树浦电厂外观

减少,1933 年煤气公用照明几乎停止,1935 年 11 月,上海街头的煤气路灯被全部拆除。[①] 民国 25 年(1936 年)之后,随着大批公寓和里弄房屋建成,家庭烹饪和取暖为煤气业务提供了广阔场所。[②]

在 20 世纪 20 年代末,工部局电气处的年供电量为 45836 万度,超过同期英国的曼彻斯特、伯明翰、利物浦、格拉斯哥及谢菲尔德等城市,而且成本最低、价格最廉。[③] 图 2-5 所示为杨树浦电厂的外观。

2) 给排水系统

开埠后,一些因外侨喝不惯带海水咸味的黄浦江或苏州河水,只好在租界内开凿深井取用水。清咸丰十年(1860 年)美商旗昌洋行(Messrs Russell & Co.)开凿上海第一口深井,深井位于外滩(今中山东一路)汉口路与福州路之间的旗昌洋行内,井深 77 米。[④]

随着租界城市的扩张及居住人数的急剧增长,商用、市政、消防用水不断增加,同时水体污染也在不断增加。作为主要生活取水源的黄浦江变成了上海城区最大的秽物排泄处。到 19 世纪 70 年代,上海水体污染对公众健康的威胁是显而易见的。鉴此,租界西人医生普遍认为除非对污水进行沉淀、消毒或另作处理,否则黄浦江将是各种痢疾、霍乱、疟疾等疾病的细菌培养基地和催化剂,以及各种溃疡、寄生虫的病源。租界西人不断呼吁兴建自来水厂,改善居民用水状况。

当时,首先引进了在英国已经流行近 40 年的砂滤系统改善水体污染的做法。1873 年,上海马路上出现了"沙漏水行"。1875 年,立德洋行曾集资在黄浦江北岸购地 115 亩造自来水厂,用木船、水车将砂滤水分送蓄水池、船只及外侨用户,但因水价高而未能推广。因城市供水的重要性,19 世纪 60 年代后期,工部局开始为筹办水厂进行考查,并从 70 年开始在上海地区四处寻找最好的水源。同时,因投资巨大等一系列问题,使得兴建水厂的计划一拖再拖,直到 1880 年 11 月,上海自来水股份有限公司才按英国公司法组成在伦敦注册。并利用原来立德洋行水厂的地址拆除重建,规模为日供水量 1500 万加仑(6819 立方米),可向英、美、法租界及城厢供水。整个工程包括排管等于 1883 年 6 月才完成。6 月 29 日,自来水公司在杨树浦水厂举行开闸仪式,两江总督李鸿章出席,并应邀为水厂打开水闸,将黄浦江之水放入水池。8 月 1 日,公司正式开始供水。

---

① 张鹏. 都市形态的历史根基:上海公共租界市政发展与都市变迁研究[M]. 上海:同济大学出版社,2008:204.

② 上海公用事业志编委会. 上海公用事业志[M]. 上海:上海社会科学院出版社,2000:103.

③ 同上。

④ 同上,179 页。

图 2-6　自来水塔

净化后的水通过蒸汽泵被送到用户手里。清末颐安主人在《上海市景竹枝词》里称赞道：

地藏铁管达江中，曲折回环室内通。

更用龙头司启闭，一经开放水无穷。

他又对苏州河南岸的香港路江西路口建立的水塔（图 2-6）称赞道：

东北台高耸出楼，自来水脉此停留。

如仓储蓄充盈后，到处机开到处流。[①]

这个 30 米高的水塔因其周围都是三层左右，总高只有十几米的楼房而独领风骚。水塔的修建，不光稳定了城市的供水压力，也为以后多层及高层建筑供水提供了可能。

之后，1898 年，法租界公董局也在董家渡动工兴建自来水厂。1902 年 1 月建成，2 月 1 日董家渡水厂正式向法租界供水。

民国时期，英商上海自来水公司的杨浦水厂供水量持续增长，日供水量到 1931 年超过 20 万立方米，为远东第一大水厂。公司过滤、净化装置平均除菌率 99.99%，尽管水源长期受到严重污染，但生产出来的自来水与世界其他大城市相比也毫不逊色。[②]

早期租界在筑路的同时，只在路旁挖明沟或暗沟作为排水道。1852 年 6 月，道路码头委员会向租地人会议提交了一份关于建造租界排水系统的报告。但会议并没有通过全面考虑下水道的提案。1853 年太平天国攻占南京及小刀会起义后，大批难民涌入租界避难，道路排水问题日益突出。1862 年，工部局先从租界中区对雨水管进行规划和建设，开始在界内建设系统的道路排水工程。之后，公共租界的排水系统工程全面铺开，1866 年起，工部局陆续从英国订购陶制排水管道，用以代替原来的砖沟[③]，到 19 世纪 70 年代初，英租界内系统的排水管道已经基本完成。随着城市排水量的不断增加，陶制排水管道有限口径不能满足大流量的需求，当时钢筋混泥土技术的发展使得大口径管道制造成为可能。1891 年，工部局在武昌路铺设了第一条水泥混凝土管。[④] 从此，水泥混凝土排水管在公共租界道路排水系统中被广泛运用。[⑤] 用于公共排水工程的所

---

① 顾炳权. 上海洋场竹枝词[M]. 上海：上海书店出版社，1996：102.

② The Growth of Shanghai's Water Works. 原载于《远东时报》1929 年 2 月. 都会遗踪[M]. 上海书店出版社，2009：174.

③ 熊月之，周武主. 上海：一座现代化都市的编年史[M]. 上海书店出版社，2009：182.

④ 1891 年工部局年报. P142.

⑤ 乔飞. 上海租界排水系统的发展及其相关问题研究（1845—1949 年）[D]. 上海：复旦大学. 2007：20.

有混凝土管和排水槽都是由工务处以远低于石制品的价格制造的。到了 1906 年,混凝土排水管的产量不少于 63282 件,[①]可见使用量非常巨大。

法租界初辟时期,只局限于垫高土地,疏通沟渠进行排水。到了 19 世纪 70 年代,公董局开始规划建设雨水管道。80 年代,公董局在公馆马路等地区埋管,建造边沟,将雨水等排入洋泾浜。至 20 世纪初,也基本形成网络。

20 世纪初,租界内西式房屋建筑启用卫生水厕,但并无污水处理设施,工部局规定楼房安装水厕须自建化粪池,由真空泵车定期清运。排泄物不能排入城市排水管网。在同期,日本横滨居留地的下水道也被禁止用作处理排泄物,原因也是当时没有进行排泄物处理的设施及相关建筑。[②] 直到 1917 年卫生设施的用户与工部局就排污问题诉诸法庭,领事公堂裁决工部局筹建污水沟渠才真正启动了公共租界的污水处理系统建设。1921 年起相继建设了北区、东区、西 I 污水处理所,并最早在外滩与南京路敷设污水管道,至 1927 年租界的污水管道方完工。此后公共租界部分地实行雨污水不完全分流制,多数地区的排水管网为雨污水合流制。[③] 上海的污水处理系统拥有当时全球最先进的污水处理设备,也是除印度外亚洲唯一的设备,上海与时代同步。[④]

3) 通讯和消防系统

由于商业发展需要,信息快速传递在开埠后的上海变得越来越重要。1876 年美国的贝尔发明了电话机后,很快就在商业上得到了应用并传到上海。因上海各种机构、商行数以千计,这种不出门就可以和远处通话的电话给生活、商业带来便利是潜在的商机。很快在 1879 年 9 月,上海丹麦大北电报公司就向工部局申请电话专营权。

同期,盛宣怀创办轮船招商局,总部设在上海英租界外滩 9 号,它在上海主要的码头和堆栈位于法租界外滩临黄浦江处,相距约一公里。为了便于联络和调度,1880 年从海外订购了一台单线双向的通话机,拉起了从总局到码头的电话线。1881 年 12 月 5 日《申报》刊登一篇题为"沪上拟用德律风"的报道,介绍上海创办德律风(Telephone 的中译名)一事:

西报载有外国电行告白,言上海地方将通行德律风,公部局已曾核准矣。德律风者所以传递言语,为电线之变相,亦以铁线为之,持其一端,端上有口,就口中照常说话,其

---

① 夏伯铭. 上海 1908[M]. 上海:复旦大学出版社,2011:95. 本书根据 Lloyd's Greater Britain Publishing Company, Ltd.)1908 年出版的《20 世纪香港、上海和中国其他通商口岸印象》(Twentieth Century Impressions of Hongkong, Shanghai, and other Treaty Ports of China)一书编译,原书主编为阿诺德·赖特(Arnold Right)、副主编为卡特赖特(H. A. Cartwright)。

② 张帅. 都市新媒体与近代上海国际学术研讨会综述. 上海档案馆史料研究第十二辑[M]. 上海:上海三联书店,2012:339.

③ 张鹏. 都市形态的历史根基:上海公共租界市政发展与都市变迁研究[M]. 上海:同济大学出版社,2008:197.

④ 上海最新卫生设施:三家活性淤泥处理站将取代不受欢迎的水桶系统[J]. 远东时报. 1922(11):680.

音即由此达彼，听者亦持其一端而听之，与面谈无异。不但言语清楚，而且口吻毕肖。

图 2-7 早期的各种电话

1881 年，至少有 3 家在沪外资公司提出承办电话通讯的申请，结果最后大北公司首先胜出。于 1881 年 11 月与工部局签约，在公共租界竖立电杆，敷设线路，经营电话业务。1881 年 2 月至 1882 年 2 月间，华洋德律风公司、立德洋行、仁记洋行及罗塞公司也提出参与在沪建立电话通讯的要求，均得到工部局许可。1882 年 3 月 1 日，大北公司开通两个租界间的电话业务，最初用户仅 10 家，到年底已经发展到了 68 门电话。[①] 1883 年，中资的招商局架设了连接徐家汇天文台与租界的电话线，1884 年，工部局巡捕房更新了通讯设备，用电话代替了原来的电报联系。至此，电话事业在上海发展开来。1907 年，华洋德律风有限公司(Shanghai Mutual Telephone Co.，Ltd)的用户达 2300 线。[②] 图 2-7 所示为早期的各种电话。电话的出现，极大地改变了上海信息交流方式，为商业的进一步繁荣提供了物质条件。1907 年出版《上海商业市景词》盛赞道：

东西遥隔语言通，此器名称德律风。
沪上巨商装设广，几如面话一堂中。

到了 1936 年，根据统计，整个中国约有 164000 个电话用户，其中约有三分之一在上海地区，包括由上海电话公司控制的七个电话交换台下辖的 52000 位用户，上海电话公司是国际电话与电报公司网络中重要的节点。[③]

城市火灾预防是城市管理的主要内容之一。租界成立不久就设立火政处和救火队，并通过建立规章制度，采用先进消防设备来预防和扑救火灾。但消防中水源是最重要的，最早由于没有系统的给水设施，英租界的消防主要采用消防井(蓄水池)取水灭火，标有“F. W”(Fire Well)的字牌钉在就近的建筑物上，提示这些消防井的位置，一旦失火，就可以就近使用。到了 1880 年，共挖掘了 17 口井和三个蓄水池。1883 年年中，上海自来水厂通水，到了 11 月 31 日，自来水公司很快在租界的主要马路路边建设了“海亭”(Hydrant 中译名，海亭寓意是海水或海龙王休息的地方，求它救火时有求必应，

① 罗苏文. 上海传奇文明嬗变的侧影(1553—1949)[M]. 上海：上海人民出版社，2004：187-188.
② 薛理勇. 上海洋场[M]. 上海：上海辞书出版社，2011：90.
③ The Far Eastern Review. November 1936：509.

图 2-8　早期双出口消火栓

也还被翻译为太平龙头)。消火栓的设置与市政自来水管的铺设是同时进行的。最初的消防栓,只有一个出水口,最大口径不过两英寸半,1914 年后,消火栓开始采用 3 个出口或 2 个出水口的型制,如图 2-8 所示。

消防警报历来是灭火成功关键环节,在电话出现前,主要是靠瞭望、敲钟和奔跑报告来实现的。1884 年,租界火政处架设了中国第一条火警电话线路。[①] 火警电话的出现,加快了报警速度。随着电话的普及,也促使了租界内很快形成一套先进的现代化报警通讯网络,这个网络一直沿用到上海 1949 年前,很大程度上提高了上海的城市安全水平。

20 世纪 20 年代因高层建筑的兴建,迫切需要解决高层建筑灭火的问题,于是出现了泵浦结合器(Pump Connection)。这种结合器一头与市内消火栓水管道接通,另一头接消防车出水管。这样既方便建筑自身救火,又为消防车到场提供了方便,消防队员可以利用大楼本身的自带水带灭火。[②]

19 世纪,很少有成就能比大都市形成中的基础设施的建设更伟大,或需要更多的努力。而正是这些基础之上,在西方以及受到影响的遥远地区产生了近代生活。[③] 1893 年外国租界创立五十周年纪念的庆祝会上,英国传教士慕维廉(William Muirhead)在外滩主要发表演讲借以证明西方人在这五十年的作用:

上海是我们的高度文明和基督教对整个中国产生影响的中心……总之,看一看租界的全貌吧——煤气灯和电灯照耀得通明的房屋和街道,通向四面八方的一条条碧波清澈的水道,根据最良好的医学上意见而采取的环境卫生措施。我们为了与全世界交往而拥有轮船、电报、电话……[④]

这也从另一方面反映出西方殖民者对上海建设成果的自信,但显然也表明这个港口城市不是“中国的上海”而是“西洋的上海”。[⑤]

4) 华界的市政设施

华界是指位于法租界东侧的南市,以及租界的周边地区,是清末上海华人聚集地。19 世纪 70 年代初,公租界和法租界已经成为令人羡慕的不夜之城,居民夜生活丰富多

---

① 王辉. 上海消防业发展历程简述. 都会遗踪[M]. 上海:上海书店出版社,2009:36.
② 王寿林. 上海消防百年纪事[M]. 上海:上海科技出版社,1994:41.
③ 程恺礼. 19 世纪上海城市基础建设的发展[J]. 上海研究论丛第 9 辑. 1993:353.
④ 上海英文《文汇报》(Shanghai Mercury)1893 年合订本:59。
⑤ 池田桃川. 上海的杀人团女性. 1928 年第 13 卷第 4 期:114。

彩。然而华界却依旧是一到夜晚，虽然使用了煤油灯，但全城“几同黑暗世界”，居民早早休息，几乎还是农耕时代的生活方式。自来水在租界使用，不仅方便卫生，除了供给居民日常生活所用，街头消火栓还可以用来扑火，这与华界的用水环境形成对比。同样，市政建设给城市所带来的变化也让华界有识之士感到羞愧并以批评。当时申报对此有描述：“上洋各租界之内。街道整齐，廊檐清洁，一切秽杂亵衣无许暴露，尘土拉杂无许堆积。……诚往城中比验，则臭秽之气，泥泞之途，正不知相去几何耳。”[①]不少人希望“如租界之法以治之”，以求“勿贻西人之笑，乃为幸事”。[②] 正是在这样的刺激下，上海华界地区以租界水电煤等公用事业建设为榜样，开启租界的市政的近代化进程，以引进技术来改变其相形见拙的局面。[③]

为了引入煤气照明，改善居住环境。华界的开明绅士积极宣扬，呼吁民众捐资设立煤气路灯。例如，申报就曾多次刊登劝谏华人捐资设灯的倡议，但由于思想守旧、生活拮据，多数华人对引入煤气街灯的倡议反应冷淡，响应者寥寥无几。最后，南市居民钟应南带头捐资，立即赢得100多户居民的响应，“多则月捐千钱，少者月捐的钱”。1873年8月，南市第一次点燃煤气街灯，令煤油灯相形见绌，煤气照明逐步在上海华界推广。[④]

1897年，上海南市马路工程善后局在十六铺创建供三十盏路灯照明的南市电灯厂，于除夕(1898年1月21日)建成，并于当晚试灯，上海县令率官员亲临观看。南市、闸北地区于清光绪三十三年(1907年)均采用200伏电压的直流配电。到民国7年(1918年)，该厂与南市电车公司合并改名为上海华商电气公司。装机容量为3350千瓦，[⑤]供应电杆2152根，电灯23878盏[⑥]。

1897年，上海邑绅在道台刘麟祥的支持下，集资30万两白银开办内地自来水厂，并开始在高昌乡近高昌庙(今半淞园路592号)购地兴建。整个工程历经5年之久，到了1902年才完工陆续向江南制造局、外马路及城厢供水。1904年兴建大码头水塔，并设置400毫米口径的出水管，逐渐将内地供水网延伸到大小东门外沿江的繁华地段。而租界北面的闸北区域在1910年，由张人骏拨借官款，创设闸北水电公司，1911年10月27日建成供水，初供水时，每日出水量为9090立方米，可满足10万居民的用水需求。[⑦]

这样，上海租界和华界都先后建立了各自的照明和供水系统，初步具备新兴都市便

---

① 申报.1872年7月20日。

② 论修治街道[N].申报，1883-3-10.

③ 邢建荣.水电煤近代上海公用事业的演进及华洋之间的不同心态.档案里的上海[M].上海：上海辞书出版社，2006:149.

④ 熊月之，周武.上海：一座现代化都市的编年史[M].上海：上海书店出版社，2007:89.

⑤ 上海市电力工业局史志编纂委员会.上海电力工业志[M].上海：上海社会科学院出版社，1994:475.

⑥ 王秀娟.上海南市发电厂兴衰.都会遗踪：沪城往昔追忆[M].上海：上海书画出版社，2011:48.

⑦ 上海公用事业管理局.上海公用事业(1840—1986)[M].上海：上海人民出版社.1991:442-443，131.

捷舒适的生活环境，可算已经开始向近代化方面追求。[①] 但需要指出的是由于近代上海特殊的“三方四界”的市政格局和租界当局的殖民利益，上海城市公用事业建设形成非统一性的特点。首先上海英、法租界在照明和供水系统上的建设先行一步，在自己的势力范围内自成一体，各自为政，造成包括华界公司在内的各水电公司各事其营业，技术规范参差不一，使上海公用事业的发展长期处于“局部有序，全局无序”的状态。[②] 这种市政设施三界自办的格局一直延续到 1943 年租界收回方止。

总的来说，随着以水电煤为主的市政发展，上海城市基础设施的格局有很大的提升。在当时，上海水电煤和通讯事业发展不仅在全国来说都非常领先，而且也领先于远东地区其他城市。作为城市运行的重要支撑，这不仅促进了上海城市的发展，也有力地促进了上海建筑业的发展，而且为这些设施向国内其他城市的推广做好了示范。

2.2　建筑设备的引入

随着大规模的市政建设，城市给排水、煤气、电气和通讯形成网络并在城市铺开，这既为整个城市的运行服务，也同时开始进入各个建筑，为提升建筑性能和舒适性服务，为整个城市的现代化服务。

2.2.1　照明电气设备

1）煤气灯

上海引入煤气一开始就主要用于照明。在 1865 年 6 月，整个煤气管线设备和路灯照明点都已处于可使用状态，1500 只灯头的管线也完成安装，进入私人住宅。10 月 2 日，煤气首先通过煤气管道送到了煤气厂部秘书的住宅。11 月 1 日，自来火房正式向用户供应煤气，上海首批安装了 59 只煤气表，其中 39 只为家庭用户。[③] 经过一年多的管道铺设，租界在第二年（1866 年）底大步迈入煤气路灯照明时代。1867 年开始，随着煤气管线的不断扩张，煤气灯也陆续出现在教堂入口处、戏园、酒楼、茶馆、公园门口、音乐厅及弄堂等处。

当时煤气灯的形制有许多种，包括“鱼尾形”、“蝙蝠形”、“茶灯”、“太阳灯”、“拉灯”和“街灯”。其中“太阳灯”灯头数量较多，亮度较强且集中，适合在剧院、礼堂等大型厅堂使用，是现代屋顶吊灯的始祖。[④]

---

① 上海通社编. 上海研究资料[M]. 上海：上海书店出版社，1984：80.

② 邢建荣. 水电煤近代上海公用事业的演进及华洋之间的不同心态[J]. 史学月刊，2004(4)：101.

③ 罗苏文. 上海传奇：文明嬗变的侧影(1553—1949)[M]. 上海：上海人民出版社.，2004：143-144.

④ 吴宇新. 煤气照明在中国：知识传播、技术应用及其影响考察[C]. 内蒙古师范大学. 2007：30.

近代思想家王韬在1875年出版的《瀛濡杂志》中描述到当时的租界的煤气设备：

皆由铁管以达各家，虽隔河小巷，弯折上下皆可达。街衢间遍立铁柱，柱空其中，上置灯火，至晚燃之，照明如昼。富贵家多至数十盏，以小铁管暗砌墙壁，令火回环从上而下，宛如悬灯。每家于铁管总处设立灯表，可测所用煤气多寡。局人按月验表以取费。其人工之巧，几于不可思议矣。[①]

非常形象地描述了当时煤气管线的安装，特别提出了线路敷设采用小铁管暗砌于墙壁中，已经注意到管线外观与建筑的结合，这也为以后其他建筑设备管线的敷设提供了参考。

2）电灯、霓虹灯

最初使用电力照明的设备是弧光（电弧）灯，灯圆如西瓜，光较自来火为明。[②] 但因耗电多、成本高，一直未能取代煤气在照明上的统治地位。1889年，美国对炭丝灯泡的改进再次取得突破，电气公司抓住这次机遇，购进大批新式灯泡，并配置了相应发电机。1890年4月，首批安装的炭丝灯泡通电放光。一般炭丝灯泡的亮度约为8支烛光，光线适中、耗电量低，与煤气灯相比，两者亮度接近，但炭丝灯泡具有清洁、便利的优点，更加适合室内照明。炭丝灯泡的使用是近代照明史上的重要转折点，[③]此后，煤气照明开始逐渐被电灯照明所替代。

1912年后钨丝灯泡也被引入上海，成为煤气灯的终结者，工部局会议商议将现有的227盏弧光路灯也改为金属丝（钨丝）灯泡。[④] 到1915年，室内煤气灯已完全被电灯取代。[⑤] 当时使用的灯泡一般家用为25瓦。因同属于管线系统，电灯的安装沿用了煤气灯的安装方法，《格致汇编》中还提到了，已有安装有煤气灯的，可利用原有的煤气管线，将电线置于煤气管里，进行系统置换。[⑥] 这也说明当时在电气照明系统出现后，就有将煤气照明系统更改为电气照明系统的做法。

民国15年（1926年），南京路伊文思图书公司的橱窗内，置有从国外进口为该公司Royal（皇家牌）打字机做广告的霓虹灯（Neon Lamp），这是上海最早出现的霓虹灯。[⑦] 而后广告业的兴起，使得霓虹灯的需求非常旺盛，上海便开始出现了醉人的海市蜃景。

3）电表

清光绪二十年（1894年），上海公共租界工部局电气处为塘沽路、七浦路、中央路等

---

① （清）王韬.瀛濡杂志[M].上海：上海古籍出版社，1989：125.

② （清）海上漱石生.沪壖话旧录[M].宋钻友整理.稀见上海史志资料丛书2.上海：上海书店出版社，2012：10.

③ 吴宇新.煤气照明在中国：知识传播、技术应用及其影响考察[D].内蒙古师大硕士论文.2007：46.

④ 工部局会议档案.1912年5月22日：607。

⑤ 吴宇新.煤气照明在中国：知识传播、技术应用及其影响考察[D].内蒙古师大硕士论文.2007：46-47.

⑥ （清）傅兰雅.互相问答：西国制造电气灯.格致汇编.上海格致书室铅印本.1880(3)：15A.

⑦ 上海轻工业志编纂委员会.上海轻工业志[M].上海：上海社会科学院出版社，1996：319.

12 家用户，安装英国制造的单相电度表，这是第一批实行计量收费的用户。

清光绪三十年六月(1904 年 7 月)，由于开始使用电风扇的用户增多，原电度表不适用于记录感应负荷，改用感应式单相电度表。清宣统三年六月(1911 年 7 月)，英商增裕面粉厂的三相电动机首家安装三相电度表。民国十二年(1923 年)，上海申新纱厂安装第一只最大需量表，实行两部制电价计费。民国 23 年(1934 年)，全市用户装接电动机容量达 30 万千瓦。美商上海电力公司开始对工业用户安装三相无功电度表，对商业用户安装单相无功电度表，实行按功率因数调整电价。至 1949 年底，全市在用电度表增至 12.8 万只。[①] 可见上海用电户数及用电量之大。

2.2.2　给排水设备

1) 取水设施

最早，除了部分高档建筑铺设有金属给水管道，可以直接通过龙头或其他设施给水外，不少地段的建筑房屋内还没安装自来水管。因此就用街头的太平龙头(消火栓)或专设给水站给水：

又沿街每数十步竖一吸水铁桶，高四尺许，下面与水管联络，顶上置一小机括，用时将机括拈开，水自激射而上……居民需水者，可水夫送去，不论远近，每担钱十文……激浊扬清，人皆称便。[②]

图 2-9　给水站取水

描绘了当时大部分平民社区取水及收费的情形。如图 2-9 所示。

2) 水表

英商自来水公司开办以后，对大部分用户都是按照英国传统的收费方式，以不大于房租的 5% 收取水费。由于用户用水不受限制(只有少数工业用户采用按表计量收费)，存在大量的浪费和滥用。1931 年工部局从美国聘请了一位著名的给水工程师 N. S 希尔(Nicholas S. Hill Jr)，研究上海给水事业的经营、效益和水费水价问题，并对目前的收费方式改为全部水表计量的可行性进行研究，希尔得出的结论是赞成通过水表计量售水。工部局于 1931 年 12 月同意了全部售水量按表计

① 上海市电力工业局史志编纂委员会. 上海电力工业志[M]. 上海：上海社会科学院出版社，1994：207-208.

② 黄式权. 淞南梦影录卷四[M]. 上海：上海古籍出版社，1989：145 .

费取代按房租百分比的收费法。为了获得最适合的水表口径和形式，确定水表安装地位，自来水公司 9872 宗房地产的全部管道进行了调查，最后选定肯特公司(George Kent)生产的水表。1932 年 4 月 4 日开始安装水表，全部工作于 18 个月内完成。为此在杨树浦水厂内设立了水表工厂，对每只安装的水表作了历史卡片。[①]

3）洗浴装置

洗浴是当时西方文明的重要表征。根据 Charles M. Dyce 1870 年刚到上海对当时外廊式建筑布局的观察已经证明，尽管当时没有自来水，但房屋已经设置有浴室了，[②]其水源应该是自行解决的，说明了当时西方人在上海依旧重视个人卫生与清洁。

饭店是开埠初期重要的建筑形式之一，也是当时设备需用最多的建筑类型。1846 年建造的理查饭店(今浦江饭店)就安装了浴室，1912 年出版的著名《上海社交》杂志(Social Shanghai)在对老理查饭店回忆中指出，客房在 15 年前就配备了浴室和金属浴缸。[③] 1887 年，德国人开设了客利饭店(Kalee Hotel)[④](图 2-10)当时也已经带有独立卫生间(图 2-11)并提供冷热水。[⑤] 而后的汇中饭店等高级旅馆都是配备冷热水俱全的独立卫生间，这样的客房配置成为上海高档旅馆业的标准。

图 2-10　客利饭店外观图

图 2-11　客利饭店客房卫生间

① 上海公用事业志编委会. 上海公用事业志[M]. 上海：上海社会科学院出版社，2000：135.

② Charles M. Dyce. Personal Reminiscences of thirty Year's Residence in the Model Settlement Shanghai (1870—1900)[M]. London Champman&Hall. Ltd. 1906：34.

③ Then and Now a Comparison of Sixteen Years. Social Shanghai Vol. XIV. July—Dec 1912：177.

④ 上海最早的四家顶级饭店(理查、汇中、大华、客利饭店)之一，位于江西路九江路路口，在英国教堂的对面，环境幽静。1922 年该饭店被香港上海大酒店有限公司收购，1938 年原客利饭店建筑被拆除，原址重建聚兴诚银行。

⑤ Belle Heather. Hotel kalee. Social Shanghai Vol. X1. Jan-June 1911：138.

在煤气和自来水接通后，煤气热水器成为高档家庭卫生间的标准配置，而煤气公司也适时推出各种新式煤气热水设施满足需求。同样，由于取用热水的方便，专业洗浴场所也开始增多。1908 年 1 月，金陵东路 183 弄 8 号开设玉津池汽水盆汤浴室，室内设备用具皆从欧美购买，并有定造的汽水机炉，各浴盆都装有冷热自来水龙头，这是外滩地区第一家高档浴室。1910 年，山东路麦家圈荣吉里双凤浴室改良维新盆汤，不惜巨资从美国定购热水龙头及汽锅等用具设备，特聘名匠安装，达到高质量，沐浴时可按需调谐水温。[①] 淋浴在上海成为一种高级休闲享受。

4）抽水马桶

抽水马桶开始是通过《上海新报》在 1866 年介绍到上海，[②]如图 2-12 示。1881 年自来水接通后，根据租界工董局的记载：

租界董事会注意到，当租界安装了自来水时，有些居民可能使用抽水马桶，但他们并不知道这一情况，即：一般来说，租界里的排水设备是完全不适合排泄家庭污水的。因此会议决定，不准将任何抽水马桶的粪便污水用排水管排入市政阴沟内。[③]

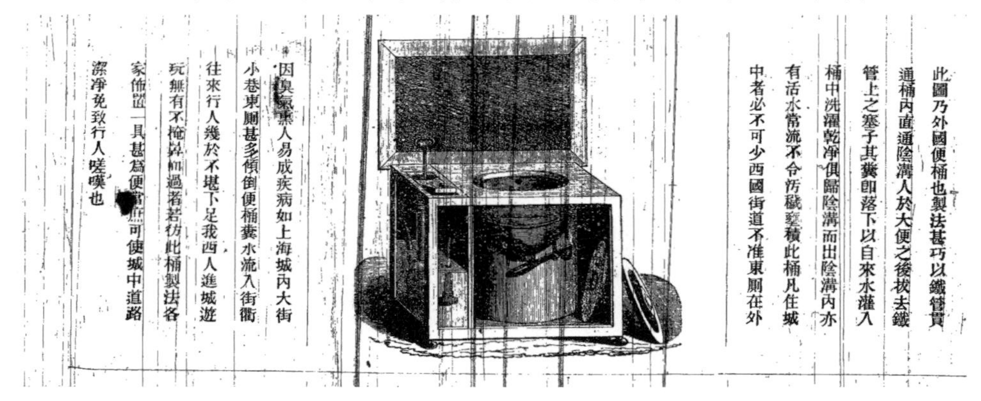
此圖乃外國便桶也製法甚巧以鐵管貫通桶內直通陰溝人於大便之後拔去鐵管上之塞子其糞卽落下以自來水灌入桶中洗濯乾净俱歸陰溝而出陰溝內亦有活水常流不令污穢壅積此桶凡住城中者必不可少西國街道不准東厠在外因臭氣熏人易成疾病如上海城內大街小巷東厠甚多傾倒便桶糞水流入街衢往來行人幾於不堪下足我西人進城遊玩無有不掩鼻而過者若彷此桶製法各家備置一具甚爲便當庶可使城中道路潔净免致行人嗟嘆也

图 2-12　上海新报 1866 年 7 月 22 日报道

由此可以证明当时已经有使用抽水马桶。当时主要的西式饭店如客利、理查、汇中饭店都安装有全套的卫浴设备，包括抽水马桶等在均布置在客房卫生间中。[④] 但当时这些水厕的排污是由房屋所有者自行建造化粪池的方式解决的。[⑤] 抽水马桶等设施出

① 上海市黄浦区人民政府财贸办公室，上海市黄浦区商业志编纂委员会. 上海市黄浦区商业志[M]. 上海：上海科学技术出版社，1995：670.

② 李长莉. 晚清上海风尚与观念的变迁[M]. 天津：天津大学出版社，2010：64-65.

③ 上海市档案馆编工部局董事会会议录 1883 年 1 月 8 日[M]. 上海：上海古籍出版社，2001：516.

④ The Palace Hotel. Social shanghai Vo1. V. Jan-June 1908：215.

⑤ 张鹏. 都市形态的历史根基：上海公共租界市政发展与都市变迁研究[M]. 上海：同济大学出版社，2008：209.

现成为了上海当时高档生活的象征。

由于当时生活污水特别是粪便水不能直接排入城市市政下水道，这也限制了抽水马桶的发展。包括著名的上海总会也是在1908年11月经过工部局特批同意为它新造下水道，才能在底层、二层安装抽水马桶。[①] 而1915年7月领事法庭审理麦克贝恩大楼一案是其转机，麦克贝恩大楼因希望安装抽水马桶向领事法庭投诉，其理由是抽水马桶通向化粪池，化粪池用真空抽水车来抽干，对下水道没有影响。对此卫生处长斯坦利加以反对，其理由是以《土地章程》第30条和《工部局通告第1789号》为依据，最后领事法庭做出判决称：《土地章程》第30条不但没有准许工部局禁止抽水马桶，而且还重视抽水马桶的安装工作，工部局引用《土地章程》第30条是一种越权行为。他们并不认为安装抽水马桶会产生污染或有害公共卫生，因为他们认为业主可以与承包商商妥将粪便运往乡间，从此租界内抽水马桶才慢慢多了起来。

1917年租界里大约有500只抽水马桶，1917年一年内增加了145只，其中313只安装在中央区。[②] 1918年7月，工部局董事会同意对抽水马桶征收附加税，按水表显示的平均用水总量为基础计算。[③] 这也可被看作官方正式同意抽水马桶的使用的开始，从此抽水马桶在上海成为室内高档卫生用具并开始大量推广。

5）消防设备

除了设置街头的消火栓及建筑的水泵结合器之外，在清末，容易发生大量火灾的纱厂也开始安装自动喷淋系统。1893年11月，上海机器织布局开工生产仅3年，即因清花车间起火，全厂焚毁，李鸿章札委津海关道盛宣怀赴沪规复。1894年5月22日（光绪二十年四月十八日）瑞生洋行致盛宣怀的函中就向其推荐了当时先进的古林尼（Grinnell）灭火机器的详细情况：包括在英国的使用情况、装有灭火器的厂房示意图及灭火喷淋的示意图。如图2-13、图2-14所示。

并说明如下：

使用蒸汽抽水机一个可以配一千个喷嘴，每分钟抽水五百加仑，全套灭火器带运输及保险在内到上海一千二百八十磅十七先令八便士。上海织布局未知可需要此项灭火机？若购一套本行实涂欣幸。每方围一丈只需喷水口一个，如用喷水口一千个，可敷设四百尺长，一百二十五尺宽二层楼，每层各应方围大五万尺之广。[④]

详尽地说明了当时自动喷淋系统的动力来源、作用原理、保护半径及产品价格等。

---

① 罗苏文．沪滨闲影［M］．上海：上海辞书出版社，2004：83．

② 同上。

③ 罗苏文．上海传奇：文明嬗变的侧影（1553—1949）［M］．上海：上海人民出版社，2004：159．

④ 上海图书馆盛宣怀档案．编号073754。

图 2-13　装有 Grinnell 喷淋灭火器的厂房示意图

图 2-14　Grinnell 喷淋灭火器的效果图

而后，在 1897 年，江南制造局新建上海大纯纱厂[①]就通过瑞生洋行采购定制古林尼牌的喷淋龙头 150 个，并通过轮船装运回国。[②] 采购单如图 2-15 所示。这说明在 19 世纪末，上海就开始引进了自动喷淋设备用于工厂防火了。我们也可在创办于 1895 年的老公茂纱厂（Laou Kung Mow Cotton Spinning and Weaving Company Ltd.）的车间照片中清楚地看到喷淋管道敷设在车间的梁下，粗大的主管道及连接喷淋头的支管非常醒目。这说明为了降低事故发生，减少损失，对于喷淋的设置在 20 世纪初上海工厂特别是容易起火的纱厂里已经非常普遍了。

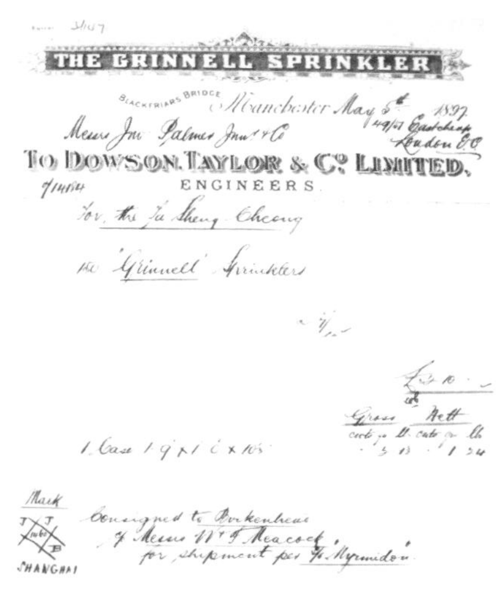
THE GRINNELL SPRINKLER

BLACKFRIARS BRIDGE　Manchester May 5th 1897

TO DOWSON,TAYLOR & Co LIMITED,

ENGINEERS

SHANGHAI

图 2-15　瑞生洋行给大纯纱厂的采购单

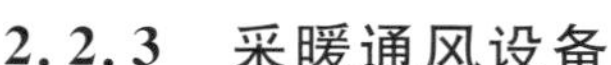

2.2.3　采暖通风设备

1）壁炉、火炉

壁炉作为西方重要的传统取暖设施，一开始就在上海西式建筑中出现，从上海至今保留的外廊式建筑里就可以看出当时壁炉是必不可少的设施。作为西方建筑传统的一部分，殖民者不仅将其作为取暖设施，更有情感的成分。因此，壁炉在亚洲的传播与气候无关，在热带地区的口岸城市：新加坡、香港、澳门等地的殖民地建筑中，都不凡壁炉的身影。壁炉在此更多成为一种文化和情感的象征，成为室内空间中必不可少的一部

---

① 大纯纱厂是由盛宣怀一手创设，厂基在上海杨树浦，光绪二十一年（1895 年）十月中旬开工出纱。

② 上海图书馆盛宣怀档案. 编号 051955。

图 2-16　江北海关的壁炉烟囱

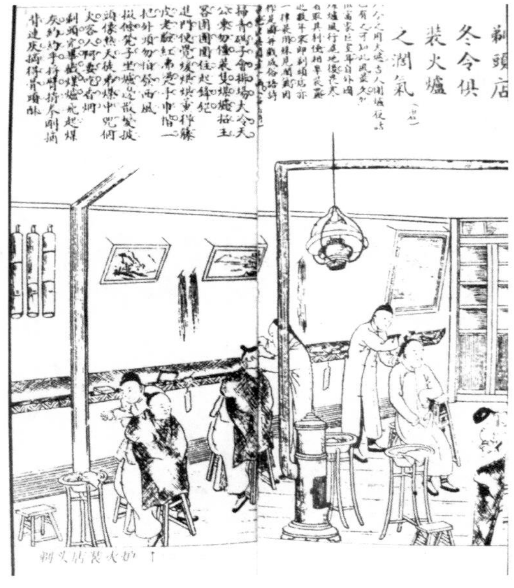

图 2-17　剃头店装火炉

分。因上海冬天寒冷，甚至有时到了四月份还是很冷的，壁炉的安装是有实际作用的。因此在上海，不仅西式房屋使用壁炉，甚至在中式房屋里，壁炉也成为重要的取暖设施。1857 年正式启用的江海北关，是典型的歇山顶中式建筑，但为了御寒建造了西式壁炉，从其冲出屋顶的烟囱(图2-16)可以看出已经完全是西式的做法了。从这也可以看出，早期的江海关恐怕是上海开埠后最早的海派建筑了。[①]

国外进口的铸铁炉(烧煤或煤气)也同期传入上海，一开始在高档住宅或旅馆使用。客利饭店当时就是用铸铁炉在冬天给房间取暖。[②] 到了清末，因煤价的降低，进口的铸铁炉成为冬季平民也能享受的取暖设施。《图画日报》在报道“剃头店装火炉”的消息(图 2-17)就附上一首打油诗：

扫青码子会排场，大冷天公冻勿僵。装只煤炉招主客，团团围住起锋芒。进门便觉暖烘烘，熏得藤皮老脸红……剃头完毕戳煤炉，飞起煤灰约约乎……[③]

形象地描述了铸铁煤炉作为剃头店冬天招揽客人的重要手段，但煤炉的操作仍然是避免不了产生灰尘。

2）管道采暖

在管道采暖方面，老理查饭店[④]则很早就采用蒸汽采暖。[⑤] 而 1910 年完工的上海总会二层的 40 间客房都不仅装配了壁炉，也有蒸汽采暖系统。[⑥] 清末民初，由于电力

① 钱宗灏等. 百年回望：上海外滩建筑与景观的历史变迁[M]. 上海：上海科学技术出版社，2005：130-131.

② Belle Heather. Hotelkalee. Social Shanghai Vo1. X1. . Jan-June 1911：138.

③ 罗苏文. 沪滨闲影[M]. 上海：上海辞书出版社，2004：22.

④ 1906 年旧的 ASTOR 饭店拆除后重建，至 1907 年扩建后成为远东最著名的饭店。

⑤ Then and Now, A Comparison of Sixteen Years. Social Shanghai Vol. XIV. July-Dec 1912：177.

⑥ Perter Hibbard. the Bund Shanghai：China Face West. Three on theBund. 2007：99.

已占据上海照明市场的主导地位,煤气转向拓展民用灶具领域。为了拓展市场,上海自来火公司在展示厅里提供了最新的各种浴室用煤气热水器、取暖炉、煤气灶等设备,给家庭烹饪、取暖、沐浴等提供整套解决方案,[①]如图 2-18 所示。现代家庭中使用煤气设备与传统的烧煤,烧木材的设备相比,具有明显洁净、便利与实惠的特点,受到广大富裕阶层的欢迎。

进入 20 世纪后,中国已出现了多家煤炭开采公司,国产煤的数量日益上升,煤的价格不断下降,产自开平和萍乡煤矿的煤都可以经水陆直接运到上海,上海煤源十分充裕,煤气的日产量大幅度上升,而价格则日益下调,为煤气作为燃料用气大面积推广提供了可能。到了 1910 年代后期,新建的大楼(如外滩的办公楼)和高档公寓、住宅开始安装煤气灶具和"热水汀"(水汀即 Steam,蒸汽的洋泾浜语,引申为热水或蒸汽系统采暖)[②],图 2-19 所示为上海电话公司接线间的暖气布置。

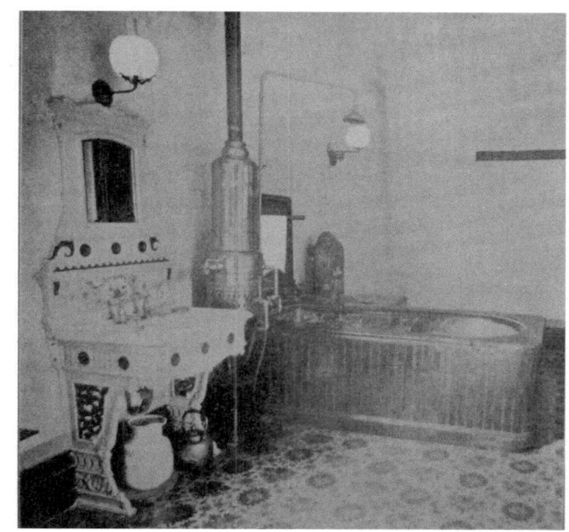

图 2-18　自来水公司的卫生间展示厅

图 2-19　上海电话公司接线间

值得注意的是,到了 20 世纪 20 年代后,热水汀采暖成为上海西式建筑主要的采暖方式,安装非常广泛。但上海并没有采取美国纽约那种城市集中供热的方式,而是由各个建筑自己安装锅炉进行热水及蒸汽供应、分散采暖。其原因一方面与气候有关,上海的冬天没有纽约那么冷,也不常下雪。另一方面还与工部局的主要官员都来自英国,当时英国也并没有这方面的做法传统。同时,还由于当时重工业工厂很少,也缺少四季都提供和生产蒸汽的需求。

3) 电风扇及其他设备

对于夏季炎热的上海,降温设施非常重要。根据记载,开埠后,上海最早引进一种外国的齿轮发条带动的风扇,这

① Where to Shop. Social Shanghai Vol. V. Jan-June 1908:52.

② 薛理勇.上海洋场[M].上海:上海辞书出版社,2011:90.

图 2-20　发条电扇

应该是电扇的雏形：

外洋所制自来风扇，以法条运轮齿鼓动折扇，不烦人力。置诸案头，微风习习，最可人意。惜为时不久，法条一转不及一刻耳。[①]

因不能提供持续动力，这种风扇只能作为观赏的西洋新奇器物，并没有能推广起来。如图 2-20 示。

之后电力出现，用户除了用于照明外，也开始引进电风扇。[②] 客利饭店就安装了电风扇在客房用于夏季降温[③]（图 2-21）。但当时安装电扇的用户还是非常少的。可以印证的是 1903 年德国记者蔡博（Zabel）描述外滩高级饭店蜜采里（Hotel des Colonies）[④]（图 2-22）当时就没有电扇：

为了让人你尽量舒适地抵御夏天的闷热，把所有的办法都想尽量。冬天做装饰的厚重地毯和窗帘都被拿掉了，通过敞开的窗和门，一直有微风吹过，阅览室，游艺厅和会谈室里都能感受到凉风习习。从天花板上挂下来两排所谓的“蓬卡”，是一种长长的四角形

图 2-21　客利饭店的电扇

图 2-22　蜜采里饭店外观

① (清)葛元煦撰．郑祖安标点．游沪杂记[M]．上海：上海书店出版社，2006：156.

② 上海市电力工业局史志编纂委员会编．上海电力工业志[M]．上海：上海社会科学院出版社，1994：207.

③ Belle Heather. Hotelkalee. Social Shanghai Vol. X1. Jan-June 1911：138 .

④ 密采里饭店曾是旧时上海法租界里的主要旅馆，由法国人米歇尔在 1880 年创办于孟斗班路（今四川南路）72 号，后又迁至爱多亚路（今延安东路）。

的框子，上面蒙着布，装饰着穗子。苦力们在走廊里用粗绳子拉动，使蓬卡均匀地旋转，由此产生让人感到清凉的空气流动。[1]（图 2-23）

可以看出当时蜜采里饭店还是人力通风。而后几年电扇发展很快，紧接着新理查饭店及汇中饭店等在建成时都安装有风扇，电扇也成为高级宾馆的重要设施。到了 1907 年，租界的电扇安装总数为 2967 台。[2] 当时有种将电灯与电扇结合起来的灯具非常流行（图 2-24），在很多建筑里被广泛使用。

图 2-23　蓬卡示意图

图 2-24　晚清画报中的电扇

制冷设备也开始在清末进入高档建筑，理查饭店建成就设有制冰机[3]。1910 年竣工的上海总会不仅安装了电器设施，也安装了冷藏冷冻设备。[4] 而空调的出现要到 1920 年代上海大型公共建筑出现以后了，主要是解决夏季大型空间中的通风和体感舒适性问题。而在部分需要密闭功能的空间中，比如电台、播音室、会议室中，也需要安装空调，如公共租界工部局在 1936 年预算中讨论为一间董事会会议室安装空调，目的是“为了消除来自室外的令人分散注意力的嘈杂声，只能把所有的窗户关上，这在夏季显然是办不到的。”[5]在当时，建筑设备的相对价格较高，特别是空调机的投入较大。

① 王维江，吕澍辑译. 另眼相看：晚清德语文献中的上海[M]. 上海：上海辞书出版社，2009：217.

② 同上，46。

③ Then and Now ：A Comparison of Sixteen Years. Social Shanghai Vol. XIV. July-Dec 1912：177.

④ 罗苏文. 沪滨闲影[M]. 上海：上海辞书出版社，2004：82.

⑤ 工部局会议录. 1936 年 2 月 19 日（星期三）. 469。

2.2.4 通讯运输设备

1）电话

最早上海使用是磁石电话机，宣统二年（1910 年）后，华洋德律风公司的磁石电话机逐渐被共电电话机所取代。华界电话局于民国十一年（1922 年）开始使用共电电话机。

电话线最初采用单线架空裸线，以大地为回路。而后逐步采用铜线，提高话音质量。光绪二十七年，华洋德律风公司采用架空双线，民国十九年（1930 年）后，开始采用电缆逐步代替架空明线。①

光绪八年至二十六年（1882—1900），大北电报公司和东洋德律风公司经营租界电话期间，电话号码是不等位的一、二位数与三位数。光绪二十六年（1900 年）后华洋德律风公司经营上海租界电话，用户电话号码是不等位的一位数至三位数。到了民国十三年（1924 年），由于电话业务发展很快，华洋德律风公司东区交换所装置了 1000 门爱立信机电制自动交换机，该交换所的电话号码首先改用五位数。以后上海的电话号码逐渐为五位数代替。②

电话最初依靠人工接线，听筒与话筒是分开的，但容易泄露通话人的信息。一直到 20 世纪 30 年代初，租界与华界的电话先后改进为自动接线，只要自拨在电话机上的数字盘就可以打通对方的电话，但华界拨租界，或租界拨华界电话，须在原电话号前加“0”。电话机样式很多，形式精美，成为室内重要的装饰品，也是住户身份的象征。但总的来说，与上海的人口总量相比，电话的普及率还是比较低的，普通平民接触不到电话，初来上海的人几乎连电话是什么样子的也没见过。因此直到 1922 年版《上海指南》，还设《租界德律风（即电话）之用法》一栏。

2）升降机（电梯）

随着开埠后上海经济商业发展，地价飞涨及建筑技术提升，建筑开始有高层化的趋势，从最开始的两、三层向四、五层发展，同时包括大型多层仓储空间货物搬运，都需要快捷省力的运输工具。最早在《申报》1872 年 5 月 20 日的《续沪上西人竹枝词》就有机动梯的描述：

层楼重叠接云霄，上下何堪陡降劳。

妙有仙梯能接引，螺纹旋子快升揉。③

---

① 上海邮电志编撰委员会. 上海邮电志[M]. 上海：上海社会科学院出版社，1991:458-459.

② 同上，436-437.

③ 续沪上西人竹枝词. 申报. 1872 年 5 月 20 日

由于此时电力还没有被引入中国，这里所讲的自动升降梯应该是通过蒸汽提供动力的。在上海供电不久，电梯就被引入中国，1887 年开业客利饭店是幢五层大楼，就装有电梯[①]，当时著名的时尚杂志 Social Shanghai 中也对此有印证。[②]

图 2-25　理查饭店今昔

而后多幢楼房都开始安装电梯：1900 年，美国奥蒂斯(Otis)电梯通过代理商 Tullock & Co. 公司为上海提供了两台电梯。[③] 到了 1907 年，上海已经有 23 部电梯在运行。[④] 西门子电气公司 1904 年在上海开设技术办事处后就在 1907 年给天福洋行(Slevogt & Co.)、美最时洋行(C. Melchers GmbH & Co.)以及其他洋行的仓库安装电梯。[⑤] 而同期，威麟洋行是著名的"伊斯顿"(Easton)电梯的代理商，仅在上海就安装了大约 20 部电梯。[⑥] 1907 年落成的德国俱乐部(Club Concordia)[⑦]也安装了德国造的电梯。[⑧] 1908 年开张的汇中饭店(Palace Hotel)，装设有被认为是当时最先进的 Otis 电梯。[⑨] 1910 年落成的新礼查饭店(图 2-25)也安装了 3 台电梯。1911 年启用的上海总会大楼(今外滩华尔道夫酒店)安装了 2 台德国西门子公司制造的三角形开敞式铁木制轿厢电梯。到了 1936 年，上海大约有 1000 台电梯在运行，总共平均每天运行 4000 英里(近 6500

① 吕澍，王维江. 德国文化地图[M]. 上海：上海锦绣文章出版社，2011：25.

② Belle Heather . HotelKalee. Social Shanghai Vol. X1. . Jan-June 1911：138.

③ 《中国电梯》编辑部. 中国电梯行业三十年(1980—2010). 2011：13.

④ 另眼相看：晚清德语文献中的上海[M]. 王维江，吕澍，辑译. 上海：上海辞书出版社，2009：46.

⑤ 夏伯铭编译. 上海 1908[M]. 上海：复旦大学出版社，2011：234.

⑥ 同上，293。

⑦ 本建筑位于外滩与仁记路(今滇池路)交界口，又被称作德国俱乐部。1934 年被拆除，在此位置建设新的中国银行。

⑧ Modern Elevators in the Far East. The Far Eastern Review. June 1936：264。但该文献误认为该建筑建于半个世纪前，即 1880 年代，故称此电梯为上海第一座电梯。

⑨ The Palace Hotel. Social Shanghai Vol. V . Jan-June 1908：212.

公里),运送 30000 名乘客。[1] 高层化是近代建筑的特征之一,升降机设备象征建筑开始走向高层化及现代化的意义。[2]

如今,除了法国上海总会、汇中饭店及理查饭店这些建筑至今幸存外,当时其余很多早期安装电梯的多层建筑都被快速的城市更新所推到。客利饭店等当时著名建筑都不复存在,包括后期电梯的升级更换,因此现存原状的电梯非常少。

值得注意的是这些建筑设备都是在西方发明不久就传到了上海,说明上海在西方建筑设备及技术引进方面的一个与时性。国外著名的名牌:电器类有美国的通用(GE)、荷兰飞利浦(Philips)、德国的亚司令(Osram);卫浴类有美国的科勒(Kohler)和美标(American Standard)、英国的申克斯(Shanks);电梯类有美国的奥蒂斯(Otis)、德国的西门子(Siemens)、英国的伊斯顿(Easton)等在那时都进入了上海。当时上海的丹麦商慎昌洋行(Andersen, Meyer & Co)[3]、德商禅臣洋行(Siemssen, G.)、英商威麟洋行(Shanghai Electric & Asbestos Co.)和怡和洋行(Jardine Engineering Crop.)等一批洋行都从事建筑材料进口、批发及设备安装业务。但在 20 世纪 20 年代前,所有建筑设备及材料:大到锅炉、电梯,小到给水钢管、龙头,全部都是从外国进口的,国人并不能生产。核心产品技术包括设计、制作和安装都掌握在他们手里,因此当时这个产业领域存在着对外(西方)很大的依赖性。而这种依赖性(无自主性)也是上海早期现代化(包括建筑现代化)发展中一个普遍现象,具体情况分析会在以后章节里展开。

2.3 环境改善与社会变革

自水电煤等设施系统进入上海后,使得上海城市环境发生了巨大的变化。新式的照明系统,不仅为城市提供了持续而稳定的运行保障,更降低了城市火灾和犯罪的概率。电力从最开始作为照明主要能源的出现,到后来慢慢扩张到各种动力能源,为电风扇、电梯、空调和电加热器等设备进入建筑提供了支持。同时,因为电价低廉"在几乎所有使用电力的家庭工厂和小型工厂中间,普遍星期日和夜间都开工……更重要的是,促使上海成为吸引几乎各种形式的工业制造的场所"。[4] 也使得上海有条件在很短的时间内跃升为中国乃至东亚的制造中心之一。城市给排水设施的兴建,使得城市的卫生状况得到了根本的改善,因用水与排水的方便性,使得街头水厕的修建成为可能。租界洒水车的使用,也使得马路灰尘全无,都市公共环境的清洁可以实现。电话与消火栓的

---

① Modern Elevators in the Far East. The Far Eastern Review. June 1936:264.

② 李俊华.台湾日据时期建筑家铃置良一之研究[C].台湾中原大学. 2000:59.

③ 慎昌洋行在民国四年(1915 年)改由美商经营并扩大为股份公司。

④ 罗兹·墨菲.上海——现代中国的钥匙[M].上海:上海人民出版社,1987:225.

结合使用，以及这些设施直接用来参与抢险救援，又使上海城市的消防安全水平大为提高。加之良好的城市管理措施，上海的都市面貌焕然一新。

上海之繁荣，所以冠全国，其公用事业之发达，当不失为第一大因素。[①]

2.3.1　生活方式的嬗变

城市环境的变化影响着上海生活方式从传统向现代的转变。建筑设备引入，减少了人们因自然条件的限制而对于人类活动的约束，人类社会活动性得到了释放，从而产生了与传统不同的生活方式。1888 年《申报》刊登一位署名“初开眼界人”的来稿《洋场述见篇》，记录了这位外乡人士对游上海的想象：

仆生于小邑之中，居于穷乡之内，生平足迹不出五十里之外，且耕且读，意然自得。瑕时阅《申报》，每见其述洋场之胜景，不禁神为之往，意为之移，然其所谓电灯如月，可以不夜；清水自来，可以不涸；德律风传语，可以代面，虽远隔而如见；电线递信，速于置邮，虽万里如一瞬，此等语，辄目之为海外奇谈，疑信者半。因思亲至其地一扩眼界，以征报上所言之虚实。[②]

在这里，作者并没有对西式的洋房进行着墨，而视觉的焦点对准了内地没有的新器物：水、电、通讯等设备对生活的改变，可见这些新式器物的神奇，及对人们心理的震撼及冲击。此时上海已经具有了与内地不同的“魔性”。而这种魔性其实来源于这些现代物质的引进。

图 2-26　清末曲院

照明方式的转变，改变了上海人以往的作息时间和消闲方式。煤气灯和电灯的引入，成为继夷屋（西式房屋）之后的租界又一奇景，如图 2-26 所示。不仅改变了城市的景观，也改变了上海人以往的日出而作、日落而息的生活方式。居民娱乐消遣不在限于初一、十五、节令年关，而是每天都可以有新的安排。人的晚间活动时间可以自由掌握，商业的营业时间普遍延长，公共租界商店和弹子房、餐馆、客栈晚间打烊时间延迟到了零点。[③]

照明方式的转变，促进了娱乐业作为一个新兴行业的兴盛，并间接促进了上海文化新闻

① 赵曾钰. 上海之公用事业[M]. 上海：商务印书馆. 1948：78.

② 初来眼界人. 洋场述见篇[N]. 申报，1888-3-31.

③ 公共租界工部局治安章程转引自《上海租界志》，附录之章规约选录。

事业的发展。在文娱行业中,受煤气照明影响最显著的,当属中国国粹——戏曲行业。19 世纪 70 年代,煤气照明进入戏曲行业,此前,夜间演戏只能靠蜡烛、油灯提供照明,由于灯光昏暗、飘忽,导致演员面部表情朦胧不清,剧情的感染力大打折扣。煤气照明进入戏曲行业之后,情况立即发生明显改观。因为,较之蜡烛、油灯,煤气灯具有四项优势:其一,亮度显著提高;其二,明暗可随意变化;第三,能够集中控制;第四,可以运用色彩。所以,煤气照明不仅可将戏曲的演出时间延伸至夜晚,而且增强了戏曲的感染力,被称为舞台光影史上的首次革命。[①] 而 20 世纪初,电影的引入,很快发展成为了上海最时尚的生活方式。

照明方式的转变,促进了上海都市繁荣。20 世纪初的李伯元,在其首部《海天鸿雪纪》第一回开场白中,对上海的描述非常形象:

上海一埠,自从通商以来,世界繁华,日新月盛,北自杨树浦,南至十六铺,沿着黄浦江,岸上的煤气灯电灯,夜间望去,竟是一条火龙一般。福州路一带,曲院勾栏,鳞次栉比。一到夜来,酒肉熏天,笙歌匝地,凡是到了这个地方,觉得世界上最要紧的事情,无有过于征逐者。正是说不尽的标新炫异,罪纸金迷。[②]

这也说明了由于有了现代的照明,上海城市所显现出繁华胜景。上海洋场这种颇具商业色彩的求享乐、重消遣的风气,自煤气灯点燃的 1860 年代兴起,便一直昌盛不衰,形成了此后上海城市生活一个突出特征。

照明方式的转变也极大地改变了人受教育的方式。煤气照明产生良好的照度使得晚上受教育能达到白天一样的效果,也使得夜校的开设成为可能。1865 年,与煤气照明在上海点燃的同年,英商开办了英华书馆,这是上海最早一批外语培训班和夜校。以后,这类学校如雨后春笋。仅 1873 年至 1875 年,在《申报》上作招生广告的就有 15 所。[③] 夜校的发展促进和满足了上海对于各种人才的需求,更多的人能够接受新式教育,为上海工贸发展做出了贡献。

上海给水事业的迅速发展与普及改变了人的生活习惯和卫生习惯,在很大程度上提高了市民的健康程度。早在 19 世纪 50 年代伦敦、巴黎、纽约的医生们已经认识到水源之卫生与否已成为"卫生政策"的中心。确信不洁的水与所有所谓的热病,以及痢疾、腹泻、肝炎和霍乱存在联系。[④] 认为这与市民生活质量及市民期望寿命值之高低直接

---

① 余上沅.嗣刷运动·光影[M].上海:上海新月书店,1927:139-140.

② 叶中强.上海社会文人生活(1843—1945)[M].上海:上海辞书出版社,2010:303.

③ 熊月之等.上海通史第六卷:晚清文化[M].上海:上海人民出版社,1999:287.

④ 程恺礼.19 世纪上海城市基础建设的发展[J].上海:上海研究论丛第 9 辑,1993:356.

有关。[①] 人们开始普遍地从卫生角度认识水质与民众健康之间的关系，以及供水网对城市卫生的重要性。城市的各社区就是由暗沟和水管联系起来的，并以此来分享健康和生活的源泉。随着上海供水网的建成，并随着它对租界和华界迅速发挥着作用，对上海民众健康的最大威胁清除了。[②] 公共卫生的发展推动了都市民众公共意识、健康意识和安全意识的增长，也使得上海成为大陆地区卫生习惯及城市卫生最好的城市，与当时一百多年前给水设施普及的积淀密切相关。

建筑设备引入，构建出新的生活方式。煤气与电设备的应用，一方面引起人们起居、烹饪等生活方式和社会联系方式的转变：睡觉的时间可以自由安排；煤气和电力可以用于烹饪和取暖，降低了人的家务劳动强度，提高了生活的舒适性；人们的空闲时间相对增多，活动也更加自由。另一方面，人们开始对这些能给生活带来方便的器物进行追求。新设备的引进，往往成为新闻，人们乐于追逐，并付诸实践，自来火公司的产品展示厅因其产品的“新特异”也变成了当时富裕家庭主妇最喜欢逛街的目的地。晚上，在煤气灯灿烂的灯光下坐在壁炉旁边吃西餐，这样的生活场景成为时尚的象征。这些建筑设备成为西式生活空间场景搭建不能缺少的器物。人们进而对西式样式生活方式开始追逐，这极大地改变了上海传统的生活模式。而后，到了 20 世纪 20 年代末，这种融合中西的生活行为就慢慢演化为一种新的生活方式——上海摩登，它独一无二，影响至今。

2.3.2　都市性格的形成

作为新兴移民城市，异质文化交织的特有区域，开埠后的上海城市性格形成受多方文化因素的影响。上海尽管五方杂处，思想比内地城市相对开放，但早期的上海市民因没有经受过现代文明洗礼，依旧还是传统的思维方式，与西方现代文明格格不入。传统思想中的陈腐、保守和迷信根深蒂固，因而一次次对水电煤等新生事物进行怀疑、排斥和抵制。

在这一点上，上海的民众心态与同样处在西化阶段的日本横滨人不同，新式器物在日本的推广却没有受到太多阻碍。日本社会学家鹤见和子对中日两国民众的心态和文化作了分析：

由于在对世界文化做出贡献和发明方面，与中国人相比较，日本人要少得多……日本人很容易把外来品视为新式、珍贵的东西。与此相比，中国人由于在古代已经创造了高度的技术文明，所以也很容易认为由国外输入的东西与自己已经发明或发现的东西

① 忻平.从上海发现历史现代化进程中的上海人及其社会生活(1927—1937)[M].上海：上海大学出版社，2009：303.

② 程恺礼.19 世纪上海城市基础建设的发展[J].上海：上海研究论丛第 9 辑.1993：358.

相比，不是什么新东西……[①]

其形象地描述了中日两国国人观念的差异，也部分揭示了日本明治维新为什么取得成功的原因。

煤油灯引入上海开始就遭到部分官绅以其洋货而非国粹并易引起火灾为由加以反对，1882年上海道台刘瑞芬特发《禁用火油提示》，因此不准再用火油点灯。煤气灯、电灯的引进同样如此，尽管媒体、文人盛赞煤气灯为“西域移来不夜城，自来火较月光明”。但华人社会却出现了“其可笑者则云地火盛行，马路被灼，此后除表履翩翩之富人，脚着高底相鞋，热气或不至攻入心脾。若苦力小工，终日赤是行走马路者殆矣云云。又该厂设在今垃圾桥南，一板苦力相戒无蹈其地，以为谊处路面盛较他处为尤热也”。[②] 的奇谈怪象。电灯的出现也是“国人闻者以为奇事，一时谣诼纷传，谓为将遭雷殛，人心汹汹，不可抑置。当道患其滋事，函请西官禁止。后以试办无害，谣诼乃息”。[③] 上海道台在发出禁火油令之后，也发出禁用电灯令。理由是“电灯有患，如有不测，焚屋伤人，无法可救”。[④]

自来水开始营业后，对于从来没有见过的水可以自动流出来的新事物产生了不少谣言：在水管里有两龙相斗；水管与煤气管接近，有煤毒渗到水里；水有毒，饮之有害，相戒不用等，以至于自来水公司送给各官员饮用的自来水，有的也不敢吃，有的老妇人买了自来水不敢吃而倒掉。

但因这些建筑设备比传统的设备有明显的优势，对人生活的方便性和优越性是显而易见的，这些市政设施的推广也是不可逆转的。这使得官府的禁令变成一纸空文，煤油灯、电灯、自来水等不仅在上海，在全国都很快普及开来。

作为代表西方物质文明的水电市政设施的引入，一开始其实就传递出科学理性的思想。以供水来说，自来水厂选址就对于水源地水质进行了全面的分析和化验，1870年，工部局委托卫生官员爱德华·亨德生(A. Henderson)对黄浦江、苏州河及附近的可能水源进行了全面的水质调查，并将水样送往伦敦英国皇家化学院进行分析，并和当时欧洲的主要河流水质进行了比较，取样从有机碳、有机氮、氨碳和氯化物以及显微镜可检生物等指标来比较水质。并推荐淀山湖、黄浦江松江段和苏州河中游为可用源水。[⑤] 这就是科学理性方法的一种实践。

---

① 信夫清三郎. 日本政治史第一卷[M]. 吕万和，熊达云，张健，译. 上海：上海译文出版社，1981：104.

② 姚公鹤. 上海闲话[M]. 吴德铎标点. 上海：上海古籍出版杜，1989：16.

③ 胡祥翰. 上海小志[M]. 上海：上海古籍出版社，1989：16.

④ 禁电灯[N]. 申报，1882-11-11.

⑤ 张鹏. 都市形态的历史根基：上海公共租界市政发展与都市变迁研究[M]. 上海：同济大学出版社，2008：176-177.

为此，自来水公司辟谣的方式就是通过化验来进行数据事实说话。1883 年 11 月通过在街道消火栓上采集水样请当时上海医疗所所属的老德记药房进行化验，取得了上海第一份自来水水质化验报告。化验报告称："化验结果，证明水是极度清洁。并适宜于生活和制造用途。从含量估计，有机物的存在是非常小的，而且没有动物污染，硬度中等。比之伦敦和其他工业城镇不相上下。""可以注意到的微量混浊(用纸可以滤去)，我们发觉是由于少量的矽化镁。这是毫无毒性的。"上海自来水公司并为此在《字林西报》上刊登广告，且通过上司的美国总领事向清政府提出辟谣。清政府在 1884 年 2 月 15 日在《申报》刊登告示："自来水供应已经数月，中外市民购买，皆喜清洁……谣言都属不确，现在此处已经查验，自来水极为清洁，自来水可以取携，用之不竭，水清价廉，与从前民间用水，相差极大……"这一过程中，通过中国官府来发布对于水质经过数据化验认可的布告，一方面表示了当时中国政府对于西方科学的认可，另一方面也是对民众关于西方科学及理性思想的引导。通过这一系列的过程，推进了上海科学理性观念的确立，理性文化的基因从此开始培育，影响着开埠后上海城市性格的塑造。

从 19 世纪六七十年代开始，正是因为这些与人的生活息息相关的西方物质文明先后不断引入，不仅使得上海的城市面貌发生了巨大变化，同时，也是一次次对中国传统观念的冲击。通过最直观的体验，多次打破国人原有的常识，打破了原来的世界观，每一次代谢都伴随着新旧之争，大体经过谣诼、惊奇、接受三部曲。经过这样的多次冲击，才起到了渐进的观念转换作用，这对上海这座城市性格形成是影响巨大的。

到了 20 世纪初，随着国人认同、接受，使用的西物越来越多，西物输入的阻力越来越少，当汽车等在 20 世纪初传入上海时，除了利益受损阶层以外，便没有什么人反对了。[①]

今日之中国已非复襄日所比，襄者建西人之事，睹西人之物，皆群相诧怪，绝无慕效之人。今则此等习气已觉渐改，不但不肆讥评，而且深加慕悦。从此日扩日充，有法治更有治人，吾知中国之振兴当有不难操券者矣。[②]

在这个过程中，上海市民心理的这种变化，反映了近代科学技术在上海传播、生根的曲折过程，也反映了晚清上海社会习俗和消费概念的变化，更在整个过程中逐渐形成了上海自己特有的城市性格。上海一开始虽被动无奈地接受了西方的文化移入(Acculturation)，但终究演变成为主动选择式的海纳百川，这是合乎历史和情理的。[③]市民也完成一个从农业社会到工业社会的身份转变。这一过程的背后，是外来文化"基

---

① 张仲礼. 近代上海城市研究(1840—1949)[M]. 上海：上海文艺出版社，2008：722.

② 风气日开说[N]. 申报，1882-2-23.

③ 常青. 从建筑文化看上海城市精神——黄浦江畔的建筑对话[J]. 北京：建筑学报，2003(12)：23.

因”深深地进入到了上海社会的集体无意识层次，文化价值取向逐渐地走向了成熟。[①]

与此同时，在上海，煤气灯与电灯通过长达几十年的竞争，最终被后者所代替的过程，使得效率、质量优先的资本主义精神被体现得淋漓尽致，这也是现代性的展示。电话在上海商业上普遍应用，使得电话号码成为一个商家最重要的信息代码，其重要性某种意义上甚至超过了其实体地址，也说明了效率优先成为一种趋势。而水、电、煤及通讯这些完全外来的舶来品，从无到有，经过一段时间的“试运行”，显示了其巨大的优越性：实用、高效、便捷、舒适和可靠。这些特质都是一个近现代城市的主要特征。他们以其特有的功效强化了上海作为一个与中国过去完全不同的现代城市的内凝力和吸引力，这也使得上海成为中国大陆地区最具有资本主义商业契约精神的城市。不但提高了市民生活质量，也提升了上海人的现代性。

2.3.3 华洋博弈与市政控制

水电煤及电话通讯通过集中生产、网络式的输送方式，将整个城市有效地连接起来，这就改变了原来中国传统城市通过设置城墙来进行防御或控制的运行格局，城市的控制方式因此发生了完全的变化。

一方面，煤气灯的点燃，不只是单一的照明功能，夜间照明减少了犯罪事故发生的概率，因此，明亮的路灯从某种意义上来说，与马路巡捕一样，也代表着一种行政当局对公共秩序的有效保护。[②] 另一方面，城市正常运行也不能离开这些设施的正常供应，通过连通或切断水电供应就可以对地段、街区乃至一幢建筑、一户家庭进行控制和干预。因此，城市的水电煤设施也就演变成了城市控制的工具。

租界工部局就利用与外商水电煤公司的协议在公司决策中占据举足轻重的地位，并以此来扩展租界的政治势力和经济利益。1904 年与自来水公司的协议规定“今后为公共目的使用的自来水的增加应与租界的扩展成正比”。[③] 揭示了工部局利用延伸公用设施来进行租界扩展的野心。但随着华界的跟进，南市电灯公司、内地自来水公司、闸北水电公司及浦东水电厂的相继建成，并开始运作，华界的市政设施也全面铺开，说明华界不仅开始摆脱租界当局在水电供应上的控制，也阻止了租借向外扩展的企图。[④]

从主权上讲，华界与租界兴办的水电煤基础设施是不能相互进入对方领地的。以电话为例，当时许多开设在华界的公司、商店为了保持与租界的商业联系，无视政府禁

---

① 常青.从建筑文化看上海城市精神——黄浦江畔的建筑对话[J].北京：建筑学报，2003(12)：23.

② 罗苏文.上海传奇：文明嬗变的侧影(1553—1949)[M].上海：上海人民出版社，2004：147.

③ 上海市档案馆.工部局董事会会议录第十五册[M].上海：上海古籍出版社，2001：688.

④ 邢建荣.水电煤近代上海公用事业的演进及华洋之间的不同心态.档案里的上海[M].上海：上海辞书出版社，2006：17.

令，接通租界电话的现象屡见不鲜。但未经中国政府许可，将电话接入华界是有损中国主权的大事。1905 年，上海地方政府为了避免主权损害，决定成立南市电话局，坚决拆除私自装的电话。[①] 民国十九年（1920 年），国民政府与租界当局交涉，高价收回租界电话的经营权由部自办，包括《申报》等先后发布题为《回收租界电话问题》《租界电话交涉》的新闻制造舆论，报道了上海纳税华人会、上海商会等各种社会团体、华人领袖致电交通部，赞成政府收回租界电话经营权。但最终，工部局仍决定于民国十九年（1930 年）8 月由美商上海电话公司接盘华洋德律风公司的业务，继续经营租界内的业务，[②]国民政府回收主权的努力以失败告终。

同样，1927 年新闸水厂曾呈请上海市公用局请求市长出面与工部局交涉，要求收回租界在北四川路越界筑路地区的水电装接权。[③] 结果还是不得要领，最后以巨资买断该区域内原有英商管道设备了事。

而在上海市公用局编著的《十年来上海市公用事业之演进》[④]中也指出了回收越界给水是上海公用事业发展十年的重要功绩：

> 本市市区各处，曾为外商越界给水者，有沪北、沪西及徐家汇等处。现在除沪西方面，正由本局依照中央所定原则与上海沪西自来水公司筹备委员会筹商组织中外合资之沪西自来水公司外，所有沪北及徐家汇两处，则已分别收回。[⑤]

以上可以看出，控制了水电煤，就具备了城市控制力，这些设施成为领土权的组成部分。对此，华界及租界都有非常清晰的认识，也都进行了反复的争夺。同样，控制了建筑的水电煤的供给，也就控制了建筑的使用，这也成为新式建筑天然附带的特征。

2.4　本章小结

社会学家诺贝特·埃利亚斯所言：文明强调的是人类共同的东西，使各民族之间的差异有了某种程度的减少。[⑥] 尽管上海市是被迫接受西方的文明，现代意义上的水电煤等建筑设备也不是自发生成的，是开埠后从西方引进的。但这些设施的引入，不仅起到了使得城市现代化的作用，确实缩小了东西方文明的差异性。而这种东西方融合、差异性减少，在当时的语境下是上海现代化的必由之路。

---

① 薛理勇. 上海洋场[M]. 上海：上海辞书出版社，2011：90.

② 上海邮电志编撰委员会. 上海邮电志[M]. 上海：上海社会科学院出版社，1995：424.

③ 上海特别市公用局. 上海特别市公用局一览. 1927：36.

④ 上海市公用局. 十年来上海市公用事业之演进. 上海市公用局发行. 中国科学图书仪器公司印刷，1937.

⑤ 同上，38。

⑥ 诺贝特·埃利亚斯. 文明的进程第 1 卷[M]. 王佩莉译. 北京：北京三联书店，1998：63.

上海在短短开埠50年的时间里，在20世纪初就从一个传统的中国小港发展成为著名国际大都市，西方先进的水、电、煤和通讯设施设备的引入功不可没。随着这些设备设施在城市及建筑中的大规模推进，为上海的现代化搭建起了框架，提供了支撑。作为19世纪从西方引入的最重要的器物和设施，他们对上海的城市与人都产生了巨大的影响。他们不仅演变成一种城市控制的有力工具，更改变了上海传统的生活方式，促进了上海现代繁华城市的形成。

与西方建筑设备在自己本国的发展不同，这些设备在他们母国有着相应的技术与文化语境，因此，除了部分上层保守贵族的反对外，因其便捷适用性，建筑设备的普及受到大多阶层的欢迎，因此传播速度很快。而在上海，建筑设备的普及则是先在租界实行，而后才华界效仿。由于当时中国没有相应的文化技术语境，带来新旧观念的碰撞与搏斗异常激烈，而这种新旧之争引起的新陈代谢大体都经过谣诼、惊奇、接受三部曲，这也是上海开埠初的典型城市特征。但经过这些过程，也促进了上海这个新兴城市自身城市性格的形成。

到了20世纪后，建筑设备开始大量进入建筑，成为现代建筑中不可缺少的有机组成部分，有力支撑了上海建筑现代化，进而全面影响了上海现代都市的建构。

第 3 章　建筑设备改良与近代建筑进化

如窗户之四辟，楼房之舒适，自来水盥洗抽水马桶浴盆等设备，均属便利，清洁而无污染之存留，足使住居之人易于养成卫生之习惯。

——沈潼再谈"国际式"建筑新法　名建筑师范文照之新伴美国林朋（Carl Lindbohm）建筑师所倡行《时事新报》(1933 年 4 月 5 日）

中国近代建筑发展过程是建筑体系的转变过程——由传统模式转向西方模式，在今天看来，中国，包括日本，近代建筑形式的演变，即所谓风格的演变中都明显反映出东西融合的特征，而在技术与体制两方面则始终明确表现为西方化。①

随着上海经济的迅猛发展，市政建设的全面推进，20 世纪后，上海的建筑进入更加快速发展的时期。上海建筑的现代化有多种因素推进，不仅是观念的变化，结构技术的进步，在其中还有一个很重要的表现，就是设备的近代化，这是和传统建筑不同之处。②

3.1　20 世纪初上海建筑设备发展背景

3.1.1　城市经济与房地产业

中日甲午战争(1895 年)后，各国获得在华自由开厂的特权，西方国家对华资本输入加剧。上海作为西方国家资本输入的重点城市，其各方面都得到迅猛发展，进入所谓"外人兴业时期"。从 1895 年到 1911 年，外商在华设立的 10 万元以上资本的企业共 91 家，上海即占 41 家。至辛亥革命前夕，上海已经成为近代中国的经济中心。③

随着人口增长，建筑需求量大，上海近代建筑业进入一个迅猛发展时期。1901 年，英国人在上海投资的 1 亿美元中有 60％是在房地产方面。④ 从事中国对外贸易研究的

---

① 沙永杰. 关于中国近代建筑发展过程中建筑师的作用—与日本之比较. 2000 年中国近代建筑史国际研讨会论文集[C]. 北京：清华大学出版社，2001：63.

② 徐苏斌. 近代中国建筑学的诞生[M]. 天津：天津大学出版社，2010：96.

③ 伍江. 上海百年建筑史[M]. 同济大学出版社，2008：53.

④ 雷麦. 外人在华投资[M]. 北京：北京商务印书馆，1959：69.

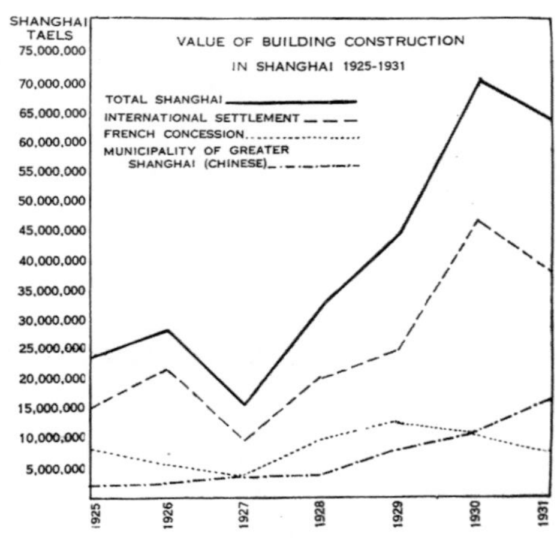

图 3-1 上海 1925—1931 年房地产投资图

美国经济学家雷麦恩指出房地产业，尤其在上海，是外人投资的一种重要方式。[①] 上海城市早期的房地产业与建筑业结合，建筑房产业成了当年的热门行业。到了 20 世纪二三十年代，成为近代上海经济最为繁荣的阶段。1925—1931 年上海建筑投资的发展之快可见图 3-1 所示[②]。

随着新建筑的不断兴起，对于西方新建筑材料及设备的需求持续增加，上海作为全国最大的贸易口岸，使得新型的西方建筑材料及设备在西方发明不久，就能很快传入上海，并获得使用。上海成为西方建筑新技术在中国的首要实践地，而上海大量各种新建筑的需求也为建筑设备在上海乃至中国的传播提供了舞台。

房地产的蓬勃发展，促使了上海营造业的发展，而建筑设备安装也成为营造业的一个分支，逐渐独立出来，从建筑设备进口、安装到生产，逐渐成为一个新兴产业，在上海都市建设中发挥日益重要的作用。

3.1.2 建筑类型多样化

1900 年后，随着上海经济贸易的迅速发展，建筑类型也打破了原来单一的“殖民地式”外观、居住建筑为主的状况，适应日趋多样经济活动的新建筑形式：旅馆、剧院、俱乐部、邮局、图书馆、博物馆、公寓、别墅、商场及工业厂房等不断出现，上海建筑类型的发展反映了当时上海经济社会发展的趋向，具体分类及规模如表 3-1 所示。

这些新建筑门类中，有些建筑类型是中国从来没有过的，有些建筑类型也是在西方刚出现不久很快在上海出现的。这些新建筑类型在设计建造上无论是功能布局、结构材料还是建筑样式，大多直接移植于西方的同类建筑。这类建筑在设计上更多受到西方新建筑的影响，较多地采用了新技术、新结构和新形式。[③] 而大量旧有的中国传统建筑类型在西方社会、文化生活方式影响下也演变成新的形势：比如里弄住宅等。在这些建筑里，西方和中国的建造技术、布局形态相互交融。

---

① 雷麦．外人在华投资[M]．北京：北京商务印书馆，1959：69.

② The Far EasternReview . Nov 1932：515.

③ 伍江．上海百年建筑史[M]．上海：同济大学出版社，2008：54.

表 3-1　公共租界新建建筑类型表①

类型＼年份	1936	1935	1934	1933	1932	1931	1930	1929	1928	1927
中式房屋	726	1250	2809	3315	2071	6987	6818	5282	3508	2640
西式住宅	84	48	221	237	9	97	327	380	55	48
旅馆	—	—	1	—	3	2	3	1	7	—
公寓大楼	5	3	8	13	5	9	5	8	4	2
办公楼	9	13	15	13	21	41	35	33	24	11
银行	7	2	9	1	11	14				
外国商店	24	56	230	204	216	273	298	310	77	30
剧院	—	1	—	4	2	4	6	6	7	—
学校	4	3	5	7		5	6	1	3	—
棉纺厂	2	2	4	—	6	4	2	3	7	19
工厂	28	10	26	27	28	73	24	50	37	
其他工业建筑	28	120	115	63	23	28	38	24	45	—
仓库	8	8	18	20	27	27	64	52	53	14
汽修厂	20	24	247	98	48	158	75	116	39	40
公厕	120	135	201	263	214	261	241	244	186	816
杂项	448	577	662	615	660	730	893	1076	658	
合计	1513	2252	4571	5130	3430	8699	8863	7586	4711	3620

各种新的建筑类型对建筑技术提出了更高的要求:新功能的满足就需要装备完善的设备才能使用:旅馆需要拥有完备的洗浴系统,冬季有舒适的采暖、夏季有降温通风设备;人流聚集的剧院和商场照明、通风换气、消防安全更为重要;高层建筑需要快捷的运输工具等,这都是需要通过配备建筑设备来提升建筑性能,这也加大了建筑设计和施工的复杂程度。

3.1.3　建筑材料及结构技术进步

19 世纪 90 年代以后,西方出现的许多新技术、新材料、新设备不断涌入上海,正是这些新技术的广泛运用才真正使上海的建筑逐渐缩短了与西方发达国家的距离,并使

① 根据 The China Architects and Builders Compendium1931 年及 1934 年统计数据绘制。

上海成为中国近代建筑业中处于领先地位的城市。[①] 首先是钢铁广泛应用于建筑业中，钢架结构开始在上海出现。1898 年工部局市政厅旁边的中国菜场是上海最早采用钢架结构的民用建筑之一，1913 年杨树浦发电厂一号锅炉间建成，是为上海最早的大型钢结构厂房，而 1916 年钢框架多层办公楼天祥洋行大楼设计建成，标志着钢结构作为建筑主体结构已经用于多层民用建筑。

同时另一种建筑材料水泥及以此为基础的混凝土乃至钢筋混凝土也出现在上海。1890 年上海第一家混凝土制品厂建成投产，采用英国进口水泥，最初生产家用水池，到 1911 年以后产品已扩大到电线杆、混凝土桩、楼板、楼梯和过梁等，还定制特殊规格的混凝土预制产品。1901 年建成的华俄道胜银行采用钢梁柱外包混凝土的钢骨混凝土结构；1908 年建成的德律风公司大楼是上海第一座完全采用钢筋混凝土结构的建筑，此后钢筋混凝土框架结构成为上海多层建筑的最主要结构类型之一。[②]

同时针对上海土质松软的基础技术：混凝土筏基的应用，解决了上海建筑基础沉降的问题，使得上海多层及高层建筑能快速发展。到了 20 世纪 20 代至 20 世纪 30 年代后期，钢混框架、高层钢结构、大跨度等新兴技术引入并迅猛发展，上海出现了一大批的新型结构的建筑。这些高大的建筑，均为钢骨水泥造成，非用作写字间，即辟为饭店公寓，备有电梯、暖气种种物质文明的设备，富丽华美，充分表示出都市繁荣之势。[③]

新结构材料的出现使得上海建筑从外观到空间布局都与以前有很大的不同，这使得新的空间类型成为可能，与此配套需要使用新的建筑设备来提升建筑的性能。建筑结构的发展，不仅促进了建筑材料工业的发展，也促进了建筑设备行业的全面发展。

3.1.4 建筑观念更新

20 世纪初，上海建筑现代转型处于全面加速时期，不仅新的建筑技术迅速推广，新的建筑观念也开始传播。中国自身建筑设计活动的实践者：土木工程师及建筑师也逐渐以团体的形式登上历史舞台，他们对于传统建筑的弊端和西方建筑的认识所表现出的新观念，影响着上海乃至中国建筑发展的方向。

1911 年上海商务印书馆出版的《建筑新法》是中国第一部按照科学原理写成的建筑学专著，作者张锳绪。他的生平反映了 20 世纪初中国建筑行业专业人员的思想观念：建筑是科学。

《建筑新法》如图 3-2，共分两卷，卷一为总论，共 3 章 17 节，主要论述建筑物的结构和构造方面的内容。卷二为分论，共 3 章 11 节，分别论述了各类建筑的通风、采光和采

① 伍江.上海百年建筑史[M].上海：同济大学出版社，200857-58。

② 上海通史第 6 卷：晚清文化[M].上海：上海人民出版社，1999：306.

③ 屠诗聘.上海市大观(1948 年)稀见上海史志资料丛书 2[M].上海：上海书店出版社，2012：521.

图3-2 《建筑新法》封面

暖等方面的具体原理和做法，建筑布局的打样方法以及各种不同建筑物的设计和建造方法。而建筑设备方面的内容占到本书的三分之一，系统介绍了机械通风，蒸汽采暖以及给排水系统的原理，并引入了定性、定量方法来解决建筑中的具体问题。比如，根据人均每小时需用的空气量，人均日用水量进行建筑通风等也表明了建筑环境问题可以用设备来解决，这样的方法与中国古代营造法有着本质不同。本书编写体系是受到西方近代建筑学体系的影响，又反映了张锳绪本人的研究心得——将建筑科学技术（结构和设备）摆在重要的位置，可见当时已经认识到建筑设备对建筑的重要性。很明显，当时知识分子对西方建筑学的认识主要集中于卫生、健康的生活需求，这与当时中国留学西方主要研习土木工程（Civil Engineering），引入西方管理制度亦同样针对公共卫生和安全有很大关系。①

与此同时，中国建筑师对于传统建筑问题进行了反思，建筑师过元熙对传统建筑弊端进行了全面评价：

旧式住宅，则地铺土砖，阴湿极点，高顶椽屋，光线不足。夏暑无通风之方法，冬寒无使暖之器具，均为病疫之原，而床椅桌凳均不顾安适。至厨厕水火之卫生设备，则更置之度外矣。况里弄房屋，挤连如牢，六尺之弄，既不易通气，逢瘟疫火灾发生，则更难防患挽救。②

过元熙指出了传统建筑在物理环境及舒适性上的弊病，而这些问题只有在安装了建筑设备的西式建筑里才能解决。

当时的建筑师强烈表现了对新式建筑，特别是改善居住环境新住宅的拥抱。1933年初，范文照建筑师事务所的合作伙伴林朋宣称：

新式住宅设计……最重日光空气之充足，务使住户常感其生活之舒适，而业主则觉造价之经济，至自建住宅，其样式规模，均应视业主日常生活而定——如起居，睡眠，饮食，沐浴，洗烧等各种情形均可采为决定新屋设计法之参考材料。③

而新式住宅无不以引进新式卫生间，洗浴、抽水马桶、电灯和煤气为标志。新的居住模式需要建筑设备来提升居住的质量，这是与传统的居住形式最大的区别。甚至卫生设备安装也关系到生活的幸福感，孙宗文指出：

① 李海清. 中国建筑现代转型[M]. 南京：东南大学出版社，2004：148.
② 过元熙. 新中国建筑之商榷[J]. 建筑月刊，1934(2)：4.
③ 沈潼. 再谈“国际式”建筑新法名建筑师范文照之新伴美国林朋建筑师所倡行[N]. 时事新报，1933-4-5.

如果一所建筑物的卫生设施完备周密，那么无疑的，居住在内的人们，对于他精神上的快感一定增加不少，而他的身体亦因而受到健康的幸福生活。[①]

可见，卫生设备对于住宅设计的重要性。

对于当时建筑的发展思潮，梁思成也认为：

最近十年间，欧美生活方式又臻更高度之专业化，组织化，机械化。今后之居室将成为一种居住用之机械，整个城市将成为一个有组织的 Working Mechanism，此将来营建方面不可避免之趋向也。我国虽为落后国家，一般人民生活方式虽尚在中古阶段，然而战后之迅速工业化，贻为必由之径，生活程度随之提高，亦为必然之结果，不可不预谓准备，以适应此新时代之需要也。[②]

梁思成又进一步指出：

我们要使每个市镇居民得到最低限度的卫生设备，我们不一定家家有澡盆，但必须家家有自来水与抽水厕所。[③]

可见，建筑设备的配置成为关系到国家现代化的重要特征。至此，建筑师的身份属性也在发生转变，张镛森在《中国建筑》第一卷第四期发表的《吾人对于建筑事业应有之认识》中指出建筑设计“一一皆应由建筑之作风表示之，是又不能不注意于建筑物须有之个别之需要(Requirement)，及特有之设备(Equipment)……”并得出结论只有建筑学专业出身的，受过处理错综复杂矛盾的训练，背景知识横跨“构造工程”“美术图案”“设备”“卫生工程”和“都市计划”的建筑师才是胜任建筑事业的最佳人选。[④] 这也对建筑师的职业素养提出新的要求，建筑设计成为一门综合技艺，掌握“设备”和“卫生工程”知识成为建筑设计的必须。

而媒体也对国人的居住情况改善摇旗呐喊，《时事新报》在《国人乐住洋式楼房新趋势》文中指出：

如窗户之四辟，楼房之舒适，自来水盥洗抽水马桶浴盆等设备，均属应用便利，清洁而无污染之存留，足使住居之人易于养成卫生之习惯。……如欲使之重返其故居，已觉格格不相入；其受教育之知识分子，尤将感觉难堪。[⑤]

1936 年 9 月良友图书公司出版了《理想的住宅》收录了 62 幅西洋式住宅样式，作为新的生活方式推广，在其前言“理想的家庭”中指出：

到了现代，建筑的技巧、随人文的进化而进化，建筑的设备，随社会组织的复什而复

---

① 孙宗文.科学的居住问题[N].时事新报，1933-4-26.

② 梁思成.致梅贻琦的信.凝动的音乐[M].天津：百花文艺出版社.，1998：379.

③ 梁思成.市镇的体系秩序.凝动的音乐[M].天津：百花文艺出版社，1998：219.

④ 李海清.中国建筑现代转型[M].南京：东南大学出版社，2004：304.

⑤ 竟舟.国人乐住洋式楼房之新趋势[N].时事新报，1931-8-13.

件，不仅只谋生命财产的安全，对于美观—卫生—实用诸方面都不能不加以注意的……设计的要旨是美观—卫生—实用。[①]

清洁卫生一旦作为中产阶级择屋家居的重要标准，即价值取向的单行道，难以回头。[②]

由此可见，在社会经济发展与西方现代建筑观念的影响下，上海本土乃至中国建筑新观念也在形成。建筑设计成为一种综合的科学技术，对设备的重视不仅反映在其能提升建筑的物理环境和舒适度，更成为社会现代化的重要标志。设备技术不仅是新建筑的需要，也是从事建筑设计的建筑师和土木工程师们需要掌握的职业素养。

3.2　各类建筑中设备及其作用

随着西式建筑的引入，上海的建筑类型日趋多样化、高层化和复杂化，建筑对于各种建筑设备的依赖愈发强烈，建筑与设备之间的关系也愈发紧密，建筑已经离不开设备的支持：建筑的功能排布、设备布置、设备系统选择，以及设备与建筑消防等成为建筑设计的主要影响因素之一，建筑设备成为西式建筑中不能缺少的功能部件。同时，设备也在大量的华式建筑中出现，直接的影响就是加速了华式建筑的演变，这一点在居住建筑中表现得特别明显。

3.2.1　建筑设备引入居住建筑

1）里弄住宅

上海里弄是中西式建筑交融的成果之一。它既具有江南传统院落式住宅的建筑特征，又融合了西方联排式住宅的总平面布局，是能够体现上海特色的住宅形式。里弄住宅从 1853 年开始出现，从时间上，里弄住宅演进分为五种类型，由最初的老式石库门里弄，到新式石库门里弄再到花园式里弄住宅，公寓式里弄住宅。而在里弄住宅的演变过程中，生活形态和模式的变化是其重要的内因，同时建筑设备的先后引入所带来的功能更新而导致建筑平面布局的重大变化，则是各个时期里弄住宅的最大区别。

老式石库门里弄住宅的兴建，从 1853 年小刀会起义导致富商地主纷纷来上海避难开始，内部布局源于江南民居，适合大家庭使用。如兴仁里（建于 1872 年）等，平面中轴对称，且面积较大，一般为三至五开间。由于进深较大采光通风均较差。在平面布局

---

① 理想住宅[M]. 上海：良友图书公司，1936：2.

② 郭正奇. 上海里弄住宅的社会生产：城市菁英及中产阶级之城郊宅地的形成. 透视老上海[M]. 上海：上海社会科学院出版社，2004：280.

中，有厨房，但没有卫生间，没有卫生设备，基本还是一种传统的生活模式，这与当时这些建筑兴建时，租界的给排水市政设施还没有展开有关。典型的老式石库门里弄见图3-3所示。

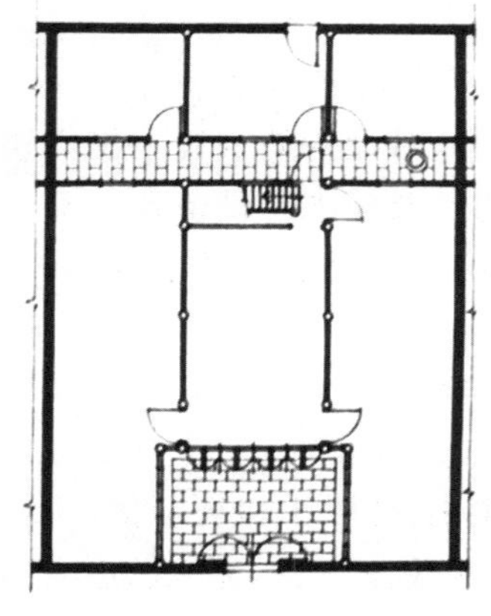

图 3-3　老式石库门平面布局

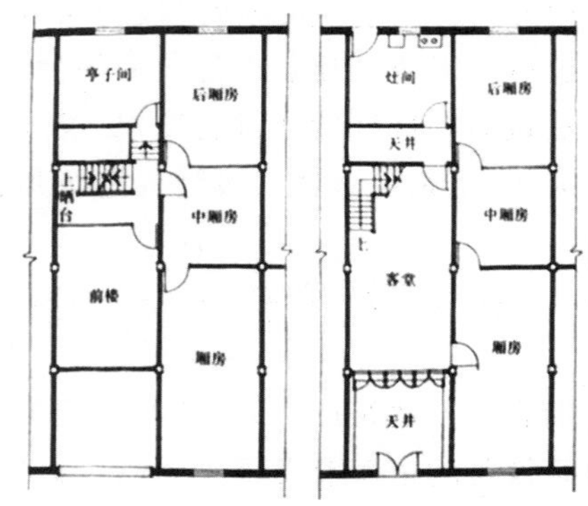

图 3-4　新式石库门布局

1895 年至 1920 年前后上海城市扩展，人口剧增，对住宅的需求量大大增加。随着1911 年封建制度灭亡、大家庭纷纷解体，住宅的使用者已经发生了改变，新式石库门里弄住宅开始出现。建筑技术也随之发展，出现了钢筋混凝土结构石库门里弄，比较有代表性的如尚贤坊（建于 1924 年）、四明村（建于 1928 年）等。新式石库门里弄住宅面积较老式石库门里弄住宅面积减小，进深也略有缩小，主要为两间一厢和单开间两种，见图 3-4。卫生设备开始在新石库门里弄引入，少数已经有卫生设备配置，居住环境和生活条件有所改善。这与当时上海城市给排水设施的展开有关。

由于以上两种里弄住宅大多都没有卫生间，因此居民便溺还都使用马桶，每天早上通过粪车来收集。因此周璇在《讨厌的早晨》中唱道："粪车是咱们的报晓鸡，天天的早晨，随着它起……"应该说这样的居住环境还不是非常舒适的，而这种里弄生活方式部分延续到 20 世纪末。

1919 年前后，随着上海资本主义工商业发展，交通日趋便捷，人口急剧增加，地价飞涨，同时西方新的居住理念也开始在上海传播，影响着国人对居住的观念。新式石库门里弄住宅已经不能适应经济比较富裕的社会阶层的生活需求，在 1920 年前后，出现了新式里弄住宅。进入 1930 年，石库门里弄住宅就完全被新式里弄住宅取代。比较著名的有凡尔登花园（建于 1925 年）、霞飞坊（建于 1927 年）等。新式里弄住宅采用单开间、双开间或者间半式面阔宽、进深浅，有利于采光通风。功能划分明确，已经有起居室、卧室、浴室及厨房等空间的划分，并且基本都装有卫生设备，部分有取暖设备，这时的住宅平面已经开始具备现代住宅的雏形。典型的平面布置见图 3-5 所示，当然这与上海水电市政的迅速发展有关，租界允许开始使用抽水马桶等因素综合促成。

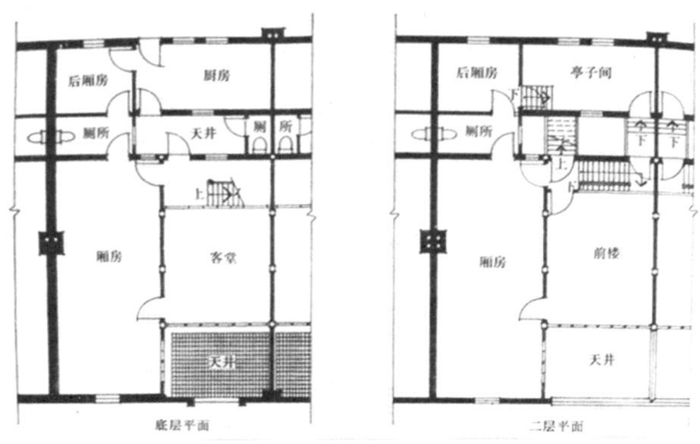

图 3-5　新式里弄布局

1937 年抗日战争爆发，上海人口再次暴增，里弄住宅又一次迅速发展，花园式里弄住宅被广泛加以建造。花园式里弄住宅多为两开间，也有间半式和单开间，进深减小、开间增大。室内布局和外观接近独立式私人住宅，平面布置与别墅相仿，各种功能房间齐备，主要房间均设有壁炉，功能更为明确。典型的花园式里弄住宅有：福履新村（建于 1934 年），上方花园（建于 1939 年），上海新村（建于 1939 年）等。

由于花园式住宅对土地的使用比较浪费，耗资也比较巨大，在它出现不久后就出现了公寓式里弄住宅。公寓式里弄住宅平面比前几种里弄住宅更加紧凑，不是每家一栋或两家合一栋，而是和公寓一样，每层都有一套或几套不同标准的单元，见图 3-6。公寓式里弄从平面布局上已经是公寓住宅的特点，每单元内一般设有起居室、卧室、浴室和厨房。卫生设备标准较高，装有煤气、暖气、卫生洁具等设备，有的一套住宅有两个及以上的卫生间。典型的公寓式里弄住宅有西班牙式的新康花园（建于 1934 年），中西式的茂海新村（东长治路），日本式的紫苑庄等。

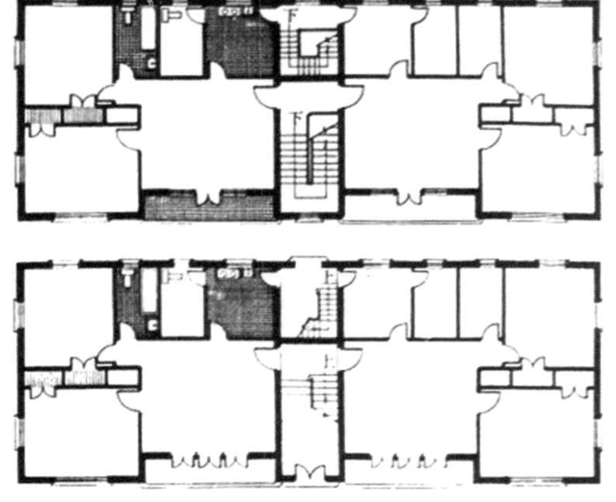

图 3-6　公寓里弄布局

从五开间、三开间的老式石库门里弄住宅到一梯两户的公寓式里弄住宅，住宅平面一再缩小。一套三开间的老石库门里弄住宅的占地面积就需要 200 平方米，而两开间的新式里弄仅需要 80 平方米左右，这种家庭住宅单元面积的变化反映了上海都市中家庭模式的变化：中国传统大家庭的逐渐瓦解，适应了当时上海中产阶级兴起，家庭结构小型化的特点。[①] 而这些也是上海城市现代化的重要特征。

从新式里弄开始，一般都有给排水系统，条件较好的还设有热水系统。在有城市自来水供应的地方，建筑的给水系统直接接入城市管网；在没有城市自来水供应的地方，用户可以掘自流井获得水源，并通过泵输送到屋面水箱存储并供应。如图 3-7 所示。

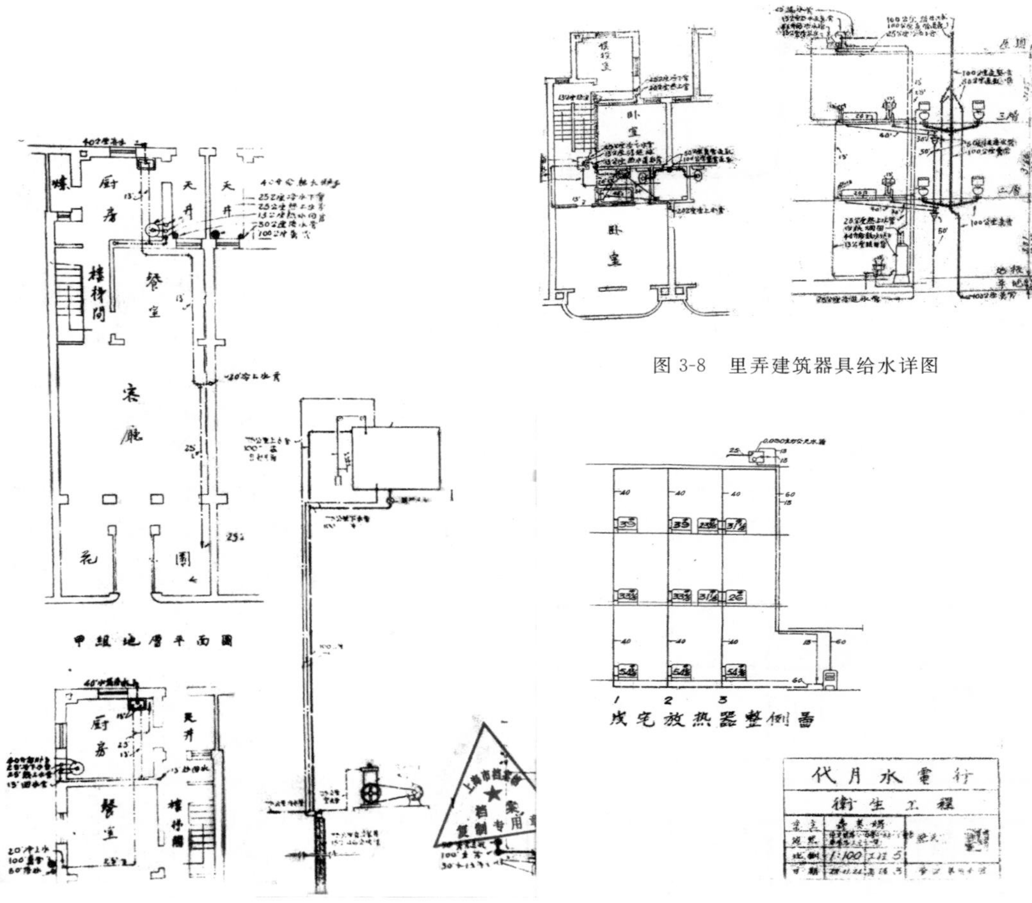

图 3-8　里弄建筑器具给水详图

图 3-7　里弄建筑给水图

图 3-9　里弄建筑采暖系统图

① 罗珊珊，张健. 上海里弄住宅的演变[J]. 华中建筑，2007(4)：114.

锅炉一般设置在底层厨房间，厨房还设有储煤室，以储藏燃料。建筑一般采用了带回水的全循环系统用以供给热水及采暖系统使用，热水系统在屋面还设有膨胀水箱。给水管和热水管、热水回水管采用墙内暗装，而排水系统中马桶排水和盥洗排水分开为两个独立系统。一般排水立管都布置在建筑的外墙上，排水支管则穿墙与其连接，盥洗排水支管（一般浴缸排水管径为 40 毫米，洗脸盆为 32 毫米）汇集到开敞式的落水斗，然后通过落水斗连接 50 毫米的排水立管排出；马桶的排水则采用环形通气系统，并将 100 毫米的排水管直接通向屋面进行通气，见图 3-8 所示。从现在看，当时整个给排水卫生系统的配置还是非常高的。

在采暖方面，由于住宅的体量相对较小，因此一般采用上供下回单管系统，如图 3-9 所示。根据图示不同层面散热器的容量，可以看出底层的热损失最大，其次为顶层，而中间层最小，这都是经过科学计算的结果。

在建筑设计时，里弄建筑已经开始考虑到设备的走向问题，这其中与卫生间的布置位置密切相关，中国建筑师李英年对此有自己的见解，他指出：

在前些时候，弄堂住宅，装置卫生设备的早期，浴室的位置，不在前面，定在后面，多数都是吃了委托外国人设计的亏。因为他们只晓得，依照建筑章程，浴室必须要直接空气，弄堂住宅是左右毗连，直接空气只有前后面，他们不想想用别的办法也可以直接空气，这一点，还是容易解决的。①

当时卫生间布置中已经考虑到专门管道井的位置，若卫生间布置在中央，则可以通过管道井（天井）通风，屋面考虑水箱的位置。

里弄建筑的建筑设备安装带来了建筑舒适性的提升，特别是给排水设施进入里弄后，居住的卫生及舒适性得到极大改善；从新式里弄住宅开始有采暖设备，公寓式里弄住宅基本都装有采暖设备。花园式里弄住宅不仅设有水暖设备，几乎主要房间都还设置有壁炉，以显示出一种身份。加之完备的煤气和电照明系统，后期里弄在各种设备的支持下成为上海中产阶级以上的居住场所。

包含各种卫生设备的卫生间出现改变了里弄住宅的平面功能，卫生间的位置、大小、数量成为区分不同类型里弄住宅的标志，也成为居住等级的标志。里弄住宅平面布局的演进是上海住宅现代化的体现，建筑设备对于里弄住宅的演化起到了主要作用。

2）花园洋房

上海花园洋房住宅即独立式私人住宅，在 1900 年以前较少见，大量的规模较大的花园住宅出现在 1900 年后。② 花园住宅的特点是一般面积较大，风格多样，设施齐备，

---

① 李英年．住宅类综说明[J]．中国建筑，1936(27)：35．

② 伍江．上海百年建筑史[M]．上海：同济大学出版社，2008：79．

奢华气派。1920 年后，受欧洲及美国住宅设计的影响，布局趋向自由，室内注重隔热、隔声等，注重园林绿化。花园洋房也与上海其他建筑类型的近代建筑一道，已成为“时代的缩影”和“历史的年鉴”。①

花园洋房的设计形式多样，并无定式，但主要还是以满足居住功能为主，在外观上多变化，功能更多细分，居住的舒适度获得更大的满足。一般情况下，花园式住宅厨房的面积较大，厨房或地下室放置锅炉，卫生间的数量比里弄住宅普遍要多，面积也大，也会设置单独的汽车库。花园式住宅一般都设计有壁炉，同时也设计有热水采暖系统，体现一种舒适性。图 3-10 为《建筑月刊》推荐的美国独立式住宅的设计，可以看出以上的特点。

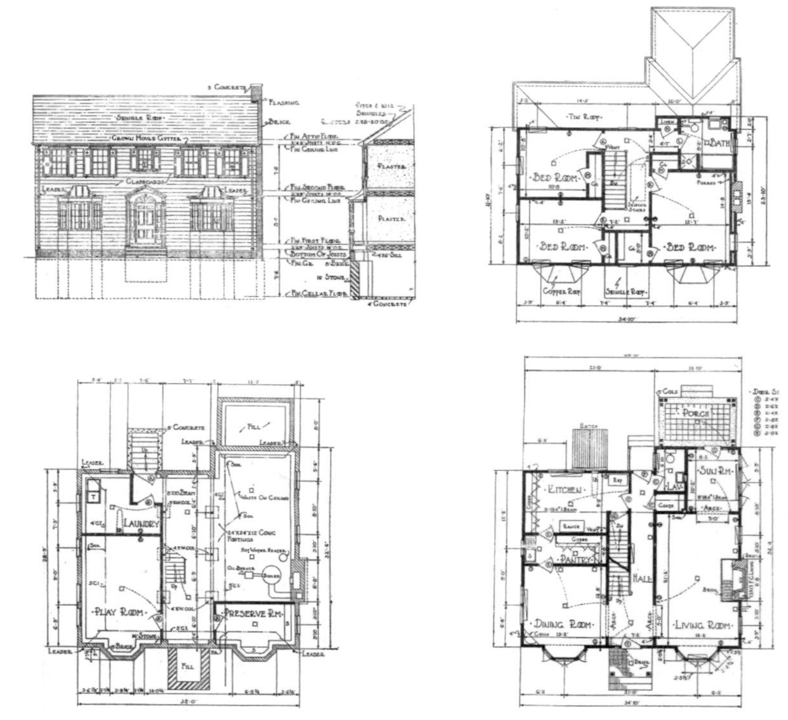

图 3-10 《建筑月刊》推荐的住宅

但从建筑设备技术上来说，花园洋房与里弄住宅并无本质区别。到了 20 世纪 30 年代，花园住宅受到现代主义的影响，不仅建筑平面及空间更加的自由，更利用了当时先进的设备技术进行装配，使得建筑的现代性（舒适性和便利性）得到最大的体现。

① 薛顺生，娄承浩. 老上海花园洋房[M]. 上海：同济大学出版社，2002：2.

位于铜仁路 333 号的吴同文住宅(原上海市规划设计院),1935 年 9 月设计,1938 年 7 月竣工。占地面积约 33.3 亩,建筑面积 2000 余平方米,四层钢砼框架结构。因整幢建筑外墙贴绿色釉面砖,老上海人习称其为"绿房子",见图 3-11 所示。该住宅是邬达克现代风格和装饰艺术风格设计的重要代表作。建筑总体布局紧凑合理,首层中间架空作为汽车道,以充分利用城市道路,减少内部交通面积,从而得以在住宅南面围合出大片花园。住宅内部功能齐全,底层和顶层还分别设有宴会厅、舞厅、弹子房、酒吧间及棋室、花鸟房等。南向各层房间都有宽敞的露台,通过室外弧形大楼梯,跟庭院联系紧密。南面的大厅和房间都设大面积落地窗,室内外景观融为一体,具有强烈的现代气息。

室内装修及设备精美豪华也是吴同文住宅的特点,除了建筑构造上日光室设有玻璃顶棚、小舞厅安装了弹簧地板外,建筑设备也是代表了当时科技的最新集成,除了普通花园别墅的冷热水供应、煤气、暖气外,首次在上海私人住宅里安装小型电梯。铺设有地暖设备(图 3-12),还装设有中央冷气系统供夏天使用,这在当时是非常超前的。这些奢华的建筑设备的使用,使该建筑曾被当时《中国月刊》誉为"整个远东地区最大最豪华的住宅之一"。

图 3-11　吴同文住宅

图 3-12　吴同文住宅地暖

3）公寓大厦

公寓大厦也是 20 世纪后才出现的一种新类型建筑,与里弄式公寓不同,公寓大厦一般为三层以上,每层划为数宅,分别出租。20 世纪二三十年代是上海公寓建筑的黄金时期,当时社会经济繁荣,时局稳定,大量移民涌入上海,劳动力价格低廉而地价飞涨,大批地产商把投资目标定位在了占地小、空间利用率高的高层住宅上。特别是 30 年代以后上海高层公寓的大量兴建,使其成为上海标志性建筑中的又一个重要组成部分。[①] 民国十九年(1930 年)前,上等公

① 伍江.上海百年建筑史[M].上海:同济大学出版社,2008:110.

寓尚少，民国十九年至二十四年(1930—1933 年)间，公寓建筑便如雨后春笋，以霞飞路西段，贝当路附近，及沪西一带为多，崇楼杰阁，高出云霄，与海上大饭店遥相辉映，点缀出都市不平凡的气象。①

公寓建筑由于在相同占地面积上，组合了更多的居住单元和人口，因此多层及高层公寓在空间组合、人流组织、消防和设备供应上比里弄更加复杂，公寓建筑的设备是将整个建筑作为一个系统供给。在设备管道方面，一方面要考虑设备间的布局，考虑设备在建筑中的走向位置；另一方面，在高层公寓中，超过市政管网的供水压力、地下室的排污、电梯的安装及消防的考虑，比里弄要复杂得多。

考虑到这些设备问题，首先，在建筑设计上，公寓就与里弄建筑产生了很大的不同。表 3-2 就显示了上海著名公寓建筑与设备的特点：

表 3-2　上海部分公寓设备状况表

建筑名称	建造时间、地点	设计和建造单位	建筑特点	设备特点
华懋公寓(今锦江饭店北楼)	1929 年 长乐路茂名南路口	安利洋行设计，王荪记营造厂承建	采用钢筋混凝土框架结构，共 14 层，高 57 米，是当时上海第一栋超过十层的公寓建筑。上下交通处理较好，共 7 部电梯，4 部集中在大厅，另外运输梯 1 部，每层电梯出入口有一个小厅，不致影响走廊交通。1 至 10 层为客房部分，各层有 12 个单间 8 个套间，11、12 层为餐厅，顶层为厨房，厨房采光通风较好	内部功能处理明确，设备完善，均有单独的冷暖气和卫生设备。除了电梯外，还有自动小电梯运送食物，并有电话联系
峻岭公寓(今为锦江饭店中楼)	1935 年 茂名南路 59 号	公和洋行设计，新荪记营造厂承建设备安装：北极公司(American Engineering Corporation (china))	为钢筋混凝土结构，中部主楼高 21 层，东西两部从 13 层开始逐渐收进。钢窗、硬木地板，公寓底层全部辟为技击室，供公寓住户锻炼之用。2 层以上为公寓式房间，共 77 套，每层布置有差异，每套户型也不等，有三室、四室，最大为七室	公寓给排水、热水设施齐全，并使用热水采暖系统供暖。垂直交通有电梯到达各层。公寓内设一总锅炉房，有锅炉 4 台，用管道通往各处。全部电气设置经变压器室，再从楼底转接各处，室内均为暗装线路

① 屠诗聘. 上海市大观(1948 年)稀见上海史志资料丛书 2[M]. 上海：上海书店出版社，2012：524-525.

续表

建筑名称	建造时间、地点	设计和建造单位	建筑特点	设备特点
常德公寓(原名爱林登公寓)	1936 年 常德路(原赫德路)195 号	公和洋行设计,新苏记营造厂承建设备安装:北极公司(American Engineering Corporation (china))	钢筋混凝土结构,8 层,公寓结合地形建造,平面呈"凹"形,每层三户,户型有二室户和三室户。每户客厅较大,设置壁炉,卧室均有小贮藏室和卫生间,厨房沿西外廊布置,双阳台连通客厅和卧室。西面通长挑长廊,即作为安全通道,又兼作服务阳台。底层和夹层布置 4 套跃居住宅,每套住宅上下有小楼梯连通。第 8 层为电梯机房和水箱等用房。本公寓因张爱玲 1942—1948 年在此 605 室居住过而闻名。	电梯、电气、煤气、暖气和冷热水齐备
道斐南公寓(原名法国太子公寓)	约 1935 年 建国西路 394 号	赉安洋行设计	钢筋混凝土结构,10 层,现代式公寓住宅。层层出挑的水平阳台板成为建筑形体的主要特征。建筑简洁无装饰墙面。该建筑地下室为设备间,顶层为水箱间,一梯两户,每户的卧室都配备专门的卫生间,卫生标准很高。交通上,除了专门的电梯和围绕电梯井的楼梯作为主要交通外,还分别设有两部逃生楼梯为左右两户人家专门使用。	电梯、电气、煤气、暖气和冷热水齐备

位于上海市北苏州路 400 号的河滨大楼(河滨公寓,图 3-13)在这些高层公寓中非常具有代表性,该建筑于 1931 年开工,1935 年完工。大楼占地面积为 7000 平方米,建筑总面积达 54000 平方米,体积为 600 万立方英尺(约 16.99 万立方米)。高八层并带钟塔,底层为商铺,一层为办公,以上为公寓,由公和洋行设计。因基地的面积局促,因此设计巧妙通过 S 形的建筑布局,见图 3-14 所示。既无需设计天井就解决了通风采光问题,S 形又与沙逊英文的首字母契合,深得业主的赞许。① 建成时有 194 套公寓,62

① 上海地方志办公室. 上海名建筑志[M]. 上海:上海社会科学院出版社,2005:226.

个为两室一厅，132 个为一室一厅，所有公寓厨卫齐全。[①] 堪称当时亚洲第一公寓。

图 3-13　河滨公寓

图 3-14　河滨公寓平面

大厦由新申营造厂承建，设备设计为 Alex Malcolm Engineer 公司，卫生、暖气和消防工程均由上海自来水用具公司承办。大厦采用中央供暖系统，卫生间为冷热水供应，厨房为煤气供应，底层配有室内游泳池，长 15.5 米，宽 9 米，深 2.1 米。清水逐日更换，由自备自流井供给，该井由中国凿井公司承办，井深 507 英尺(228.6 米)，总经理为马尔康洋行。[②]

在消防疏散上，整幢大楼共设有 11 个出入口，7 处楼梯，楼梯间均设有消火栓系统，建筑配有 9 部奥的斯电梯(8 部为客梯，1 部为货梯)，载客电梯每分钟速率为二百尺，载货电梯每分钟速率为一百尺。电梯均装有软木以绝上下声响及震动，无扰住户安适之患。电梯为木作深棕色，上端装以透风铜板，形势美观，梯门乃以深绿色空洞钢板制之，每电梯路口撞后圆形指示器，随时以电梯所在告知乘客，与寻常不同者，揿按钮亦装有电梯行动指示灯，各梯动作均用开关控制之，载货梯则为钢制宜用开关控制之。[③]大厦的给排水设计在细节节点上非常巧妙，以排水节点 B 见图 3-15 为例：此处设计将厨房和卫生间的盥洗排水通过一个地漏汇集在一起，解决了排水横管过多暴露在外的问题，地漏的盖板可以拆卸便于检修。而地漏又通过吊顶进行了遮蔽，隐藏在梁的后面，排水立管又靠近结构柱和墙角布置，使得整个设备管线对于视觉的干扰降到了最低。

3.2.2　多层商业建筑中建筑设备的演变

20 世纪 10 年代后，上海逐渐成为远东金融中心，商业建筑也成为主要的建筑类型。以上海最重要的商业建筑聚集区——外滩为例，在 19 世纪末到 20 世纪 30 年代这

① Shanghai :the Port of China. The Far Eastern Review. Nov. 1932:516.

② 时事新报. 民国二十一年五月三十日第三张第一版。

③ 同上，第三版。

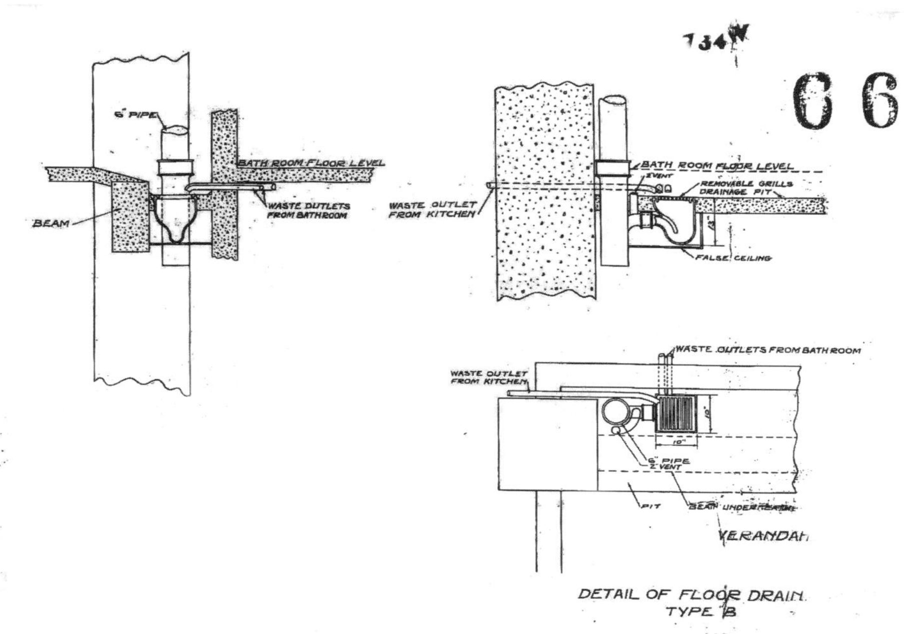

图 3-15　河滨公寓排水节点图

短短的三十多年，这些商业建筑就经历了三次变更。这期间，不仅是建筑样式的变更，更重要的是随着上海水、电、煤等市政基础设施和设备的不断完善，建筑设备在其中逐渐占据了越来越重要的位置。建筑的使用舒适性、方便性都得到了很大的提升，对于这些商业建筑的功能支持愈发重要。这一时期，国外最新建筑设备包括消防、电气和高级卫生设备，甚至空调逐渐成为上海大型公共建筑必不可少的配置。

在 20 世纪 10 年代后，外滩地区的建筑群无一例外地都安装了给排水、电气和暖气等设备，而且这些最新的建筑设备各有特点。在工部局同意可以安装抽水马桶之后，卫生设备也开始纷纷进入建筑。1917 年落成的外滩 3 号(有利大楼)，在当时属于较高的建筑，因此屋面设计有水箱来稳定供水压力。尽管套房和楼内的主要房间都有壁炉，但整个大楼的采暖还是通过水暖管道系统供应。而后的整个外滩建筑都主要采用了暖气采暖，因此在外滩第三次立面形成后，早期外滩区域建筑上林立的烟囱(图 3-16)开始大量减少，这都是由于采用了新式建筑采暖及水加热方式的原因。

1923 年 6 月建成的汇丰银行大楼(今浦东发展银行)由公和洋行设计。占地面积 9338 平方米，建筑面积 23415 平方米。是外滩占地最广，门面最宽，体形最大的建筑。建筑主体为五层，平面接近正方形，加上中部隆起的建筑为七层，地下室一层，总体布置如图 3-17 所示。

图 3-16　外滩早期(1910 年)鸟瞰

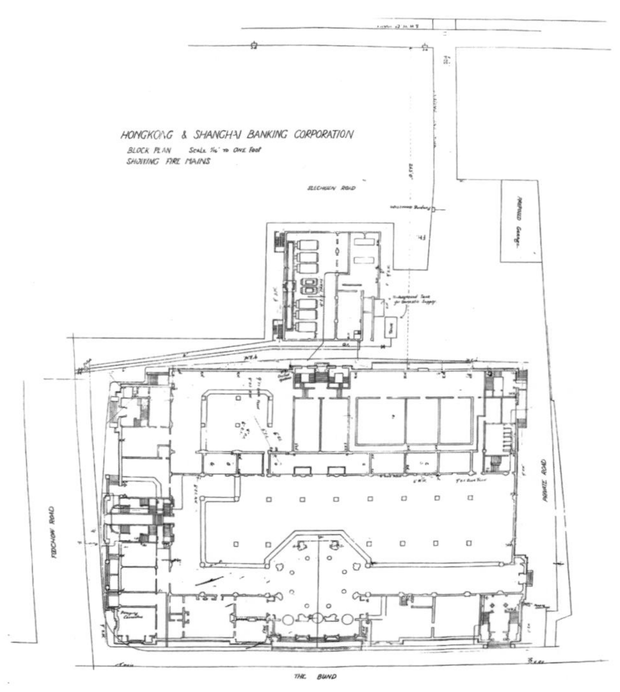

图 3-17　汇丰银行总体布置图

作为当时最豪华的建筑，汇丰银行在建筑设备上开始引入空调系统，大楼采用了一套最新的通风和取暖设施，这个系统采用在适合的地点吸取新鲜的空气，通过一个过滤装置净化空气并通过臭氧消毒。冬天，净化后的空气还可以被加热，然后通过管道系统输入房间，污浊的空气将通过另一个独立的管道系统抽出，在楼顶排放出去。楼内的换气次数为冬季一小时 2 次，夏季为一小时 6 次，而楼上的办公室通过低压热水采暖系统取暖。有六部电梯和四部楼梯到达较高楼层的办公区，其他有两座楼梯为工人而设，一旦着火，可以从这两部楼梯逃生。

汇丰银行的建筑设备都从国外采购，惠勒·康因琴公司(Wheeler & Comyn Ching)提供了供暖、通风、真空吸尘设备；勒克斯芬棱镜公司(Luxfer Prism Co.)提供了营业大厅内的顶灯；奥蒂斯公司(Otis Co.)提供客用电梯；萨克司道尔顿和邓特海耶(Shanks, Doulton, and Dent & Hellyer)提供卫生设备；玛利韦什(Merry weather)提供防火设备。[①]

另外一个建成于 1927 年的著名建筑海关大楼中如图 3-18。其设备安装包括了 11.5 英里的水管，电线线路系统中 65 英里的钢丝和电缆，89000 英尺的钢管，管接头 2731 个，包括电灯、电扇、暖气装置、铃、钟和电动机的接头。楼内有 500～600 个暖气片，由一套独立的供热系统维持。[②] 并设有 12 部奥蒂斯电梯，可见其工程的复杂程度。

图 3-18　海关大楼室内设备图

该建筑的总承包商为上海新仁记营造厂，上海自来水公司为其水暖通风设备的安装商，自流井施工为中国钻井公司(China Deep Well Boring Co. Shanghai)，固敏洋行(John I. Thornycroft & Co. shanghai)负责安装深井泵，卫生设备由英国夏克司公司(Shanks & Co. England)提供，锅炉由英国通用电器中国公司(General Electric & Co.

① 钱宗灏等. 百年回望：上海外滩建筑与景观的历史变迁[M]. 上海：上海科学技术出版社，2005：276.

② 同上，222.

of China, Ld)提供。

英国通用电气中国公司负责大楼内电气装置。除了少数例外，大楼内所有的照明设备都是这家公司提供的。电气装置是由锅炉房里的配电开关柜来控制，开关柜内有15个配电盘，装设有油浸断路器，是由英国通用公司定做。大量的双向开关控制着电梯发动机、燃油发动机、电扇、给水泵、液压泵和消防泵。通用公司的"Britalux"灯具为社会办公场所使用，具有防尘作用，玻璃吸收的光线少。通用电器公司提供的吊扇是"Emerson"牌的。内部的办公室自动电话系统是"Peel—Connor"牌的，也是通用公司的产品，已经安装了50门直线电话，并要安装100门分机。①

由此可见，以外滩建筑群为代表的20世纪30年代前的之上海多层商业建筑，作为当时上海最重要的建筑，其设备使用安装代表着当时上海设备技术的最高水平。同时，这里也成为西方先进技术展示的一个窗口。在这个时期，从建筑设计到设备安装，均为西方公司所掌控。这些设备的安装和使用客观上也对上海建筑设备技术的发展起到了示范和推广作用。

3.2.3 设备进步支撑下的高层商业建筑

20世纪20年代后期，上海建筑开始向高层发展，除了结构技术的进步外，设备技术的支持也是高层建筑在上海获得巨大发展的重要因素。除居住公寓外，其他类型的商业建筑比如：旅馆、商场、办公等都有向高层化发展的趋势，以适应上海经济发展和日益高昂的地价成本。

图3-19 沙逊大厦

1) 沙逊大厦

沙逊大厦(今和平饭店北楼，图3-19)位于上海外滩南京路口，是一座带有装饰艺术风格(Art Deco)的著名建筑，它以醒目19米高的墨绿色金字塔形铜顶，总高77米的建筑造型多年来成为外滩一个显著的标志。大厦设计者为著名的公和洋行，由新仁记营造厂承建，1929年9月5日落成。临外滩的东部塔楼部分高12层，西部9层。占地约4617平方米，建筑总面积约36895平方米。结构为"雷蒙德组合式桩筏"基础，上部为钢框架结构包混凝土保护层，起到防火的作用，钢筋混凝土楼板。各种建筑设备非常齐全，在当时达到了国际一流水准。

① 钱宗灏等.百年回望：上海外滩建筑与景观的历史变迁[M].上海：上海科学技术出版社，2005：229.

沙逊大厦的平面布置充分反映了早期高层建筑以综合性多功能为特征的布局形态，其空间序列井然有序，层次丰富，功能复杂。沙逊大厦与外滩其他银行大楼底层银行上部办公的格局不同，又与百货销售类商业大楼相异。它引入了 20 世纪二三十年代美国早期高层的多种功能竖向分区的特色，但其底层空间再现了欧洲室内商业街的模式：底层与夹层的东侧为银行，其余为多功能的商业用房，内设三横一纵的“丰”字形双层拱廊街。其中央纵横交汇处为八角大厅，这是整个大厦公共空间的中心。五至七层为华懋饭店的客房，八层是餐厅部分。

为了解决基地进深较长的采光和通风问题，根据地形，二层以上的平面分别设东、中、西三个天井内院，周围的内走廊并非居中，靠外墙的房间进深大，临天井的房间进深小，办区域的房间划分自由，执行租金可随环境条件区别，争取利益的商业建筑原则。①

沙逊大厦的框架维护结构填充外墙为烧结多孔砖，外贴约 50 毫米厚石材，内天井墙厚 350 毫米，而部分石材饰面的外墙厚度达 500 毫米，据测算其外墙平均传热系数约为 1.37 瓦(米^2 · 开)。而一般现存公建外墙 240 毫米厚，内外做粉刷传热系数为 1.97 瓦(米^2 · 开)，可见，沙逊大厦的外墙在保温隔热方面已经优于一般未采取保温隔热措施的新建筑。②

作为早期的上海高层建筑，大厦在建筑设计时就充分考虑到建筑设备在建筑中所要占据空间位置的重要性，地下室为锅炉房及其他设备间，十一层为专用房和电动机房，十二层为水箱间和电动机房。由于建筑用水量非常大，因此大厦采用了九个水箱(包括冷热水箱)，其中十二层布置 4 个，又利用八层的与建筑大的露台平面布置了另外的 5 个。这 5 个水箱占据了在露台上四个房间，而露台共设计共有六个房间(沿南京路和滇池路对称各三个)，在外立面上形成一种序列的构图，而这六个房间均为水箱间的功能。

为了解决复杂功能的交通问题，大厦的竖向交通布置，在八角厅东侧设三台至八层的大楼梯，主供办公和客房客人使用；东门厅设客梯二台至十层，在西段南翼中跨设客梯二台至七层，共七台客用电梯。另在八角厅西北侧，设二台方形的开敞式的铁笼电梯，客货两用；西端北翼设货梯一台从底层到九层，八角厅北侧有从夹层到九层的小食梯二台，电梯均为奥蒂斯产品。其交通疏散见图 3-20 所示。

在消防上，根据上海消防局存档的沙逊大厦消防资料来看，沙逊大厦主要采用室内消火栓灭火系统，建筑外立面装设有水泵结合器，消火栓系统在建筑中共有五组，分前中后三个部位的主要楼梯间各设置一组。消防蓄水箱容积为 23000 加仑，当水量降至

---

① 唐玉恩. 和平饭店保护与扩建[M]. 北京：中国建筑工业出版社，2013：22.

② 同上，171.

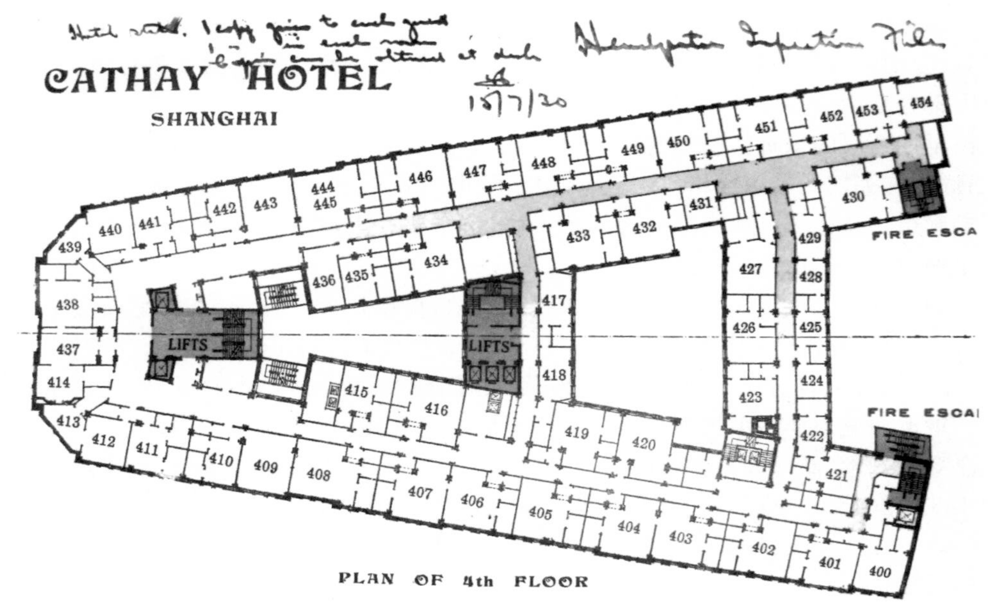

图 3-20　沙逊四层水疏房疏散图

14000 加仑时开始自动补水。[①] 建筑还采用了深井取水以补充日常及消防用水的不足，深井抽水机每分钟可以抽 400 加仑的水。[②]

当时大厦底层(带夹层)的拱廊街商业零售空间安装有自动喷淋消防设备，在 1927 年 7 月 9 日上海防火会给沙逊大厦设计方—公和洋行就消防问题沟通的信件中指出需要在底层及拱廊街的商业部分装设自动喷淋，并认为这是一种先进的灭火方式，并给出了不同管径可以配备的喷淋头的最大数目以供设计方参考。计算出大厦首层带拱廊街夹层共需 395 个喷淋头，并需配备一个 20000 加仑的水箱。[③] 在沙逊大厦给排水设计图中也在八层预留出了自动喷淋蓄水箱的位置。[④] 在 1940 年 10 月 5 日，沙逊大厦给上海救火会的申请中指出，因 Messrs. Mather & Platt 公司对于位于大厦拱廊街部位的上海国际广播公司办公室的 9 个自动喷淋头进修检修，因此，需要从 10 月 6 日上午起关闭沙逊大厦的自动喷淋系统 24 个小时。[⑤] 这些都说明当时是安装有喷淋系统。

① 上海消防局档案室存. 沙逊大厦消防档案. 1930 年 11 月 10 日，编号：75。

② 同上，编号：63。

③ 同上，编号：12C。

④ 上海城建档案馆宗卷：D(03-027001926007)卷案号：30/30。

⑤ 上海消防局档案室存. 沙逊大厦消防档案. 1940 年 10 月 15 日.

沙逊大厦采用了氨制冷的空调设备。在 1933 年 7 月 15 日，SCHMIDT & Co. 公司给工部局公共卫生处的投诉信中，指出沙逊大厦制冷系统每月都会泄露浓浓的氨气，有一次不仅发生在他们公司，而且整个南京路都被泄露的氨气所笼罩，行人必须要在道路上用手帕来保护他们自己。[①] 尽管制冷机器发生泄漏事件，但这种制冷系统在当时非常先进，基本与美国同步。

沙逊大厦采用城市自来水和自掘深井联合作为水源，通过泵输送到高位水箱进行冷热水供应并采用热水汀采暖系统。排水系统采用污废水分流及伸顶通气管或专用通气立管的通气排水方式，这在当时都是卫生先进的排水方式，如图 3-21 所示。热水采暖系统（暖气片见图 3-22）一直保存到了 2007 年大厦重新整修之前，当时对铁艺暖气罩也进行了设计，各个特色空间内的金属暖气罩的铁艺图案，可谓将装饰艺术风格发挥到淋漓尽致的地步。[②]

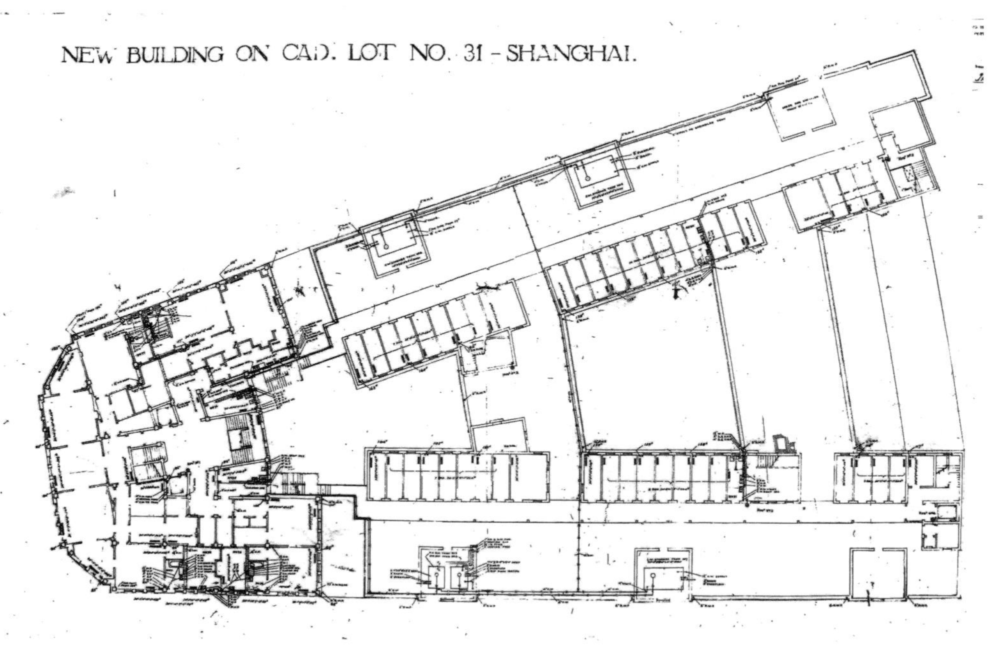

图 3-21　沙逊大厦给排水布置图及节点大样图

作为早期的高层建筑，沙逊大厦在管道走向上已经考虑到与建筑的结合，大厦的电梯井也被利用起来作为管道井使用，卫生间的布置围绕着天井，便于管道在天井的墙面

① 上海消防局档案室存. 沙逊大厦消防档案. 1933 年 7 月 15 日。

② 唐玉恩. 和平饭店保护与扩建[M]. 北京：中国建筑工业出版社，2013：51.

上布置。客房的平面已经是标准的现代客房的布置形式，相邻卫生间背靠背安置，便于排水管道的排布。

沙逊大厦的建筑设备材料供应商：空调通风系统为约克歇佩利公司（York Shipley & Co.）；电线线路为伊尼斯 雷德尔有限公司（Inniss & Riddle, Ltd.）；暖气装置、铅管配件、消防设备为上海自来水用具有限公司（Shanghai Waterworks Fittings Department Co.）；电梯为奥蒂斯电梯公司（Otis Elevator Co.）；锅炉为瑞斯金豪司比有限公司（Ruskin & Hornsby Co, Ltd.）；卫生设备为道尔顿陶器公司（Doulton and Company.）。[①]

图 3-22 沙逊大厦原有热水汀

2）汉密尔登大厦和都城饭店

这两座大楼为相邻的姊妹楼，汉密尔登大厦（Hamilton House，今福州大厦，图 3-23）位于江西中路 180 号（福州路交界处）。大楼分为主楼和附楼，整个大楼占地 4652.9 平方米。主楼中部 14 层，两翼 7～9 层。附楼为 6 层，总建筑面积 12294 平方米。大楼于 1931 年开工，1933 年竣工。发展商为沙逊洋行，建筑设计为公和洋行，是装饰艺术向现代主义发展的风格，新仁记营造厂承建。是当时租界最有名的办公大楼，[②]包括当时电灯泡业的联合托拉斯—中和公司就在这里办公。

图 3-23 汉密尔登大厦

建筑首层到三层都是单独的办公室，而四层以上到六层设计为高级公寓，房间从一间到四间不等，厨卫齐全，包括冰箱和电灶等设备。七楼建筑已经只集中在中间部分，为大户型的高级公寓。建筑的附楼（二期）则为单间独立的办公室，使用公用卫生间。而整个建筑有两个大天井，用来组织采光和通风。

① 钱宗灏等. 百年回望：上海外滩建筑与景观的历史变迁[M]. 上海：上海科学技术出版社，2005:279.

② 上海地方志办公室. 上海名建筑志[M]. 上海：上海社会科学院出版社，2005:129.

本建筑的设备设计为 Alex Malcolm Engineer。地下室为设备层，有锅炉、发电机、各种用途水泵。整个大楼采用了热水采暖系统，建筑通过位于地下室的热水锅炉集中供暖，并 24 小时供应热水。[①] 建筑顶层为水箱间，共有三个不同用途的水箱：冷水箱（饮用水），自动喷淋系统的定压水箱，冲洗用的冷水箱（供卫生间）。根据不同用途，冷水箱分开设置，目的是为了防止水污染。这么高的卫生标准在今天看来也是非常先进。

建筑防火考虑周到，配备有紧急出口，每层楼梯间设有消火栓，塔楼和上层部分还设计有自动喷淋灭火系统进行保护。大厦由于上下部的功能不同，因此管道的走向位置，特别是主立管的位置，在七层进行了较大程度的转换。为此，建筑设计在七层和八层之间增加了 1.6 英尺（0.488 米）的夹层空间作为管道层，将管道隐蔽，给排水系统如图 3-24 所示，这也是在上海建筑设计中考虑专门的管道层的出现。另外，尽管大厦的管道众多，并四处分散，但竖向管道会多方依靠外墙、内天井、结构柱、楼梯井及墙角等位置进行的布置，体现出一种灵活性。图 3-25 为底层给排水布置图。

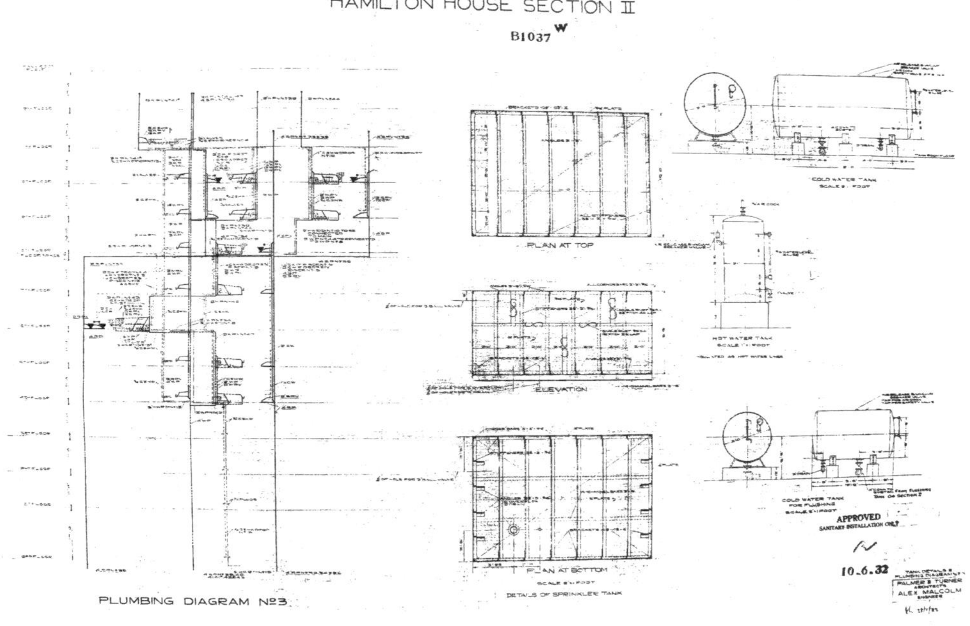

图 3-24　汉密尔登大厦给排水系统及水箱节点图

① The Far Eastern Review. Nov 1936：517.

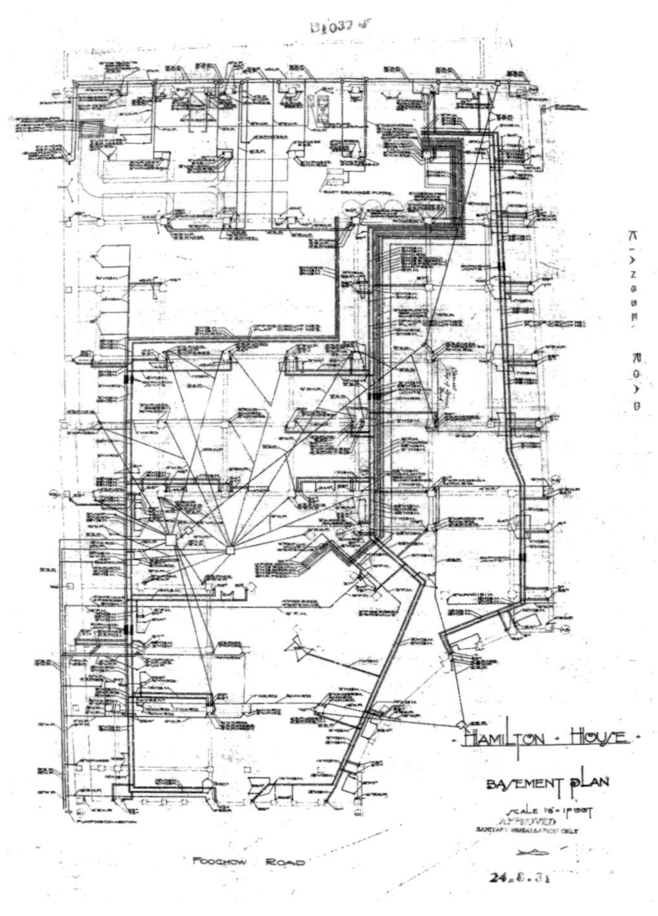

图 3-25　汉密尔登大厦底层给排水平面图

而与汉密尔登大厦外观风格非常相似的都城饭店(Metropole Hotel)则在街角对面建造,建于 1934 年,是当时上海第一流的饭店之一。大楼地上 14 层,地下 1 层,高 64 米,占地 1236 平方米,建筑面积为 10047 平方米。钢筋混凝土结构。业主、建筑师和营造商都与都城饭店是同一家。

尽管都城饭店和在汉密尔登大厦外观上非常相似,但建筑平面排布上还是有很大不同。都城饭店为旅馆布局,一层为服务接待,二层为餐厅,以上楼层为客房,而顶层为水箱设备间。地下室面积较大,布置有设备间,安装有锅炉和通风空调机器,还设有餐厅、酒吧、理发店、商店和厕所等公共服务功能,这也是上海高层建筑第一家利用地下室进行营业的建筑。

因为同一家设备设计公司设计，都城饭店与汉密尔登大厦的设备设计方法与类似，整个大楼采用了热水采暖系统，首层和地下层还使用了中央冷暖空调为商务客人服务，来提高酒店的舒适和高档性。

在消防方面，除了采用消火栓系统外，大楼的上面层面也采用了喷淋系统作为附加灭火方式来增加建筑防火的安全性。[1] 客房设备配置齐全，每间客房都配备有按铃服务，还设有电话和收音机的插孔。[2]

本建筑的卫生设计非常复杂但也非常高级。因为是高层建筑，建筑给水和采暖系统采用分区给水方式，来解决垂直失调及管道压力过大的问题。整个系统分为两个区域，地下层到 7 层为一个区域从下由泵给水，8～13 层为另一个区域由屋面水箱给水。给水系统特别分为三种类型：马桶、浴缸和洗脸盆，其中马桶单独给水。而在排水上，马桶污水和盥洗废水也采用两套系统，但通气系统合并为一，因此整个管道系统管道非常多，有 90 个回路，可见其复杂性。这样将给排水系统分为盥洗和马桶两部分单独处理的方式，使得建筑卫生档次非常高，但也增加了工程的造价。

3)百老汇大厦

建于 1930—1934 年间的百老汇大厦（Broadway Mansions）现名上海大厦（图 3-26），则是上海另一座著名的高层建筑。地处苏州河与黄浦江江河交汇处，建筑面积 24596 平方米，钢框架结构。地上 21 层，地下 1 层，高 76.7 米。大厦占地面积 5225 平方米，建筑面积 24596 平方米，投资者是英资业广地产公司，其由建筑部弗雷泽设计，新仁记营造厂承建。初期作为酒店式公寓使用。

大厦为装饰艺术和现代主义结合的风格。建筑坐北朝南，双层铝钢框架结构，建筑体型呈八字形，既可使四翼的房间获得较好的朝向又可以提高建筑容积率。建筑平面由下向上逐渐从两翼向中部收进。建筑共有电梯 6 部，楼梯 5 部，分别设于两翼及中部，地下室设锅炉房，顶层为电梯机房和水箱间。

图 3-26　百老汇大厦

作为高层酒店式公寓，百老汇大厦的设备设施与都城饭店等高级酒店不相上下，冷热水及暖气系统一应俱全，卫生设备系统的设计为 Eric Davies Consulting Engineer Shanghai，设备管道设计上已经非常注重和建筑的结合，在旅馆客房部分采用了对称式背靠背的卫生间

① The Far Eastern Review. Nov 1936：517.

② Shanghai：the Port of China. the Far Eastern Review. Nov 1932：516.

布置方式，使得两套客房可以共用一个管道井，这与当今的旅馆设计完全一致。而上层的管道落入一层大厅时，因上下的对位关系，管道自然落在靠近柱子的地方，并被装修包裹，形成扩大的假柱，底层所有的柱子都被人为地包裹扩大，当中有的藏有管道，有的则没有，就是为了形成视觉的统一性。可见，设备管道开始和装修结合在一起，如图3-27所示。

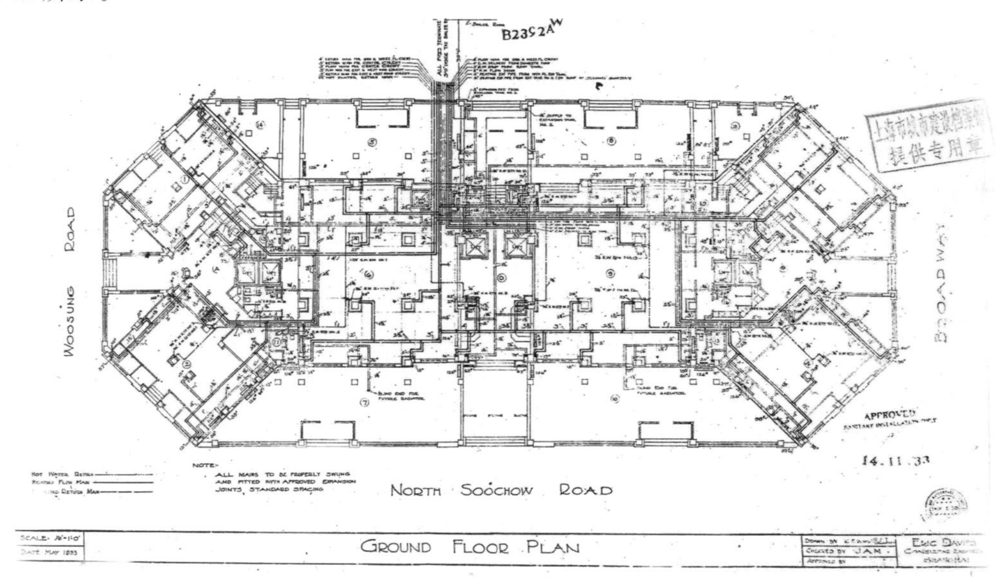

图 3-27 百老汇大厦首层暖气及给排水平面图

在此时，卫生间已经不强调靠近外窗和外墙布置，管道系统开始进入管道井，并被隐藏起来。这一方面是因为建筑的四面都为景观带，并不适合布置外露的管道；另一方面也说明了设备技术、设备检修技术包括地面防水技术的进步，管道无须为了检修方便裸露挂在外墙。

图 3-28 大新公司

4）大新公司

大新公司（今上海第一百货商店）（图3-28）位于南京路西藏路口，是当时上海最大的百货、商业娱乐大厦。民国 23 年（1934 年）澳洲华侨蔡昌筹建，“大新”取规模大、设备新之意。大新公司为国人基泰工程司设计，是其代表作之一。由馥记营造厂承建，业主并聘请王毓蕃担任顾问工程师，王氏系毕业于美国麻省理工学院之土木工程硕士。

大楼是具有中国建筑元素的现代高层建筑，10层钢筋混凝土结构，坐北朝南，占地3667平方米。地下层至三层是商场，地下室设商场当时在西方各国已多有先例，但在上海则为首例。四层南部为大新写字楼，西部为货仓，东部设茶馆，中部作为商品陈列所。四楼以上皆为公共娱乐场所，五楼设舞厅和酒家，六楼至十楼为大新游乐场。内设电影场、各种游乐剧场及屋顶花园，每天可容纳顾客两万人次。建筑按照高层建筑的设备排布进行：地下层部分为设备间，其余为商场，屋顶为水箱间。

百货公司作为新引入上海的建筑类型，其平面规划一般为正方格矩形布置，平面自由排布，立面可以自由开窗。大新公司其标准层的建筑面积近3700平方米，也在中国近代百货公司建筑中为第一。在此时，上海混泥土框架的结构技术已经可以做到较大的柱网间距，大新公司的柱跨达7米，因此铺面宽敞，采光相对良好。尽管建筑的开间和进深都较大，但大新公司的商业层也不需要设置天井来补充采光和通风。

本大厦的水暖卫生设计为基泰工程司，通风空调设计为American Engineering Corp(China)，冷暖工程由耀炳工程公司承建，电气工程是由美益水电工程行承装。电梯专项设计为奥蒂斯公司。

因其标准层面积近3700平方米，为了解决大量的人流垂直交通，除了每层设八部楼梯外，该建筑采用了四部自动扶梯，如图3-29、图3-30所示，分两层设置（首层到二层，二层到三层），每部每小时能供4千人上下，由奥蒂斯承建，这是上海乃至中国最早的电动扶梯。此外尚有九部电梯，还拥有上海最大的客运电梯—大新百货商店屋顶花园电梯，可承载24名乘客，3600磅，就如早前蒸汽式电梯承载操作手和一到两名乘客那样简单，并且速度更快，更安静。[①]

图3-29 大新公司自动扶梯

作为人流聚集的大型公共场所及货物堆栈处，商场的消防非常重要，商场不仅在外立面沿街处设置有消防水泵结合器，室内所有的楼梯间都设有消火栓系统外，整个商业部分（地下层到六层）还布置了自动喷淋灭火系统（图3-31），主立管为6英寸，水平主管为5英

① ModernElevators in the Far East . The Far Eastern Review . 1936:263.

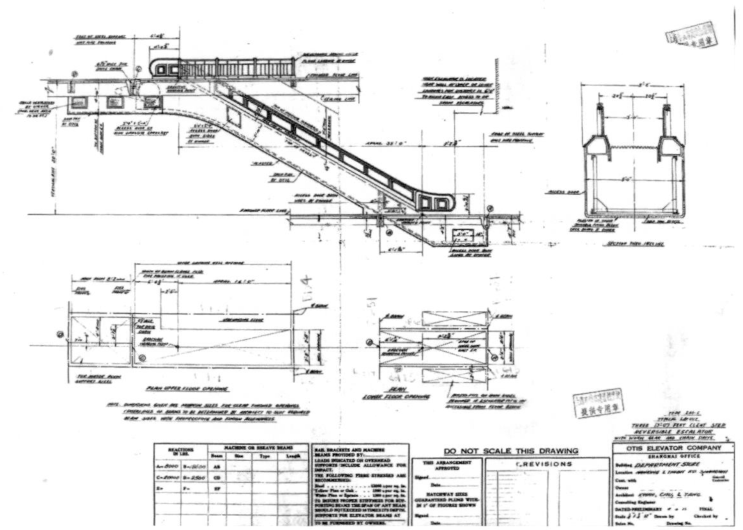

图 3-30　大新公司奥蒂斯自动扶梯设计图纸

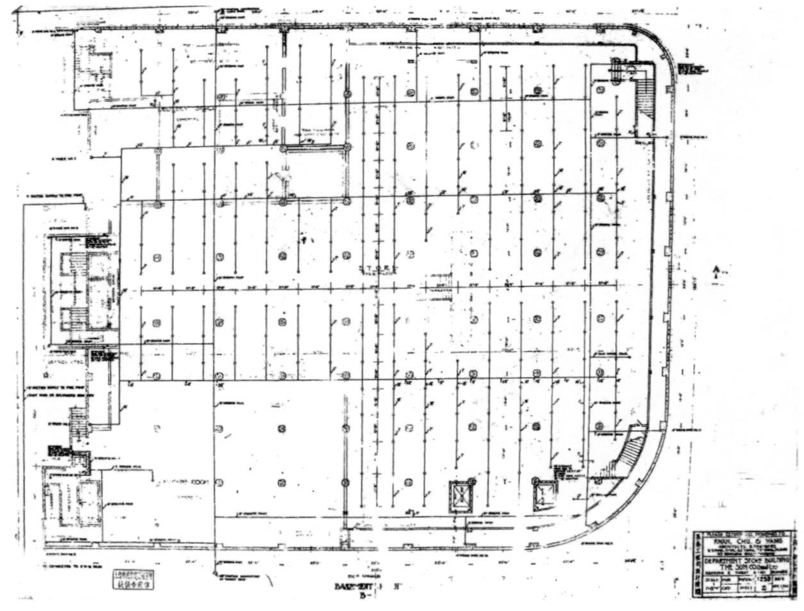

图 3-31　大新公司自动喷淋布置图

寸，喷淋头按照 11 英尺×9.6 英尺(3.35 米×2.93 米)左右见方的间距布置，这也是上海商业空间中单层最大面积的喷淋系统。

大楼设计有中央空调系统，商场温度可以保持终年和煦如春，并采用了新风系统来保证空气的品质。空调主机设在地下室，地下室因室内层高只有 12 英尺，空调管道不方便在地下室顶面敷设。因此，设计在建筑外墙内新作了一层墙体，内部形成空腔，这样空调管道就沿着外墙一圈被隐藏在空腔里进行敷设，并采用上送下回的方式，如图 3-32所示，解决了地下室的空调安装问题。

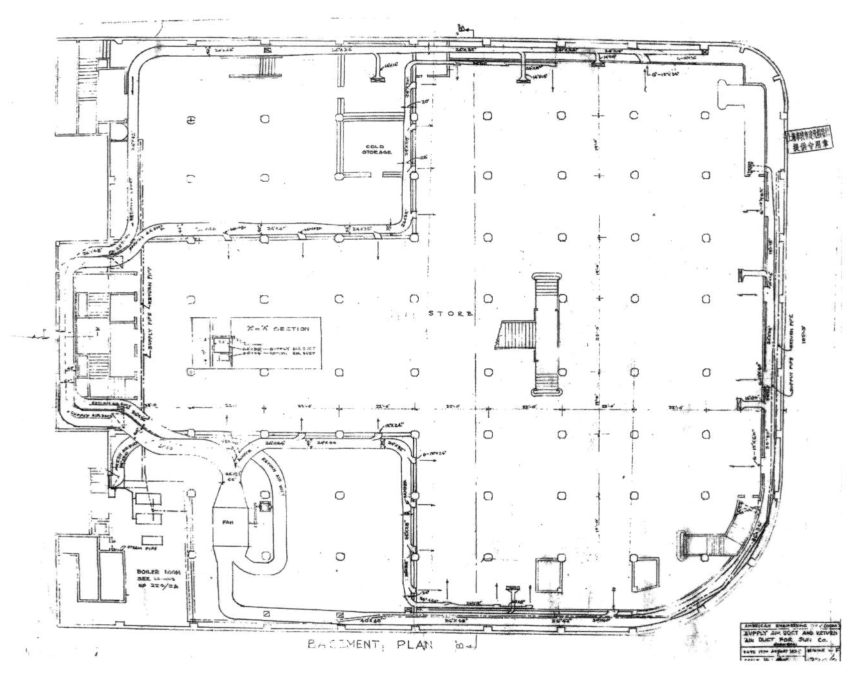

图 3-32　大新公司地下层空调布置图

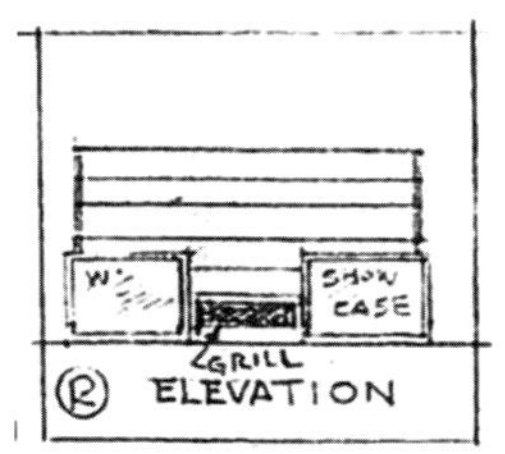

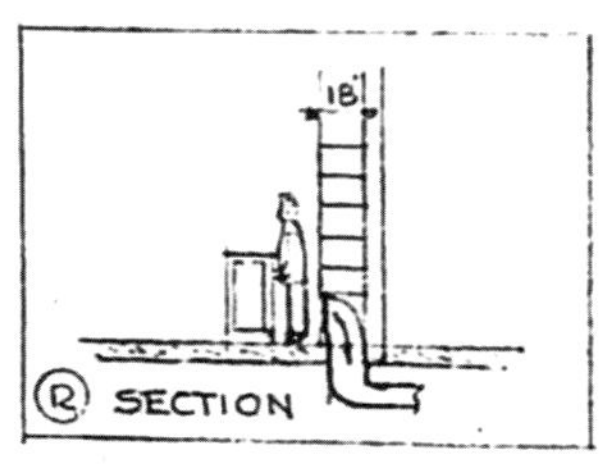

图 3-33　大新公司商场空调大样布置图

空调系统在首层也采用了上送下回的方式，由于层高相对较高(19 英尺)，两组空调送风管道就沿着顶面进行布置，并结合梁柱进行了包装处理；而回风系统则设计非常巧妙，回风口落在地面，与沿着外墙布置的柜台和货架结合在一起，既不占用空间，也起到了美化的作用。具体如图 3-33 所示。

商场为了方便联系，还设有内部的电话交换系统，主机房在三层，控制三层到地下室的通讯，根据业务的繁忙程度，电话端口布置为：三层 4 个，二层 4 个，一层 12 个，首层为 10 个，地下室为 5 个。管线为 1 寸的钢套管穿 5～8 根 1/0.64 的油皮线，6 分钢套管穿 4 根 1/0.64 的油皮线。

作为沿着南京路的重要商场，建筑的外立面照明设计也非常重要。为了给室外立面上将来的霓虹灯广告提供电源，电气设计在外立面上均匀地预留了防水插座，每个防水插座的功率给 600 瓦，具体布置为沿着南京路侧的主外立面相对比较密集，一个开间两层布置一个，共计(7×4＋6×3)46 只，沿着西藏路侧的外立面为两个开间三层布置一个，共计(3×4＋5×3)27 只。

作为大型的商业性建筑，大新公司在顾客人流组织及疏散、消防安全、室内空气品质的保证等方面，通过设备设计完美地实现了其上海高档百货商店应有的品质。

5）四行储蓄会大厦

图 3-34　图际饭

上海四行储蓄会大厦(又名国际饭店)(图 3-34)，位于南京西路 170 号(静安寺路与派克路(今南京路、黄河路)交汇处)，因由金城、盐业、大陆和中南四家银行联合储蓄会投资建造而得名。由邬达克于 1931 年设计，1934 年 12 月竣工。大厦占地面积 1179 平方米，建筑面积 15650 平方米，共 24 层(地上 22 层，地下 2 层)，高 83.8 米，为当时的远东第一高楼。该建筑外形仿美国早期摩天楼形式，立面强调垂直线条，层层收进直达顶端，高耸且稳定的外部轮廓，尤其是十五层以上呈阶梯状的塔楼，表现出美国装饰艺术风格的典型特征。

该大厦是典型的摩天楼空间功能分布形式，建筑四层以上为酒店客房，以下为办公等商业公共空间，在底层就从功能上将酒店和办公区域分开，底层为四行储蓄会营业所，夹层为租赁写字间，二、三层为餐饮服务空间，四层至十三层为客房，十四层为对外营业的餐厅，十五层至十九层为常住客人房，二十层以上为机房、水箱、瞭望台等。地下层为设备间，顶层为水箱机房的布置，设备房占据了地下和顶层。

本建筑由馥记营造厂承建主体结构，丹麦康益公司承包打桩工程。大厦采用钢框架结构，钢筋混凝土楼板，钢框架结构外面全部包混凝土用以防火。钢筋混凝土筏形基础，高密且深的梅花桩，使其在上海的高层建筑中沉降最小。

本建筑设备齐备，冷热水供应，冷气空调、热水采暖和消防设备一应俱全，均采用中西发明而最华丽之设备。[①] 设备设计为 P. A. Sargeant Consulting Engineer，设备安装由亚洲合记机器公司施实，水暖设备由慎昌洋行提供。

全楼的供水系统分为两套，一套是常规的城市自来水供水系统，另设一套自流井系统，由英商中华机器凿井有限公司承建。井深六百七十四尺，原计划每小时出水两万加仑，而实际出水达两万七千加仑，并无须经过砂滤可直接饮用。地下水经过抽吸后送至屋面水箱，再输送至各层供水点。

图 3-35　国际饭店客房历史照片可见顶部喷淋

大厦每层楼梯间都设消火栓灭火系统，且安装了当时最先进的自动喷淋灭火系统。如图 3-35 所示客房，从规模上看，四行储蓄会大厦应该是上海第一个整幢大厦都采用自动喷淋保护的民用建筑。1936 年 6 月号的《灭火器快报》就本建筑的防火设施运作做了详细的介绍。[②]

大厦的新式电梯也是第一次在上海引进：

这三台的电梯运行于底层与 17 层之间，共 217 尺，18 个可停和开门处。这些电梯的运行速度为 600ft/min，并由"信号控制"系统控制。[③]

从底层到屋顶仅需半分钟，每层标记均有灯光指示一目了然，顾客在梯中得知已达第几层，梯门之开启均属自动。这三座电梯主要为顾客使用，而另两座为运送行李及仆役而设。[④]

可能由于楼层高，电梯升降速度比普通电梯快，待电梯停住时，乘电梯的人会有短暂轻微的晕眩感。[⑤]

大厦暖气系统覆盖整个建筑，基本为每个房间配备一组暖气，卫生间和走道、楼梯间也供给暖气，可见其标准之高。大厦通风换气上也非常有特色，三层的厨房非常现代，面积几乎占该层面积的一半，包括中央厨房、禽类、蔬菜、鱼类制作、烘焙及清洗等不同区域，还专门设计了冷库储存肉蛋禽和酒。整个厨房的通风换气自成系统，通过风管

---

① 国际大饭店特刊. 申报. 民国二十三年(1934 年)十二月一日第六张。

② The Park Hotel Shanghai and its AutomaticSprinker Installion. The Sprinkler Bulletin. Jue 1935.

③ ModernElevators in the Far East. The Far Eastern Review. 1936:264.

④ 国际大饭店特刊. 申报. 民国二十三年(1934 年)十二月一日第六张。

⑤ 张绪谔. 乱世风华:20 世纪 40 年代上海生活与娱乐的回忆[M]. 上海:上海人民出版社,2009:27.

吊顶输送到每个操作区，既保证了操作间空气的质量，也排除了操作间大量的油烟，并起到了独立防火排烟的作用。见图 3-36 所示。

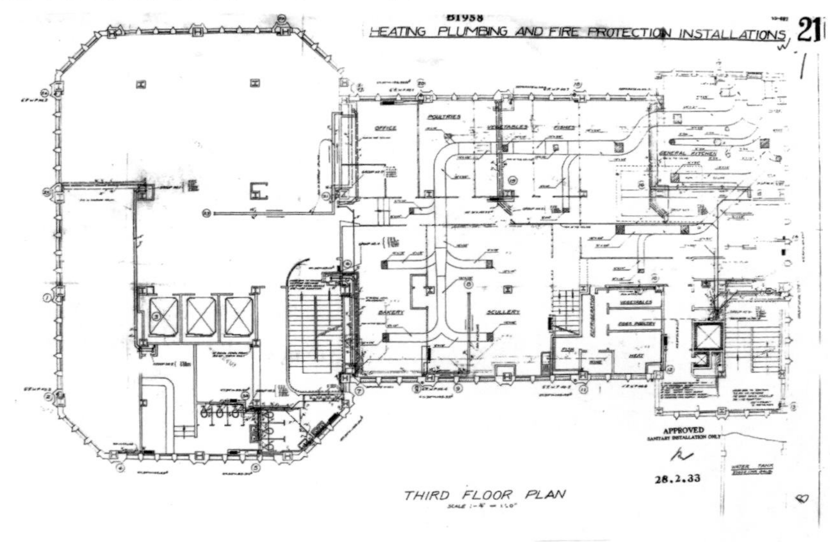

图 3-36　国际饭店三层水暖通风平面图

对于高层建筑来说，大量设备管道敷设占用空间是建筑考虑的重要问题，四行储蓄会大厦在建筑设计中，就充分考虑了设备与建筑的结合，特别在竖向管道布置上与建筑结合得非常巧妙。

内排雨水的设计：将雨水管置于外墙的工字钢柱附近，共六组，容纳于立面上形成竖向线条的窗间墙空腔中。这样使得高层建筑的外立面非常干净简洁，突出了建筑的形象。见图 3-37 所示。

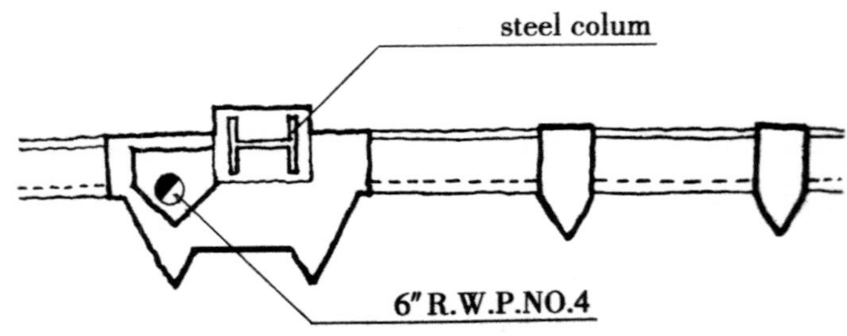

图 3-37　国际饭落水管大样图

群组管道井的设计：以客房标准层(4～9 层)为例，每层共有 20 个房间，19 个配水点(17 个客房卫生间和 1 个公共盥洗室和 1 个公共卫生间)，布置位置不规整，非常复杂。设计巧妙地将这 19 个配水点归纳为 10 组立管井来供给，管道井里排布七根不同用途的管道。这 10 组管道井从底层开始从下到上，考虑到上下对位关系，逻辑非常清晰，将整个建筑的主要设备连接起来。如图 3-38 示。

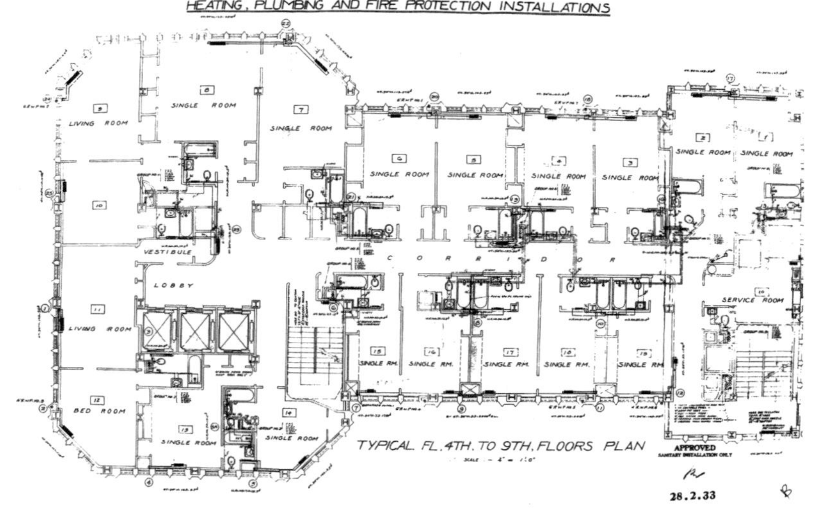

图 3-38　国际饭店标准层水暖平面图

管道井与室内平面布置的结合：作为高档的旅馆，大厦的室内管道基本都采用了暗装的设计，卫生间一般在室内靠近结构柱的位置布置，管道井布置与结构柱发生关系，使得空间规整。房间靠窗部分暖气管道立管的管道井则与壁橱产生视觉上的平行关系。从构图上使得空间规整，非常巧妙，室内空间利用率高。

四行储蓄会大厦是邬达克现代派思想和装饰艺术风格的代表作。作为紧凑基地之上的高层建筑，此时因建筑技术的发展，特别是设备技术的发展，整个建筑都采用了暖气和冷气系统的供应，建筑对于外部环境和气候的交换及依赖已经降低到最低，因此建筑的层高也可以降低，这也使得大厦标准层的层高降低到了 3.45 米。整个建筑的造价也就随之降低，对投资方有益。全自动的快速电梯让这个当时超高层上下交通也非常便捷，这也使得建筑的上面楼层产生与下层楼面相似的价值效益，这些获益无疑都是在建筑设备的支撑下实现的。

借助当时的科技进步、战后庞大的国际资金涌向房地产业以及业主经济实力的共生效应，四行储蓄会大厦达到当时远东高层建筑设计和施工的最高水平。

以上案例说明了上海在 20 世纪 30 年代已经掌握了复杂功能的高层建筑设备技术。

3.2.4 特殊类型建筑中的设备功效

娱乐建筑也是近代上海商业社会重要的建筑类型。在电影进入中国之前，中国夜晚的娱乐活动主要为茶馆酒楼等配以曲艺类表演节目，但茶馆酒楼作为传统的建筑形式，并无给排水设备，日本人松井翠声在游记中写道：

中国的娱乐场所的厕所终究是令人无法忍受的地方，既没有围栏也没有屋檐，一进去就是排列的马桶，大家正坐在上面方便。在方便中与左右两边的人说话，看过的广告和报纸又转交给旁边的人。大概对他们来说这样的做法是一种社交礼节也说不定。[①]

这或许是一种"上海特色"吧，但使用起来既不舒适也不卫生的。

1908 年，西班牙商人安东尼奥·雷玛斯(Antonio Ramos)在上海虹口地区租赁了乍浦路海宁路路口的溜冰场，用铁皮搭建了一座有 250 个座位的简陋房子，取名虹口活动影戏园，这便是沪上第一家专门电影院，也是中国第一家正式影院。[②] 作为一种新的娱乐方式，电影很快受到民众的欢迎，电影院也成为一种新的建筑形式。到了 20 世纪 20 年代，上海开始出现了建设电影院的热潮，从 1923 年由英国人开设的派克路(今黄河路)新建的卡尔登大戏院，至 1939 年潘志衡新建的沪光大戏院落成，上海建成的影院达 50 余家，仅 1928—1932 年的五年间，就开设了 28 家之多。[③] 而其中：光陆、大光明、南京、新光、兰心和国泰等均以建筑豪华、装饰华丽、设施先进著称。这些电影院除了满足人的基本使用要求外，在舒适度等方面也下足了功夫。

图 3-39　光陆大楼

1）光陆大楼

光陆大楼(Capitol Building)(图 3-39)，建筑的发展商为法商斯文洋行(S. E. Shahmoon & Co.)，鸿达洋行设计；1925 年 8 月递交请照单，12 月开工，到 1928 年 3 月竣工，是外滩源街区结构最复杂、建设时间最长的建筑，是集影剧院、办公和新式公寓为一身的综合楼。建筑为钢筋混凝土结构。剧场部分为大跨度空间结构，穹隆部分为薄拱顶结构。

建筑底层的影剧院为长方形平面，包括门厅、观众厅以及舞台三部分，夹层在剧场部分是包厢层，东西两侧各有 4 个包厢，与楼座的前部相通。西侧为办公，西南角部分

① (日)松井翠声.《上海指南》. 横山隆. 1938:113.

② 胡霁荣. 中国早期电影史(1896—1937)[M]. 上海：上海人民出版社，2010:17.

③ 吴贻弓，《上海电影志》编撰委员会编. 上海电影志[M]. 上海：上海社会科学院出版社，1999:613.

为男女化妆间。二层为剧场部分的楼座层，北端有放映室、酒吧和存衣处；西侧剩余面积全部用于办公。电影院容量为池座 580 座，楼座 362 座，包厢共 32 座。

三层的办公层，为采光需要，在剧场正中穹隆所在的方形区域设天井，一部分办公空间围绕天井布置，另一部分则沿弧线布置，两部分之间为“L”形走廊。舞台部分该层收为屋顶。四层以上均为公寓。该天井也为公寓的中间户型提供了采光。

大楼建筑设备的设计为 Gordon & Co. Ltd Engineers，建筑配备有最先进的舞台设施和灯光系统；冷、热水系统；机械通风、空调、消防系统（包括自动喷淋及消火栓系统）；现代卫生设施等。光陆大厦非常巧妙地通过建筑设计解决了下层剧院和上层住宅不同需求的复杂功能排布，设备间根据功能布置在地下室和屋面两个部分，地下室有锅炉和泵为建筑提供水源和热源，供采暖、热水系统和空调加热系统服务。屋面设有水箱和通风空调机组：5000 加仑的消防水箱，2000 加仑的深井水箱及 2000 加仑的水箱。而在剧院观众厅的上方设计有大的中厅直接到达屋面，中厅的四角布置的是底层剧院的排风管道，直通屋面的排风机，这样非常巧妙地解决了下层剧院的通风管道走向问题。同时，中厅也为上层公寓的中间户型提供了通风和采光，并形成了拔风井，加速了上层室内空气的流通。在靠北的墙面上设置了三组进风管道，这些管道砌筑而成，与建筑融为一体。值得注意的是，地下室的锅炉烟囱也是通过保温处理后穿过各层直通到屋面。如图 3-40 建筑剖面图所示。

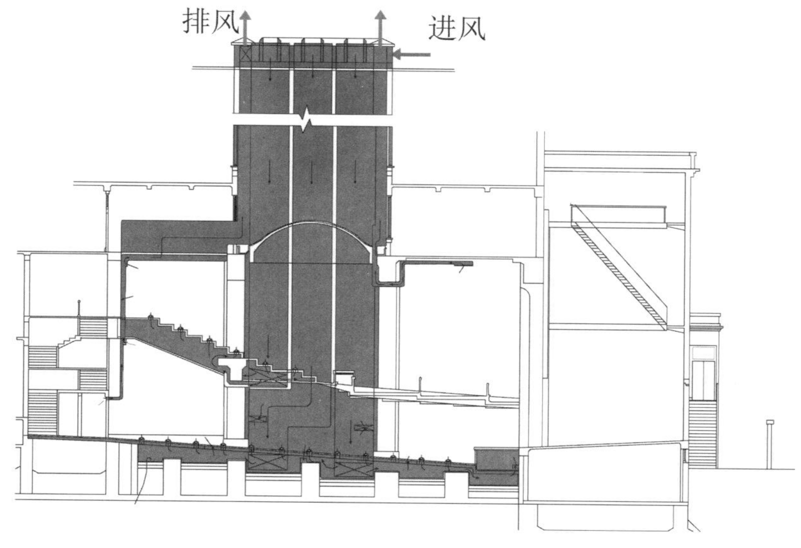

图 3-40　光陆大楼通风剖面示意图

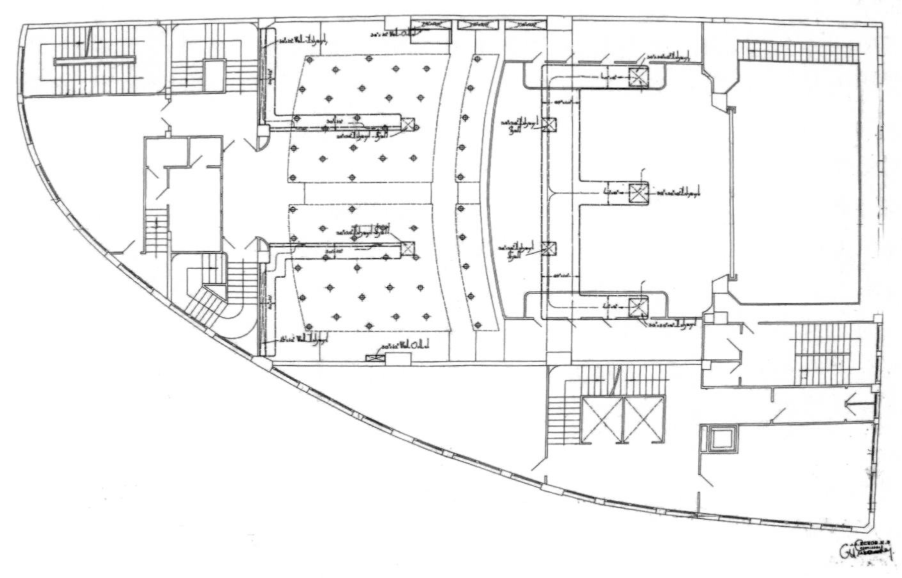

图 3-41　光陆大楼电影院通风二层看台平面图

对于其空调通风系统，从《字林西报》报道中描述的详细程度来看，也很可能是在同类建筑中的首次使用：

剧场部分的加热和换气是通过一个组合系统，机器设在建筑屋顶上特别设计的房间中。新鲜空气从建筑的顶部引入，这里将喷水与引入空气结合，从而消除所有的杂质、灰尘、脏东西和气味，此后再进入除湿器，使得空气变得既纯净又干燥。鼓风机使处理过的空气进入特别设计的风管而后到达剧场，而后穿过座椅下面安装的栅栏（送风帽）到达地板。冬天，空气进入风管之前首先经过加热机组，空气能够被限定在任何希望的温度；夏天，这一系统同样可以对空气降温。同时，污浊的空气会被抽回到屋顶，或者排到大气中，或者重新循环。①

整个剧场座位区上下层座位下共布置了 150 只送风帽（下层 96 只，上层 54 只），使得新鲜空气可以均匀分散到观众区，通风效果非常好。如图 3-41、图 3-42 所示。

光陆大楼在进行平面设计时，也充分考虑到了结合设备管道走向问题，因此在卫生间的排布上尽量使卫生间靠近外墙或内天井，这样一方面使得卫生间采光和通风良好，同时这样排水立管就可以依附在外立面或内天井上。而排水系统从卫生上考虑采用了

① 字林西报.1928-2-8(7).

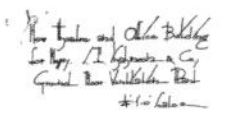

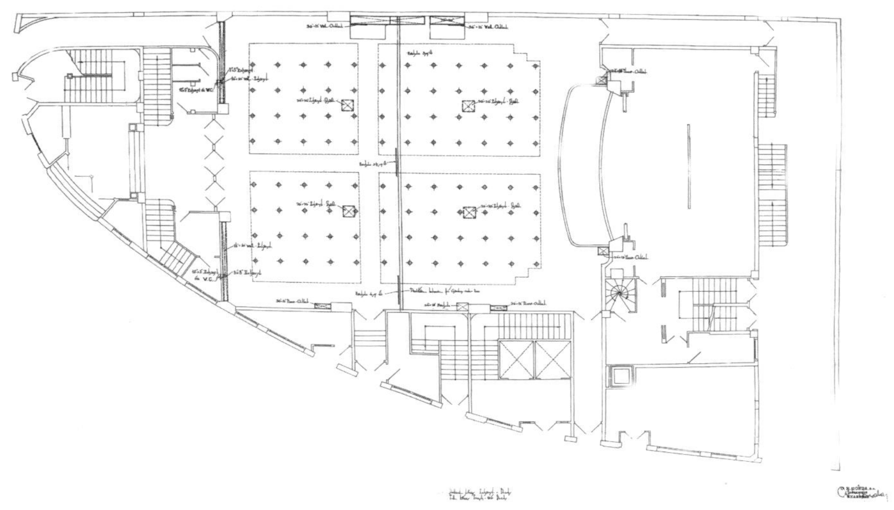

图 3-42　光陆大楼电影院通风一层看台平面图

器具通气排水系统，标准非常高。图 3-43 所示每个卫生器具都设器具通气管，这样的噪音小，通气效果最好，但工艺复杂，造价最高，只适用于高档的建筑。即使在现代，也是标准非常高的系统，由于每个器具上都需要通气，因此每个马桶上都有两个出口，一个用于排泄污物，一个用于排气。这样的马桶目前已经没有生产了，可见当时工部局对于建筑设备卫生的重视。

光陆大楼作为早期的影剧院类综合建筑，其结合建筑构造，把通风换气设备（管道）变成为建筑空间有机部分的建筑设计方法，为后期剧院建筑提供了有益借鉴，在上海建筑设计技术史上因有自己的特点而应该被书写。

2）大光明大戏院

1933 年，匈牙利建筑师邬达克设计重建的大光明大戏院（现在为大光明电影院）（图 3-44）竣工。其占地 4016 平方米，建筑面积 6249.5 平方米，是亚洲第一座宽银幕电影院和立体声电影院，凭借着自身豪华的设施成为远东第一影院。这座三层的建筑为钢筋混凝土框架结构。由林世诰洋行承担结构工程设计，英商东方铁厂承担设备工程。

建筑师将观众厅平行基地长轴设计成钟形，观众席上下两层共 2016 个软座，呈同心圆排列，在保证空间舒适的同时，追求营业面积最大化。一、二两层的休息厅则呈腰果形，通过两部直跑大楼梯与门厅相连，两侧墙体、墙面装饰及天花都设计成流畅的曲线形，门厅与休息厅连成整体，不仅临街面窄用地局促的难题迎刃而解，还创造出一个

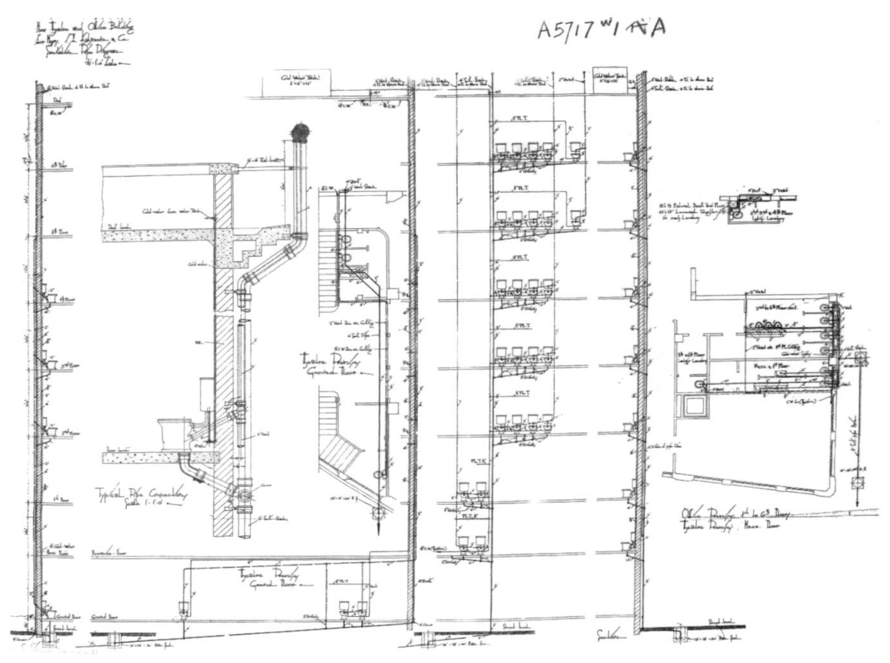

图 3-43　光陆大楼给排水系统及大样图

图 3-44　大光明电影院

舒适、动感的独特空间。

该影院室内外均为现代装饰艺术风格。在这座建筑中，建筑设备不仅满足对功能的需求，又与建筑风格呼应，成为建筑风格的重要体现部分。沿街立面横竖线条与体块交错，墙面饰以浅黄色拉毛粉刷。入口为高大的铬合金钢框玻璃门，两侧墙面贴黑色大理石。入口上方为乳白色玻璃雨篷，其上由大面积玻璃长窗构成强烈的竖线条，一个方形半透明玻璃灯柱高达 30.5 米，在夜晚光彩夺目，颇具招揽性。整个立面错落有致，线条流畅，对比强烈，色彩明快，极富现代气息。而室内灯光设计采用了暗藏灯带的形式，与外立面进行呼应，灯光设计此时已经成为商业广告宣传中的重要手段。如图 4-45 所示。

建筑的空调采用了开利（Carrier），空调设备

图 3-45　大光明电影院室内灯光设计

的费用占到了施工总成本的设计 25%，[①]冷气用喷射式送风，无风口、无噪声，而且大光明电影院的冷气是全上海电影院中最冷的[②]。

大光明的卫生设备设计的标准也很高，所有的卫生设备都设有通气管(马桶装设 2 寸通气管，洗脸盆装设 1.5 寸通气管)，即使只有一层的卫生设备也会将通气管通向三层的屋顶。由于用地的复杂性，原有一根 6 寸的管道横穿整个电影院的基础，为了保证使用安全，防止渗漏，施工中特意为这个管道增设了检查井，其构造非常独特，如图 3-46 所示。

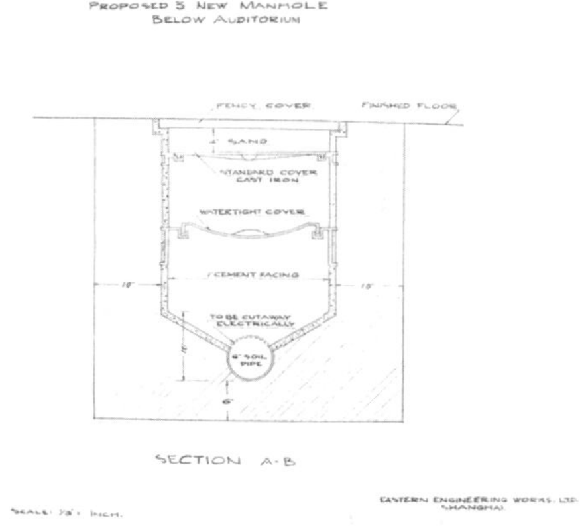

图 3-46　大光明电影院窨井

3）百乐门舞厅

与大光明同期建造的百乐门舞厅也是上海著名的娱乐建筑。1932 年，中国商人顾联承投资七十万两白银，购静安寺地营建 Paramount Hall，并以谐音取名“百乐门”，由杨锡镠建筑师设计。整个建筑除了舞厅功能外，还在沿豫园路方面底层设计为店面，二层以上为旅馆，西向处另开设旅馆部大门，以利顾客之出入。

---

① (意)卢卡·彭切里，(匈)尤莉亚·切伊迪.邬达克[M].华霞虹，乔争月，译.上海：同济大学出版社，2013：166.

② 张绪谔.乱世风华：20 世纪 40 年代上海生活与娱乐的回忆[M].上海：上海人民出版社，2009：100.

图 3-47 百乐门舞厅室外灯光效果

在建筑技术上，除了慎昌洋行设计的钢构件大舞厅外，设备也非常有特点。该屋机械设备上，共分冷气、暖气、卫生、冷藏及电灯数项。因经济关系，将冷气及暖气用合并式，利用同一之机械及气管，由屋顶进气，而由地板下出气。因是项关系，遂于设计全部构造及内部装饰时，均先留出适当位置，以容纳该巨大通气用管，而不使其显露，有碍观瞻。此外暗灯之装置，总电线总水管之位址，与夫总电表间电话接线间，皆就各该管公司等之便利，及服务上之最高效率，为以布置及设计之标准焉。①

百乐门的灯光设计也是非常有特色，外立面结合建筑线条构成的泛光照明和玻璃灯塔在夜晚打造出灿烂的夜景，见图 3-47，并有诗盛赞：

月明星稀，灯光如练……吾爱此天上人间。②

其效果及灯光构造做法见图示。其室内的灯光设计也呼应着 ART DECO 的建筑风格特点，流线型的建筑灯具造型设计，灯光与建筑装饰的结合，构造出一种宫殿的效果，使得舞厅成为欢愉的海洋，具体见图 3-48 所示。

百乐门的电气安装由中国联合工程公司施工，舞厅所装电器总配电盘、舞灯变色机、灯塔内电光自动变色机，招呼汽车之电灯号码机均由国产的华生电器厂提供。水暖卫生工程安装由荣德水电工程施工；水暖器材为美标牌，③由慎昌洋行提供；空调设备由约克(York)洋行承担。

4）妇产医院

开埠后，西方医学传入，始有西医诊所，医院之设。辛亥革命后，医疗事业发展较快，至民国 25 年(1936 年)上海有医院 108 所，病床 9000 余张。④ 上海成为西方医学在中国传播的窗口。医院建筑也是与卫生设备关系最密切的建筑类型之一，设备的安装

---

① 百乐门之崛起. 中国建筑第二卷第一期. 1934:3.

② 同上，6.

③ 1929 年，American Radiator Company 又与 The Standard Sanitary Manufacturing Company 合并。在之后的 18 年里，该公司就一直以 American Radiator & Standard Sanitary Corporation 为名。直到 1984 年，大众都习惯性的将其名缩短为美标(American-Standard)，于是公司也开始以美标(American-Standard)命名自己。

④ 上海卫生志编纂委员会. 上海卫生志[M]. 上海：上海社会科学院出版社，1998:3.

对于医疗功能的实现起到关键的作用。

妇产医院位于大西路忆定盘路之西(图 3-49),由庄俊建筑师设计及监工。民国 23 年(1934 年)五月开工,至二十四年(1935 年)一月落成,高六层,长八十六英尺,深四十一英尺,建筑面积约四千平方英尺。钢筋混凝土结构。第一层中央为门廊及大客厅,左为厨房餐室及锅炉房等,右为事务室、问诊室、检察室、药房化验及陈列室等。二层及三层中为过道,两旁为病室,每病室各有浴室或厕所,这样非常便于洁净,设施的配备标准很高。第四层出了左首仍为病室外,右为生产室、手术室、消毒室、麻药室及婴儿室等。五层为藏书室,六层为机器间。

图 3-48 百乐门舞厅室内灯光设计

考虑到上海冬夏悬殊的气候特征及医院各个房间对气温要求的不同性,设计假定室外气温为华氏三十度,医院普通房间温度须为七十度,手术室及生产间为九十度,婴儿房妇产科诊疗室及各处浴室为八十度。因此,可以将底层锅炉房上升的热气,先传导到需要较高温度的室内,而以次渐及其他各处。在屋面和外墙保温设计上,将外墙用十英寸空心砖封砌,外敷石块或面砖;屋顶用十英寸空心砖,上盖油毛毡及其他避水不漏的材料。同时为了减少热损失,隔墙也采用七英寸或三英寸的空心砖。并且水汀在穿过各个房间时,管道明露安装,也可以使得房间获得热量。①

图 3-49 定西路妇产医院

在交通和疏散上,大厦根据医用功能,每层除大楼梯两座外,另有升降机一座,送膳机一座,以载病人及送膳食至各层之用。可在七分半的时间里,将全院产妇三十六人、婴儿三十六个及各层医务护理行政人员五十四人迅速撤离。升降机宽 1.6 米,深 2.5 米,高 2.1 米,考虑可以将整个病床推入,并且还有医生和监护人员站立之位。机门为推拉双页式,无缝钢板制作,用以防火。电梯可载重七百公斤,速度为每分钟行 38 米,从平地到屋顶,只需半分钟,因速度不能增加,以免震动孕妇。机箱里配备通风扇,指示表用灯光表示,安装于门的右侧。

---

① 妇产医院之建筑.中国建筑第三卷第五期. 1935:23.

电气设计上，每层设电器保险箱一个，当楼层发生电气故障时，不影响其他层的使用。在灯光设计上，为了光线均匀，手术室放在北面，玻璃采用磨砂，室内采用无影灯。化验间对视力要求也很高，因此也放在北面。其他房间根据对于光线的要求来进行布置，电气设备均依据最新方法装置，如病室一按开关，在另一处号闸显示外，室门上亦有电灯发光，可一望知何室所唤也。[①] 地灯装在走廊甬道扶梯转弯处，及婴儿房与无光室内，距地 0.4 米，备夜晚九点后使用，以免室内顶光的映射。

此外，为了防止油烟的产生，厨房和调任室采用电气灶烹饪，并配备冰箱。送膳机宽 0.9 米，深 0.75 米，高 0.9 米，分两层，通过电铃呼唤。

在给排水设计上，六层机电间与水箱间完全隔离。六层水箱有两个，容积为各八百加仑，在遇到水压不足或停水时，可供全院一日使用。医院冷热水供应齐全，并装设有暖气系统，包括楼梯及走廊部分。暖气管采用明装，冷热水管也多采用明装，每隔一段装有开关，每层共四个。其他手术室、消毒间、生产室均根据功能配备相应的给排水设备。

与外界联系的电话分三线，院内分机为十四座，有五条线装在病室里，院内之间的相互通话须电话间转接。以上设施见图 3-50 所示。

房屋工程由长记营造厂承包，亚洲合记机器公司装置暖气及卫生设备，振泰电气公司装置电气设备，怡和机器公司装设升降机及送膳机。礼和洋行装置消毒设备。卫生器皿由恒大洋行经售之科勒(Kohler)出品。

由于建筑设备的支撑，医院已经完全现代化，适应了社会发展的需求。

3.2.5 建筑设备的地域特征

根据以上对于上海近代建筑设备发展主要事件的梳理，并综合各种影响因素，形成附录中的“上海近代建筑设备演进表”，从中可以看出上海近代建筑设备发展的基本脉络，并根据表中事件发生的频率与年代的关系，统计如下图 3-51 所示。

由此可以看出上海近代建筑设备发展的两次高峰出现在 19 世纪 80 年代及 20 世纪二三十年代。19 世纪 80 年代上海各种市政设施集中出现，对于社会和建筑发展的推动是巨大的。而 20 世纪二三十年代不仅是上海社会高速发展时期，也是上海建筑发展的高潮，特别是 20 世纪 30 年代前半期，是上海建筑发展的高峰，也是上海建筑设备发展的高峰，建筑设备的发展与建筑的发展基本同步。

---

① 妇产建筑设计概况. 中国建筑第三卷第五期. 1935:28.

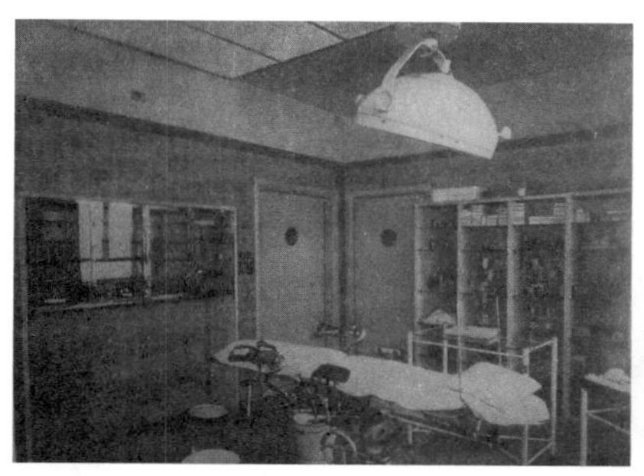

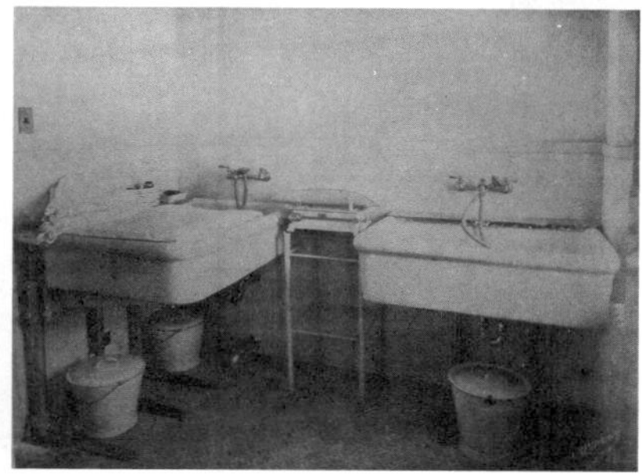

图 3-50　定西路妇产医院各种设备房间

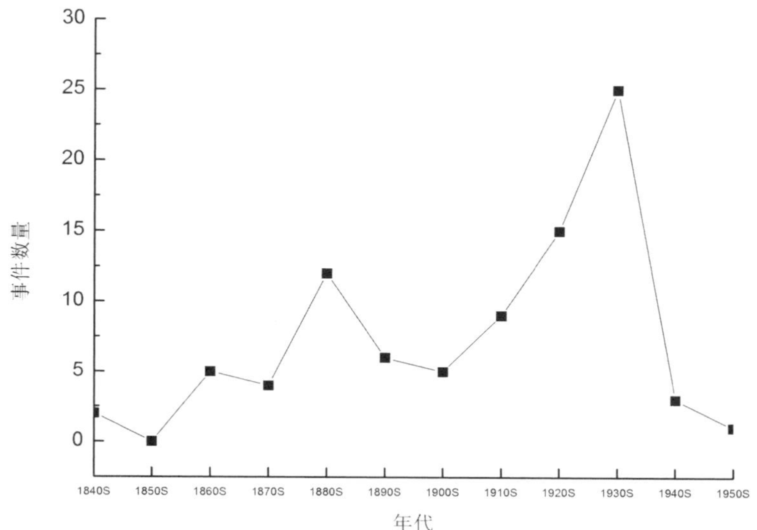

图 3-51　上海近代建筑设备演进事件频率图

综上所述，上海近代建筑设备发展主要有以下几个方面的特点。

1）引进和学习西方先进技术为主

开埠后，上海新的建筑形式和技术主要引进为主，包括外观、平面布置、结构和设备设计更甚。上海建筑在从传统或古典向现代形式发展的过程中，一方面是建筑风格的变化，另一方面就是各种设备、包括设备空间在建筑中的不断添加。从披着古典外衣的汇丰银行将建筑设备房（锅炉房）置放在主楼后面单独建设，到而后的中国银行不仅外立面开始简化，而且开始将设备间整合放在了建筑的地下室。建筑设备及其占用空间的考虑已经成为建筑设计不可缺少的一部分。

在 20 世纪二三十年代上海建筑普遍追求摩登化、高层化，这时上海的建筑思潮及技术主要还是受到美国的影响。沙利文提出的"形势追随功能"的主张和早期高层办公楼典型的功能布局形式：

（1）地下室包括锅炉、动力等各项机械设备。

（2）底层主要用于商店、银行等其他服务设施，内部空间宽敞、光线足、出入方便。

（3）二层有直通楼梯与底层联系，以延续底层功能，楼上空间分隔自由。

（4）二层以上作相同的办公室。

（5）顶层作设备层等。①

可以看出高层建筑的技术要点主要也在处置建筑设备的布置问题，电梯的引入、卫生间的排布、管道井、设备间、水箱、锅炉房等的问题都需要在建筑设计中进行解决。一般情况下，地下室设锅炉房、水泵房，屋顶设水箱间、机电房，这样的布置也成为上海建筑设计的通则。

美国高层建筑对上海高层建筑发展的影响是巨大的，可以从纽约的公寓住宅平面与上海公寓住宅平面的比较看，几乎无差别。而大量的建筑设备，特别是电梯、空调、暖气等还主要是从美国进口，包括使用暖气片采暖的方式都是从美国借鉴的。从沙逊大厦、汉弥尔顿大厦到百老汇大厦这些高层建筑中都可以看出这种特点。

关于民族性或中国色彩的探索更多地聚集在建筑物的外立面、屋面及装饰上，而不管建筑是不是需要有中国风格的表达，建筑的平面布置也都还是现代的、设备都是现代的。建筑设备作为一种新引入的建筑技术，成为上海近代建筑必要的功能组成部分。

2）成为上海住宅演变最重要因素

建筑设备的加入，改变了传统上海住宅的居住特点，卫生间的出现和设置成为住宅演变的主要因素。一开始，中国传统式住宅只有客房厢房和余屋，并无卫生间。随着市政给排水系统的完善，室内卫生间开始在里弄出现，而后发展到多个卫生间，这也导致

① 罗小未等．外国近现代建筑史[M]．北京：中国建筑工业出版社，2004：42．

了里弄类型的转变。新式里弄住宅吸引房客的重要原因，还在于其与老式石库门住宅的另一个巨大差异，即具备了合乎现代文明生活方式的家居设施。[①] 现代式的住宅中起居室、餐厅、厨房、浴室和佣人间样样俱全，功能划分上越来越细致。

居住建筑的演变，既有传统中国民居演变从旧里弄到新里弄的这条线索，也有引入新的居住形式，比如公寓为另一条线索。设备对住宅发展的影响最为明显，给排水设备的引入，卫生间、锅炉间的加入引起了建筑平面的变化，室内卫生间的排布带来了与以往完全不同的新平面形式，才使得住宅的现代化得到了实现。卫生间的数量及配置同时也引起了居住等级的区别，卫生间成为居住品质的标志，同时也改变了人的生活习惯和卫生习惯，朝文明更进一步。

3）因地制宜的环境控制方式

作为夏热冬冷地区，西方的建筑技术在进入上海后也因地制宜地进行了主动适应，从东南亚流传过来的外廊式建筑形式很快发生变化：适应炎热气候的外廊、外阳台逐渐消失，建筑开始强调保温和隔热的维护结构方式，落地窗减少，开窗的面积变小。同时为了加强顶层通风，建筑中采用了老虎窗的通风形式。

根据上海夏季湿热的气候特点，建筑采用首层地板抬高并加设通风窗的方式（图3-52），加强底层通风效果并防止湿气；上海初夏潮湿，使用马赛克地面可防止打滑，这也是当时上海建筑大面积使用马赛克地面的原因；最初由于电力照明系统并不发达并且昂贵，通过增加屋顶与天花的高度可以增加室内采光和通风散热效果，因此一开始，建筑的层高都很高，一般都有4.5米左右；在构造上，建筑通过增加墙体的厚度，采用空心砌块的方法来增加墙体的热阻，达到保温的效果。这些都是积极的被动式的环境控制方法。

图3-52　建筑首层抬高增加气窗

同时，由于照明和通风技术的局限，当时建筑的平面还不能完全自由扩展，因此在大体量的建筑中，需要通过设置中庭或天井来补充采光，并以此来加强通风。这种设置中庭或天井的方法成为上海近代建筑中普遍的做法。1922年落成的外滩怡泰大楼，屋顶平坦，下面有个很深的通风天井，与通风管道连接，在通风管道里装有排气扇使空气流通，以保证上面的楼层夏季凉爽。在有些建筑中，比如，外滩汇丰银行、和平饭店等

① 郭正奇．上海里弄住宅的社会生产：城市菁英及中产阶级之城郊宅地的形成．透视老上海[M]．上海：上海社会科学院出版社，2004：280.

会并通过中厅大的玻璃顶棚既补充光线，又起到了全天候的使用功能，这样的布局形式一直延续到20世纪30年代。

图3-53　当时建筑常见木结构的楼板

在建筑设备技术上，上海地下水资源丰富，建筑自己取水可以降低造价。因此大型的建筑都因地制宜采用自流井来解决水源问题，空调设备冷却也会采用摄氏19度以下的深井水，并通过干燥剂吸收空气中的湿气，有效降低室内的湿度。在深井水冷却不足的时候，可以通过阿莫尼亚（氨）压缩式冷冻机来补充冷却。

尽管上海冬季寒冷，但不经常在零度以下，因此也为排水立管可以布置在建筑外墙上提供了气候保障，这也是为了解决当时建筑楼层构造技术还不够成熟（大量木结构的楼板）。如图3-53所示，地面防水难于处理，同时多次管道穿越容易产生渗漏问题的办法。

在防火上，上海的建筑设计非常注重防火设计，一方面从法规设计上对防火设计进行规范，同时从构造上进行防御。比如，永安公司大楼的旅舍和娱乐室与百货公司之间用防火墙和混凝土层完全隔开，防火墙的开启处用自动装甲门保护。同时，有完善的消防设备，底楼有27000升水箱，由电动泵提供动力。①

在采暖上，上海依据自身的气候特点，虽然采用了暖气供暖的方式，但并没有采取如纽约等城市区域集中供暖形式，而是每幢建筑采用单独的供暖系统，单独设置锅炉，机械供暖由泵提供动力。这样的设置非常灵活，便于控制，也减少集中供热所带来的热损耗，非常适合当时上海的实际情况。

但与此同时，设备技术的发展也给上海的建筑发展带来了新的问题。沈理源在其编译的《西洋建筑史》后记中指出：

19世纪为科学大昌明之时期也，前人所未见之物而今俱次发明，人类生活日新月异……因此种种发展而近代建筑乃日趋复杂矣。前代建筑往往受地理地质等影响，今则无关要矣。盖以交通便利各地材料运输甚易，就地取材已经成为过去名词，故不受地理之影响且因利用人工制造之材料因地质之影响亦微，虽气候之影响于建筑尚保持原状，如门窗大小屋顶高低烟突设置无甚差别，但因蒸汽和最近冷气之发明以及各种隔热材料之应用，其关系亦甚微细也。②

---

① 华一民.浅述永安公司建筑特色.都会遗踪：沪城往昔追忆[M].上海：上海书画出版社，2011：100.

② 抗战期间，沈理源根据弗莱彻《世界建筑史》编译了《西洋建筑史》，未正式出版。

可见科技的发展，使得建筑差异性减少。到了 20 世纪 30 年代后期，由于建筑设备技术特别是照明和通风空调技术的发展，电力机械成本也不断降低，使得室内的物理环境、照明环境和体感环境都可以摆脱自然外界条件的制约，建筑设计因此而获得自由。这一点在上海后期建造的高层建筑中，比如，四行储蓄会大厦和大新百货等的建筑设计中体现出来：建筑的层高、开窗的面积、进深等都不受自然条件的约束；建筑在设备的支持下获得了发展自由：建筑物就无需依赖层高来增加采光面积，也无须依赖天井进行采光通风，建筑有效面积增加。图 3-54 所示为上海建筑平面布局的变化，天井已经开始消失。建筑的层高可以降低到 3.5 米左右，节约了建筑的成本。但这也使得上海建筑对环境适应的地域性和差异性变得越来越少，国际样式成为通货。这不仅是上海近代建筑发展过程中的现象，也是现代建筑技术发展特别是设备技术发展后，在世界各地传播流行开来所带来的普遍后果。

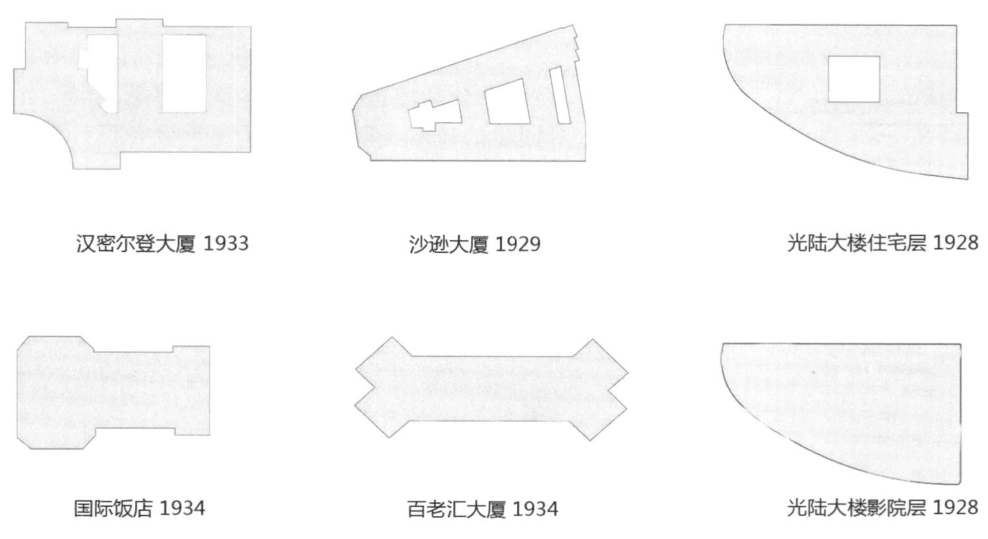

图 3-54　上海建筑平面布局的变化

4）先进的设备技术

上海近代建筑和建筑技术的发展时期，恰好也是世界建筑和技术更新发展的大时代，西方的设备厂家都将上海看成远东地区最大的市场，借以辐射到整个远东地区。因此西方先进的设备技术一出现，很快就会引入到上海。理查饭店在清末就开始有制冰机；1908 年开张的汇中饭店，装设有被认为是当时最先进的 Otis 电梯。再以照明技术为例，从煤气灯到电灯，再到霓虹灯和荧光灯，上海照明技术的引入和该种灯具发明时间间隔得越来越短。新的设备技术在西方发明后，上海就会很快地实践和掌握。

特别是20世纪20年代后，上海高层建筑出现，设备和结构技术成为其实现的关键技术。当时最快速、最高的电梯出现在四行储蓄会大厦中，这种电梯与纽约帝国大厦是同型号的。中国最早的自动扶梯安装在大新公司商场里，最先进的影院空调系统敷设在大光明电影院里，等等。以消防设备中的自动喷淋系统为例，在清末被引入上海，首先在棉纺厂、面粉厂里应用，而后开始在商业建筑裙房商店密集的部位，比如在和平饭店底层的使用，以保证商业空间的安全性。随着高层建筑的发展，高层建筑上部空间的消防安全成为新的问题，在消火栓的水压及消防车的保护高度都不能满足的情况下，高层建筑的上部空间也开始引入了自动喷淋设备，如汉密尔顿大厦等建筑里，消火栓和自动喷淋结合的保护方式使得建筑的安全性得到进一步的提升。尔后四行储蓄大厦成为当时乃至远东地区最高的建筑，自动喷淋系统开始全面覆盖整个建筑，使其防火安全性能得到了最大的提升，四行储蓄大厦也成为中国第一个自动喷淋系统全覆盖的民用建筑。

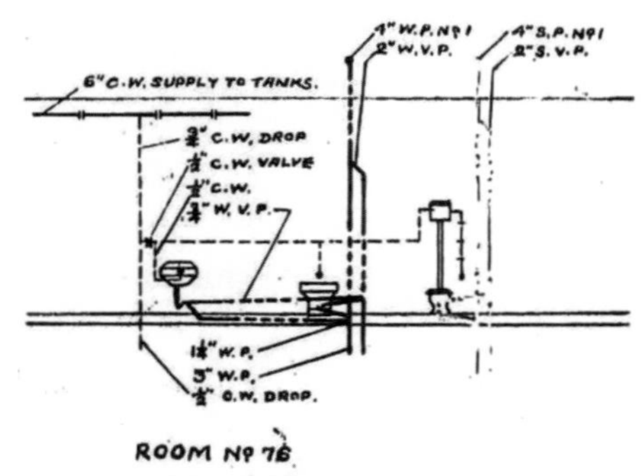

图 3-55　器具通气的做法

上海的高层设备系统采用分区供给的方法，并分功能进行给排水，这些都是当时与世界同步的技术手段。形成了建筑设备设计与建筑设计结合的方法：卫生间和设备间的布置与建筑的结合，设备管道布置与天井、墙，柱及装修的结合等，使得设备设计不仅仅是设备系统本身，也成为建筑设计的一部分，更成为商业气氛和室内环境表现的重要手段。在很短的时间里，上海实现和掌握了从普通里弄到高层建筑复杂的设备系统的安装技术。

5）高标准的卫生要求

从对上海近代建筑设备系统的分析来看，当时对建筑卫生的要求非常高，甚至放在当下都是非常先进的。排水系统采用排污与排气分开的双管系统，一般都有专用的通气管，并用多种方式进行通气：环形通气管、包括花费最高器具通气排水系统，如图3-55所示。每个排水器具都专门连接专用通气管，不仅更加卫生，而且噪音小；卫生标准最高，但花费较大。当时马桶上都有两个出口如图3-56所示，一个用于排泄污物，一个用于排气。

图 3-56　当时双出口马桶样式

图 3-57　排水立管安装室外化

此外，在很多建筑里，包括部分里弄住宅，生活给水和卫生间马桶的冲洗给水分开供应。与此对应，排水系统中生活污水和马桶的污水也是分成单独的系统、分开排出。这样的卫生标准和观念是非常先进的。

建筑的排水立管一般安装在室外墙壁上，图 3-57 所示。这既是从环境和建筑构造方面的适应，另一方面也是从卫生安全角度考虑，减少在管道在室内渗漏的可能性。

6）作为装饰、情感和身份要素

建筑设备不仅具有环境控制的功能，在商业社会中，又成为装饰及情感的要素。照明技术的发展，使得灯光设计成为表现城市繁荣、建筑物风格的重要元素。以百乐门舞厅为例，其顶灯、光带、室外照明一体化的设计，都体现出一种欢娱、热烈的 Art Deco 的风格，成为室内外最瞩目的视觉焦点，营造出浓郁的商业气氛。

壁炉是最早从西方引入的取暖设备，在经历了火炉采暖、热水系统采暖，包括电采暖等各种采暖方式在上海的应用后，依旧还出现在上海各种建筑中，这说明其实用功能退化后，逐渐发展成为一种建筑的装饰部件，并具有情感功能，与上海城市文化融合，成为海派文化的象征物之一。

与此同时，建筑设备的安装和使用更成为建筑身份及居住等级划分的最重要的依据。霍塞在《出卖上海滩》中指出了 20 世纪 30 年代上海居住时尚的转变：

(原先)的白种人大都住在海格路、虹桥路、静安寺路或大西路上，大班阶层大都在这些地段有着别墅或花园。不过这时，大部分的上海先生们都已经移居于近几年所新造的大厦公寓里边。这种公寓，有几所就在市中心附近，租价既是很便宜进出又相当便当，而设备上也很完全。里面的窗户很大，所以阳光和空气也很充足，里面并有着电冰箱，电风扇等装置。[①]

这里指出了公寓与普通住宅不同：有电梯、有暖气，房间内部有柚木家具、云母石壁炉台、挂衣壁橱、浴盆、电灶和冰箱，租价包括房间暖气冷热水等费用，外加房间数目相同，则比新式里弄房屋约贵一二倍。[②] 在房屋租赁广中也越来越强调设备的因素，拥有水电煤卫的建筑被认为是现代的，其租赁价格自然是昂贵的。据统计，1937 年，建筑设备设施齐全的培恩公寓月租 75～350 元，爱棠公寓月租 175～250 元，盖司康公寓月租

① (美)霍塞著. 越裔译. 出卖上海滩[M]. 上海：上海书店出版社，2000：184.

② 屠诗聘. 上海市大观(1948 年)稀见上海史志资料丛书 2[M]. 邢建榕整理. 上海：上海书店出版社，2012：524-525.

85～130元。[①] 以上价格远远超过当时一般职员的收入和经济能力，大概也只有张爱玲等知名作家或高级职员才有足够的经济实力来负担。

建筑设备的加入，不仅使得居住的成本产生巨大的差距，更成为建筑和居住身份的标志。作为当时最重要的西方引入器物，建筑设备是"摩登"表达的重要技术手段。

3.3 建筑设备设计主体和项目契约

随着各种设备大量装配建筑并成为建筑中不可缺少的组成部分，不仅改变了建筑工程造价的构成，也促生了建筑设计工种的分化，这一系列的变化成为上海建筑现代转型的重要组成部分。

3.3.1 建筑设备工程师角色及表达

1) 设备工程师的角色

早期水电设备进入建筑内部，由于管线比较简单，并没有专门的图纸设计，而是由建筑师及业主提出总体要求，自来水公司、自来火公司或租界电气处会派人来按照要求进行灯具、电线及水管路的安装。随着建筑复杂程度的增加，首先结构设计成为专业化程度很高的技术工作，建筑师无法完成，结构设计逐渐独立出来成为一个工种，结构工程师由此独立出现。民国十八年(1929年)，汤景贤创办了泰康行，专门从事结构设计，本人也成为上海著名的结构设计专家。[②] 另一方面，建筑逐渐复杂的设备系统，如，采暖、电气等也需要进行计算，建筑师也无法胜任，设备工程师因此作为一种职业也慢慢浮出水面。但对于大多数的小型项目来说，基本没有设备图纸，只有建筑图纸，甚至都没有结构图纸，全凭营造厂的经验施工。[③] 总的来说，设备设计是在有结构设计之后(也就是复杂的钢结构或钢筋混凝土建筑出现后)才开始有的工种。

具体一个项目来说，设备设计大致可以分为以下几种情况：

(1) 由负责本项目建筑设计的建筑设计公司来设计。这样的项目一般都较大，而且建筑设计公司规模都比较大，综合实力强，有专门的结构、设备工程师服务。

(2) 由建筑师或业主委托独立的水电工程行或冷气工程行来设计。当时稍大型的水电工程行都有会设计的设备工程师，水暖工程师当时被称为卫生工程师，此时已经开始出现独立的专做设备设计的事务所。

---

① 中国人民政协会议上海委员会. 旧上海的房地产经营[M]. 上海：上海人民出版社，1990：64.

② 上海建筑施工志编纂委员会. 上海建筑施工志[M]. 上海：上海社会科学院出版社，1997：482.

③ 2013年5月7日在傅信祁先生家中访谈，其回忆解放前自己和别人创办的建筑工程司的工作情形。傅信祁(1919—)：同济大学建筑城规学院教授，1947年毕业于同济大学工学院。

(3) 由建筑师或业主委托进行设备施工的单位来进行设计。建筑师在掌握了一定的建筑设备知识,并备有大量产品目录供临时查阅。设计过程中向设备制造商或设备工程承包商提交工作图技术要求,由承包商完成设备专业施工图设计,再呈送建筑师审核方可付诸实施。[①] 这种情况也比较多。

(4) 由建筑设备供应商设计。复杂的机电,比如,空调或电梯,则由产品的供应者提供方案,建筑师提供和规划空间,设备工程师提供电力或水力支援。

从这些情况来看,已经和当今的设计过程并没有太大的区别。在以上过程中,建筑师具有绝对权威性,在建设过程中具有独立的话语权与决策权。他既可以自行进行设备设计,也可推荐设备设计的单位,对设备设计的全过程进行控制,甚至设备设计合同也是建筑师起草和主导。这也是根据当时对建筑师职业的规范来决定的。[②] 建筑师除了设计工作外,还应指导施工,监督工程进度及施工质量,以及检查承揽人工作成果并批准其领取工程款等诸多职责。建筑师作为具备专业知识的独立第三方加入建筑活动并承担居中协调功能,既负责拟定具有法律约束力的专业建筑工程合同文本,又负责监督和保障当事双方依照合同约定履行各自义务。[③]

1929 年南京国民政府颁布了《技师登记法》,标志着中国的建筑师、工程师正式的职业化。技师登记法在 1929 年 6 月 8 日在立法院通过,6 月 28 日公布,[④]10 月 10 日实施。该法将技师分为三种:农业技师、工业技师、矿业技师,当时工业技师中与建筑设备工种有关的是土木科、电气科、机械科,而卫生工程技师是后来在上海首先增设的,然后再普及到全国。

技师的条件(以下条件之一者):

① 在国内外大学或高等专门学校专门学科三年以上得有毕业证书,并有两年以上之实际经验,并有证明书。

② 会经考试合格者。

③ 有改良制造或发明成绩或关于专门学科之著作经验经审查合格者。

技副的条件:

① 在国内外中等职业学校及其同等学校修习农工矿专科三年毕业并有五年以上之实习经验得有证明者。

② 办理农工矿技术事项负有专责在八年以上确著成绩得有证明者。

---

① 李海清.中国建筑现代转型[M].南京:东南大学出版社,2004:243.

② 《建筑师业务规则》、《中国建筑师学会公守戒约》.中国建筑师学会.1928 年 6 月。

③ 钱海平.以《中国建筑》与《建筑月刊》为资料源的中国建筑现代化进程研究[D].浙江大学博士论文.,2006:111.

④ 立法院公报 1929(7)。

根据国家技师登记法第十三条及农工矿技副登记条例第七条规定，民国二十一年(1932年)九月二十九日上海市政府颁布施行了上海市政府技师、技副呈报开业规则。[①]建筑师、工程师呈报开业应填呈报表两张连同技师证书送工务局请领开业证明书。[②]

开业规则按照其科别指定了专门的主管机构：其中公务局主管土木科、建筑科、测量科和道路科；公用局主管电气科和机械科，当时还没有卫生工程科。而当时仅土木和建筑科登记的技师就有124人，其中范文照、文脱司(通和洋行)、李德(土木)、奚福泉、邬达克、穆拉(土木)、李锦沛、陆谦受、庄俊、罗邦杰、柳士英、赵深、董大酉、杨宽麟等都位列其中，涵盖了在上海执业的主要建筑师。技副65人(包括建筑、土木和建筑绘图)，并有卫生工程科、电气科、机械科。在其行业里工程经验满足5年以上得有证明书后再行声明登记。[③]

上海市府在1932年向国民政府实业部提出关于办理技师、技副呈报开业一案拟特立给水科的请示被认为“给水工程系属土木科之一部分似无特立一科之必要”[④]而驳回。而后上海市公用局将给水科改名为卫生工程科再向中央实业部申报，在1934年1月获得了批准。中央实业部并将上海的经验向全国其他各地推行：

根据案准上海市政府咨据公用局呈请核卫生工程科技师技副登记范围，及水管商可否申请登记卫生工程科技师技副等情，各省可以参照。[⑤]

各种设备工程师：卫生工程师，机械(暖通制冷)工程师和电气工程师须登记，经上海公用局批准，才可以开业，职称分为技师和技副两种。1934—1937年登记批准的卫生工程科技师有：克而采；技副有：吴幕商、王培清、托白、甘治、骆民孚、骆慕英、泼老兰脱、戈德曼等。其中戈德曼和泼老兰脱系英国伦敦卫生工程师学会(the Institution of Sanitary Engineers)副会员(Associate Member)该级会员资格，经呈奉认为与技副等级条例第一条规定之学历相当。[⑥]

资格认定相对比较严格，如实业部通知工字第15432号(民国二十五年四月十五日)认为葛益炽“已经登记为机械科工业技师已经可以兼行办理关于机械部分之卫生工程业务，因此未便再准登记为卫生工程科技师并将其费银退还”。[⑦]

1932—1937年开始登记的电气科工业技师为：崔华东、方子卫、徐嘉元等41人。

中国第一代的水暖设备工程师基本都出现在上海。在1949年以前，较有名的在上

① 上海市技师技副营造厂登记名录.[出版者不详]，1933：3.

② 上海工务局概况.上海工务局.1931年9月。

③ 实业公报.1936(283)。

④ 实业公报.1932(97-98)。

⑤ 实业公报.1934(161-162)。

⑥ 实业部通知工字第一七一五四号.1936年9月23日；工字第一八二九三号.1936年12月26日。

⑦ 实业公报.1936(276)。

海市公用局开业的卫生技师还有：陆南熙、王士良、朱樹怡、赵忠遂、王锦云、王宝生、颜亚璋、许梦琴等[①]，他们一般都开设自己的水电工程行，既从事设计，又从事施工。同时，专门的设备设计事务所开始出现，比如骆民孚[②]实业部注册卫生工程师（登记第十一号）开设有自己的水电设计事务所，地址在上海高昌庙路 305 弄 6 号，专代水管商建筑师及业主设计给水暖气通风卫生工程图样。并著有：实用卫生暖气工程学，暖气锅炉安全与管理。[③]

但是与建筑和土木工程相比，设备设计专业人才非常缺乏，根据实业部 1937 年的统计资料[④]，全国与建筑业相关的技师技副统计如下表 3-3。

表 3-3　实业部 1937 年技师技副统计表

技师			技副		
科别	1928—1936 年		科别	1931—1936 年	
	人数	百分比		人数	百分比
土木	529	59	土木	38	19.3
建筑	170	19	建筑	102	51.8
机械	92	10	建筑绘图	27	13.8
电气	99	11.8	机械	17	8.6
卫生工程	2	0.2	电气	5	2.5
			卫生工程	8	4
小计	892	100		197	100

注：本表包含前工商部时登记之技师 94 人另有一人在 20 年间兼登电气机械两科作两人计算。另在二十年间内有一人兼登电气机械两科作两人计算。

另，此表中电气和机械科的技师和技副并不一定从事建筑业工程，一部分是从事制造或其他工程领域的工程师，因此，实际从事建筑设备安装设计施工的技师和技副比表中所列人数更少。

从表中还可以看出土木工程技师占据了建筑工程行业技师数量的多半壁江山，这是因为当时土木工程师的性质所决定的，在当时很多土木工程师也从事建筑设计。卫生工程技师的数量最少，在全国注册的只有两个，可见之人才非常缺乏。

---

① 根据上档 S134-1-1 整理。

② 骆民孚（1908—1992）：上海南市商科毕业，美国函授学校机械科和空调科各三年，曾做过马尔康洋行的监理。1950 年代，骆民孚被调到湖北省从事设备设计工作，并担任湖北制冷学会第一届理事会（1979 年）副理事长。

③ 上海市公用局．十年来上海市公用事业之演进．1937．广告 P16。

④ 工业技师技副人数按照登记科别比较表．实业部月刊．1937-2(7)：30。

在技副工种人数的分布中，建筑技副人数超过了土木，这说明因为市场的需要及分工的日益精细，建筑设计成为新兴的学科，很多人已经开始学习并初步具有资格。而建筑绘图作为技副的科别，这说明在当时的手工制图条件下，建筑绘图工作量大，建筑绘图员也相当于建筑师的助手。

从整个技师、技副的分布比例来看，卫生工程师的数量非常缺乏，与大量的工程建设不匹配，而已有的卫生工程师和技师大都集中在上海。上海是全国最早提出设立卫生技师职位的省份，上海的公用事业在全国来说最发达，建筑基础设施配套相对齐全。

由以上可以看出我国整体建筑设备设计行业的落后，导致的结果是很多建筑设备项目非常简陋：很多项目不需要建筑设备设计，只需将照明设备引入即可；大部分地段因无城市给水系统，卫生设备安装无从谈起。[1] 建筑及城市卫生和文明更无从落实。

2）建筑设备设计表达

随着建筑设计复杂程度增加，建筑设计图纸表达也日趋复杂。《中国建筑》第一卷第二期（1933 年 8 月）刊登杨肇辉的《说制施工图》中就建筑施工图的种类按性质分为“建筑图”及“机械图”。其中“建筑图”包括现代意义上的由建筑师绘制的建筑设计图和由结构工程师完成的结构设计图，而“机械图”则就是建筑设备图，包括“落水管图”“电器机械图”“冷热气工程图”“卫生设备图”“沟渠图”“升降机图”及“空气流通图”等。机械图包括了现代建筑设备的水、暖、电和空调等施工图纸。但是建筑设备的施工图并无统一的规章可循，既没有统一的制图规范和符号指代，也没有统一的工种协调处理方法。[2]

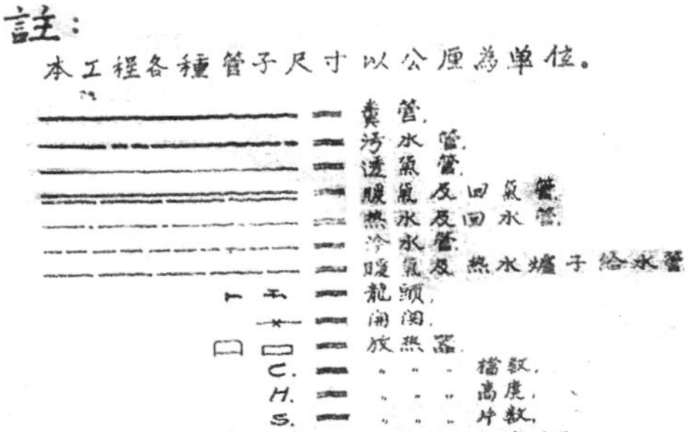

在实际操作中，当时各个设计公司都有不同。专业工种有所区分，但划分并不细致明确：一方面建筑与结构图有时候会合并，另一方面，建筑与水电施工图也会合并。在很多建筑施工图上都标注有电器设备的位置、线路、开关等，也被当作电气施工图来使用。而给排水图和采暖图也会被放在一起合称为卫生工程图。以上图纸的合并，特别是建筑图与电气图合并的情况，可能是建筑设计与设备设计是一家公司的原因，这样可

图 3-58　设备设计图例示意（1933 年，代月水电行）

① 2013 年 5 月 7 日在傅信祁先生家中的访谈，他回忆起 1940 年代在云南昆明奚富泉建筑事务所做设计时候的情形。

② 李海清. 中国建筑现代转型[M]. 南京：东南大学出版社，2004：235.

以减少设备专业描绘底图的工作量，少出错误。当然，以上的做法也与当时的制图条件有关。

当时，正规水电工程行设计的图纸是比较规范的，图例及符号表达向西方或日本学习，见图 3-58 所示。数据经过计算，设备平面布置图、系统图，包括图例都比较完整，已经和现代的设备施工图相差无几。建筑设备的设计图纸表达在 1930 年代才趋于规范，在 20 年代汇丰银行的设备设计图纸中仍采用具象的绘图方法，还没有专门的系统图，系统管道的画法包括平面图上管道的表示，仍是仍然以采用写实的方式表现，并没有抽象成为单线，见图 3-59 所示。

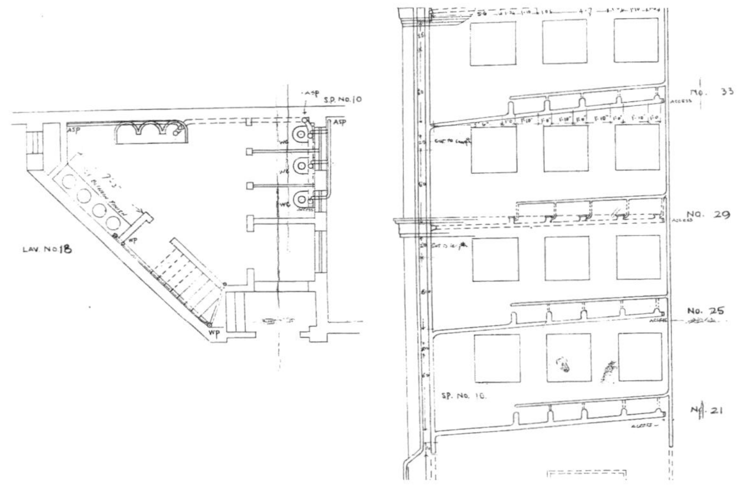

图 3-59　汇丰银行给排水设计图

3）设计收费

设计收费是设计价值的主要体现。当时上海公共租界西人建筑师的收费是按照英国皇家建筑师学会（RIBA）制定的关于建筑师职责权利的《签约条件》（*Conditions of Engagement*）和《收费标准》（*Scale of Charges*）。这两份文件实施于 1872 年，在 1908 年、1919 年和 1933 年又做过三次修改。一般情况下，上海一些英国建筑师根据总造价对西式建筑收 7%，对华屋收 5%，对仓库和厂房收 6%（其差别当由各类建筑设计的技术难度所决定），但很多仍坚持用 RIBA 的标准。1919 年的文本规定在建造需要大量使用钢筋混凝土和钢结构框架办公楼时，实际的全部专业费用（建筑师和工程师）定为建筑总造价的 8.5%。从中可以看出，结构工程师的收费标准还没明确，主要还是由建筑师负责分配。而到了 1933 年，新的文本中纯结构工程师的收费被独立出来：如打桩、基础、钢筋混凝土工程和钢结构工程费用的 5%等。同时，新文本中明确增加了关于机械及电力工程师收费标准的规定。这些变化体现了建筑技术提高、专业分工细致后所带来的需要。[①]

机械及电力工程的收费同样由建筑业主支付，这部分费用通常是卫生、水泵、取暖、电梯、空调、电线及动力等全部费用的2.5%，该项工程师应绘制必要的图表及其他图纸，并制定说明书。[②]

而当时华资设计机构设计收费一般为5%，其中3%为设计，2%为监工，是一种常规做法。[③] 监工成为设计行业的工作范围，既代表业主权益，也代表设计方利益，确保设计意图圆满完成。因此从这些方面来看，设计者作监工是最适合的。

由以上收费可以看出，根据建筑复杂程度及华人与西人设计者的不同，设计收费的标准是不同的。建筑设计收费根据工种的复杂程度开始细分，先是结构工程独立出来，而后设备工程也独立了出来。从收费比例来说，设备所占份额最小，这与其在大型建筑中的投资比例不成正比，也说明了当时设备设计并不受重视。这是因为，一方面简单项目的设备设计可以由建筑师或土木工程师来完成，施工方—水电工程行也可以完成，甚至不用收取设计费；另一方面复杂的设备安装如锅炉、电梯等，设备厂商会进行直接安装，也无需设计费。只有单独另请的水电行或建筑工程司这样只设计而不施工的单位，才会收取设计费。

当时大多华资建筑设计机构皆无固定设备专业人员，所以大部分工程的设备设计要么由建筑师草拟方案，交由材料商或承造商细绘图样，要么由业主另行委托承包商专门设计。这两种做法的区别在于：承包商从何处承揽业务以及对谁直接负责。若取前者，则建筑师为承包商的“上家”，业主向建筑师支付设计费，再经由建筑师分割出一部分给承包商；而若取后者，则承包商直接面对业主，建筑师只能审核承包商提出的工程图样，而设备工程设计权及相应的设计费皆与建筑师无缘。

3.3.2 建筑设备工程造价及契约

1）工程造价

随着建筑设备在建筑中的大量使用，对于建筑成本构成也产生了重要影响。与中式建筑相比，在建筑成本上，西式建筑除了结构外，内部设备愈加完善，这方面的投资很大，营造西式房屋总的造价比中式房屋高出很多。比较1906年中西住房总数和总估价可见，单栋西式住宅的估价竟比华式房屋高出十倍以上。[④] 这其中的主要差距在于原材料及设备的投入上。通过下表3-4所示不同类型建筑的造价比较可以看出上海各种

---

① 赖德霖. 中国近代建筑史研究[M]. 北京：清华大学出版社，2007：70.

② 同上。

③ 李海清. 中国建筑现代转型[M]. 南京：东南大学出版社，2004：268.

④ 赖德霖. 中国近代建筑史研究[M]. 北京：清华大学出版社，2007：47.

建筑类型的成本。设施越完善的高级公寓、旅馆和办公楼成为投资最大的建筑类型，其单方造价很大一部分都投资在了建筑设备上，比如，冷热水和采暖系统、电梯、煤气等的配置上。

而对于不同的建筑类型，其建筑设备投资比例也是不同的，表 3-5 就显示了不同建筑结构、设备及装修的造价比例，可以看出以下建筑类型中设备的投资比例都超过了 20%，成为建筑成本中重要的构成部分。

表 3-4　1935 年不同建筑类型单方造价[①]

类型	造价 /美元(每立方英尺)
车间及工厂(耐火结构)	0.21～0.25
仓库(耐火结构)	0.19～0.27
仓库(砖墙木楼板及屋面)	0.16～0.22
办公楼(钢结构)	0.70～0.98
办公楼(钢混结构)	0.56～0.27
旅馆(一等)	0.87～1.40
银行	1.23～1.57
公寓(一等)	0.84～1.12
公寓(二等)	0.49～0.77
大型住宅	0.49～0.70
小型住宅	0.28～0.39
带阳台的住宅	0.25～0.33
两层的中式住宅(一等)每栋	1800.00
两层的中式住宅(二等)每栋	1500.00
两层的中式商铺(二等)每栋	1400.00
单层的里弄住宅或商铺(二等)每栋	1200.00
三层的带阳台的为华人居住的洋房	4200.00

① The China Architects and Builders Compendium. 1935:145.

表 3-5　1931 年不同建筑类型设备投资比例①

	桩基	给排水，供暖系统，灭火系统	电器系统	电梯	细木工包括木地板铺设	钢窗	五金配件	煤气烹饪	其中建筑设备投资
12 层顶级公寓建筑	6.8%	15%	4%	7.5%	9%	2.7%	1.4%	—	26.5%
现代化旅馆	—	16%	4.5%	8.5%	—	—	—	—	29%
办公楼	—	10%	5%	6.5%	—	—	0.7%	—	21.5%
较好的无电梯公寓	—	16%	4%	—	—	3.3%	0.8%	1.2%	21.2%
一般的无电梯公寓	—	20%	3%	—	—	4.3%	—	1.9%	24.9%

为了做出参照，*The China Architects and Builders Compendium* 也列出了同期美国大型建筑中设备投资参考，从表 3-6 中可以看出在大型建筑中，设备最大的投资已经占到建筑总投资的 1/3 以上。

表 3-6　大型建筑的设备投资参考②

设备类型	最少造价百分比	最大造价百分比
水泵系统	7.0%	11.0%
加热和通风系统	5.0%	9.0%
电气及装置	3.0%	4.0%
电梯	3.0%	5.5%
制冷系统	0.5%	1.2%
厨房系统	0.3%	0.3%
洗衣设备	0.2%	0.3%
五金配件	1.0%	1.5%
其他杂项	0.0%	2.0%
小计	20.0%	35.0%

① The China Architects and Builders Compendium. 1937:155.

② The China Architects and Builders Compendium. 1935. P83 数据参照 American Architect.

图 3-60　恩派亚大厦

以上海霞飞路恩派亚大厦(图 3-60)(今淮海大厦)为例,该建筑位于霞飞路(淮海路)善钟路(常熟路)交叉口,由丰盛实业公司集资修建,凯泰建筑事务所黄元吉建筑师设计,夏仁记营造厂建造。钢筋混凝土结构,1931 年建造,现代派风格。底层商铺,上层住宅。项目占地九亩四分一厘六,地价六十万元,建筑面积 10400 平方米。建筑费共计约 576600 余元。其造价构成如表 3-7 所示。

表 3-7　恩派亚大厦造价表

内容	费用	总造价百分比
正屋建筑费	450000	78.1%
冷热卫生设备	75600	13.1%
电气设备	17000	2.9%
灯	2900	0.5%
电梯	31000	5.3%
共计	576600	100%

《中国建筑》对此有如下报道:

本建筑有一百一十八万五千二百八十九立方尺,平均每立方尺造价为四角八分强,每月可收租金壹万三千元,按照投资基金计算约每月利一分一厘一,但租金能否全部收到是属疑问,每月尚有管理费等须计算在内则至少可得月利八厘。以上是不得不归功于设计者之精密与经济,庶得此最后之结果。①

由此可见,通过与上表的比较,本建筑的造价控制在大型住宅的下限(0.49～0.70 元每立方尺),而且设备的造价也只占总造价的 21.9% ,都属于非常经济的范围,由此可见建筑师对造价的控制。

2) 项目契约

施工合同是业主和营造商之间契约关系的体现,建筑设备的施工合同也反映了当时业主、营造商和建筑师几方当事人之间的权利和义务关系,对于合同的解读,可以理清当时的建筑制度。

① 中国建筑第三卷 4 期:4.

以1940年梵皇渡路(今万航渡路)圣约翰大学校长卜舫济住宅卫生暖气安装工程为例,本项目由协源工程行施工,基泰工程司设计,其合同①主要条款如下:

(1) 图样及做法说明书承办该项建筑工程供给。

(2) 一切工料按章图样做法说明书及章程内载各条款切实履行。

(3) 所有工程之进悉由建筑师及其代表人监督之。

(4) 承包人自愿于民国二十九年十月二十日以前将本合同内所包含各工程请安不建造完竣。倘若过期一天每天赔偿违约金五十元,除照章程内各款之规定外,风雨阻滞不再此内。

(5) 兹经双方议定承办合同与图样做法说明书及章程内所载全部工程之工料总价为美金××元,国币××元,正以后如有增减之工程一律按章程内载各条之规定核实增减。有价值均以民国国币结算。领款手续按照章程之规定办理。

兹将付款日期列下:

合同签订后付国币伍千肆佰肆拾捌元三角。

第一期:一切管子到齐付国币三千陆百元。

第二期:一切炉子气带及瓷器等到齐付国币贰千元,英金十九磅十先令又美金一百三十一元七角三分。

第三期:全部竣交工付美金二百四十元。

由此可以看出,本项目合同和说明书的定制是由建筑师完成,其中除了对工程时间、分期付款等进行约束外,特别强调了建筑师及其设计图纸的重要性。这也表明了当时建筑师在整个项目环节中的重要地位。

而民国二十五年(1936年),由公利营业公司奚福泉建筑师设计的浦东同乡会暖气卫生、冷热水管线、电气以及消防器材等装置工程的合同②则更为详细。除了在合同中明确工作内容、时间、付款方式等基本条款外,对以下方面还进行了强调。

(1) 建筑师对项目的主控地位:施工方应该严格按图施工;建筑师作为监理方随时进入工地检查,完全可以对承包人所有错误行为进行纠正及处理;建筑师对业主利益的保护,发现问题有权提请业主对承包人的工程款缓付;建筑师的书面认可是各阶段工程拨款的依据。

(2) 对施工方的严格约束:这包括在整个建筑过程及竣工为止中间无论何种情况,如,建筑材料人工劳资等其他一切费用与投标估价时比较,无论增涨与缩减其损益完全归承包人负责与业主无涉;不能转包工程;无建筑师书面许可,不能将他处的工程在本

① 上档 Q243—1—358—20.

② 上档 Q117—1—62.

工程处完成；质量保证要求有一年内的免费质保；负责建筑现场的安全；工程试验费施工方负担。

(3) 工程担保：承包人邀请一位担保人，担保和合同的履行，若有违犯(反)合同及图样说明书之规定者，业主损失则由担保人完全承担。

本合同也强调了建筑师的主体作用，建筑师在其中扮演了比业主还重要的位置，业主完全将工程监督权力交给建筑师，可见当时建筑师的地位之高，这与当今建筑师的地位和业主的关系形成了有趣的对比。

本合同责权利的表述严谨缜密，条款非常严密，由此也看出当时合同的规范性，已经完全具备了当代契约精神。当然因为本合同的业主代表是杜月笙，属于当时上海滩非常有势力的重要人物，本合同在施工方违约方面的表述过多，而业主违约，比如业主若不能按期付款的情况应如何处理并没有明示，这也使得本合同从业主的立场上显得比较强势，有失公平。

从合同中我们也可以看出当时建筑市场的现状，包括工程转包、通过变更增加造价、用工地做其他与本工程无关的项目等乱象和目前无异。

当然，设备施工合同具体条款的制定也各不相同，棉业大厦卫生、暖气和消防工程的合同[①]又附有工程总则，并从三个方面论述了合同的具体方面：第一节为图样及说明书(包括尺寸，所有权等)。第二节为建筑师之职权(职责、判断、改样等)。第三节为包工人责任(包括工料、监工、错误、分合同、遵守法律、保修及加价等)，条理非常清晰。

当时，建筑设备安装合同的签订一般由业主、施工方、保证人和建筑师共同签字的四方契约关系，合同的起草制订则由建筑师完成。浦东同乡会就是由汉兴水电材料工程行承包，担保人为兴和号。棉业大厦卫生、暖气和消防工程的合同(民国二十九年 11 月 21 日)则由丁升保建筑师定，康生工程行承包，担保人则是上海制胶厂经理施敬道。这样的做法使得工程的约束变成多方的控制，使得工程的风险降低到最小，比仅仅是业主和施工方之间的合同更具有科学。担保制与保险不同，是传统的中国诚信契约体现，这种把中国传统人情和当代西方契约方式的结合，也算是当时上海独特商业精神的体现。从某种意义上来说，当时的合同方式甚至比现在的合同更有合理性。

除合同外，说明书是工程施工最重要的技术规程和依据，由建筑师制定，和图纸一起是招投标的依据。以棉业大厦卫生、暖气和消防工程的说明书为例，包括了以下几个方面：

(1) 总则(包括地点、范围、互助、额外工程、工人及材料等条目)

(2) 冷水工程(包括进水管、管子与零件、试验及包扎等条目)

---

① 上档 S233—1—147.

(3) 热水工程(包括热水范围、管子与配件、热水炉、热水箱、铁烟囱、加水箱及包扎等条目)

(4) 粪管工程(包括粪管、透气管、配件、试验、油漆及坑池等条目)

(5) 消防工程(包括消防范围、管子与配件、皮带箱及油漆等条目)

(6) 暖气工程(包括制度、锅炉、防热器、防热器上铜器、帮浦、马达、管子及配件、锅炉及帮浦地脚、锅炉烟囱 、热度表、凡而及钥匙、涨水箱、管子伸缩、铜圈和包扎等条目)

(7) 主要材料及设备图样

由此可见,工程说明书包含了项目施工的各个方面,既有现在设计说明的内容,也有合同的补充说明(包括对建筑师的职权,营造商的责任,营造商与业主及建筑师的关系进一步说明),也有材料清单等,是工程施工重要的依据。

从说明书中可以解读出当时水电施工的顺序为:

电线管、冷热水管,热水汀到场——暗装的电线管进场预埋—明装的冷热水管进场安装—锅炉进场—卫生器具到场—消防设施及泵(帮浦)到场—电线开关安装—锅炉安装—卫生洁具安装—消防设备装齐由救火会验收。

而以上的施工工序都要与建筑施工工序配合。主要技术规程包括了:管材、防腐、保温、实验、消防及电线等的技术要求。

从当时的安装工艺规程与当今的施工规范比较,可以看出这些做法一直延续到了20世纪90年代国内出现新型设备材料(塑料管材等大量应用)前,1949年之后国家设备安装规范的制订大多都沿用了上海的工艺和做法。

可以看出上海作为最早引进设备安装并发展成熟的中国城市,其建筑设备安装水平在国内是领先的。

3.4 建筑设备与建筑法规

工业革命后,西方建筑法规演进主要与新技术发展、城市及建筑安全、卫生等密切相关,而这些方面都与建筑设备相关。随着上海建筑的发展,城市及环境发生了相应变化。一方面,城市给排水系统和建筑厨卫设备的发展为卫生提供了可能,使得上海特别是租界的卫生面貌和居民健康产生了明显的进步,这需要政府从立法上来保障和维持这种成果。另一方面,电梯、采暖设备、电气设施等的出现给建筑带来了新的面貌,同时也带来了建筑安全等新问题,如何保证建筑安全运行也是需要通过建筑法规来予以解决。因此建筑设备的发展推动着建筑法规的进步,同时建筑法规也反过来调控建筑设备的运行。

在上海,租界(尽管是以外国人为主建立)的《土地章程》从开始就成为中国第一套现代意义的建筑管理体制，具有首创性和示范性，是中国建筑现代转型在制度层面的“第一推动”[①]。上海公共租界建筑法规而后也成为上海及中国其他地区建筑法规制定的重要参考对象。

3.4.1　租界建筑法规中设备因素概述

上海建筑法规的制定在当时租界有着迫切的需求和深刻的技术发展原因，租界营造过程中大批低质量建筑的出现，由此而引发对于公共安全和卫生问题的关注，包括技术的发展等都需要对营建活动进行规范。租界政府在 1845、1854、1869 和 1898 年四次《土地章程》的制定与修改，成为包括建筑控制在内的整个公共租界运作的基础框架，《土地章程》附则又为这一框架增加了许多专门化的细节内容。1877 年起公共租界开始制订专门化的建筑规则，并经历了 1900—1903 年、1914—1916 年、20 世纪 30 年代三次主要的增删修订，每个阶段的规则内容都有很大的变化。

因上海最早的建筑设备系统—煤气照明系统出现在 1865 年，所以 1845 年和 1854 年的《土地章程》并无涉及有关建筑设备的内容。章程中有关建筑的规则主要是为了防范可能出现的危及租界安全的情况，也未对建筑设计有任何规定，这是因当时的营建活动水平较低，建筑也较简单而至。而到了 1869 年的《土地章程》第二十九条及后又以附则形式详细规定了有关市政与建筑的要则，包括了渠沟、道路、房屋、煤气管和水管、卫生、垃圾、危险及治安等内容，这是第一次以法规的形式对于建筑设备系统的控制进行了约定。

1898 年工部局第四次修订了《土地章程》，其第 30 款的制定和附则第八条的增改，对租界的建筑管理有重要的意义。工部局由此获得了三项建筑大权，即建筑章程的制定修改权、房屋图纸设计的审批权、房建活动中的监理权，它为工部局以后制定具体的建筑规章奠定了基础。而其中第 30 款主要关于涉及以下几个方面：[②]

为保证稳定性、防止火灾以及卫生健康目的，而关于新建筑的墙体结构、基础、屋顶和烟囱的规则；为保证空气的自由流通，而关于建筑周围有足够开敞空间的规则；关于建筑物通风的规则；关于建筑物排水的规则；关于与建筑物相连的抽水马桶、垃圾桶、厕所、灰坑和化粪池的规则；关于对那些不适宜人类居住的建筑物或建筑物的部分实行暂时或永久性关闭的规定，和禁止它们作为居住建筑使用的规则。

由此可见在此次《土地章程》修订中，建筑物的给排水在本次规则中占有了重要的地位，这是适应了 1883 年后上海开始的城市供水发展，也是租界对于居住卫生的要求。

---

① 李海清. 中国建筑现代转型[M]. 南京：东南大学出版社，2004：92.

② 同上，2004：49.

1901 年及 1903 年工部局按照《土地章程》分别发布了中式建筑章程和西式建筑章程，成为工部局管理建筑的依据。1901 年底正式实施的《中式建筑规则》共有 21 条，其中第 10 条厕所及小便处，第 15 条烟囱及烟道，第 19 条地面排水，第 20 条下水管道，第 21 条地下排水系统与建筑设备密切相关。说明了当时对于日益发展的建筑给排水的重视。而《西式建筑章程》则更为详细，共有 75 条。与设备有关的包括了排水管道的设置，共 18 条，详细规定了排水管道的位置、尺寸、做法、铺设顺序及通风等。这些规定反映了西人认为排水系统对于西式建筑物的重要性，也体现了西人的生活卫生习惯。另与建筑设备有关的还有关于烟囱的设置也占有较多的篇幅，这也反映了当时对于建筑排烟和防火的考虑。

20 世纪后，上海的建筑业在第一次世界大战前后又获得迅速成长，租界的房屋建筑量在 1914 年达到了最高峰。工部局工程师在其 1914 年 3 月的报告中指出：建筑业持续非常活跃，目前在建房屋的数量大大超过了租界历史上的任何时期[①]，旧的建筑规则在此时已经显得不够了。1914 年公共租界内发生了两起特大的建筑物火灾事件（怡和沙厂和福利公司），损失惨重，这引起了工部局的高度重视，并成为租界当局考虑对建筑规则进行修改的直接原因。1914 年 7 月，工部局任命了一个九人组成的委员会来进行建筑规则的修订，代表了“业主、建筑师、火险公司以及工部局的意志”。[②] 新的建筑规则于 1916 年 12 月 21 日公布，这次的新建筑规则共包括两个普通规则、两个特别规则和两个专项技术规则，它们分别是：普通规则有《新中式建筑规则》和《新西式建筑规则》；特别规则有《戏院等特别规则》和《旅馆及普通寓所出租屋特别规则》；技术规则有《钢筋混凝七规则》和《钢结构规则》。两个特别规则反映了当时对于公共建筑安全和新的建筑材料使用安全的重视。

在设备方面，《新中式建筑规则》中关火警龙头的规定是这次新增的，也是建筑规则修改委员会之前讨论的重点。《新西式建筑规则》中总则有 27 条，其中第 11 条特别针对的是工业锅炉和烟囱，这反映了上海当时工业大发展的需求。第 19 条规定，在各种厂房、仓库，以及容纳超过 30 人的建筑中，须备有防火设备和用具，其数目、品种、样式与安放位置须经工部局火政处核准，这反映了对于建筑消防监管的加强。在规则修改过程中，火政处长提议要求在高层建筑中强制性地规定安装水泵[③]，因此该条还加入一个规定，即建筑高度在 75 英尺以上者须备有水泵及储水池。这不仅反映了对于建筑消防的重视，也反映了此时上海高层建筑开始发展。而附则五则详细讨论了带有抽水马桶的厕所，这反映出在这个时期抽水马桶开始大量引入建筑。

---

① 上海公共租界工部局公报(1914)：131.

② 上海公共租界工部局公报(1916)：337.

③ 上海档案馆. 卷宗 Ul — 1—166. 工部局修正建筑规则委员会会议录：63.

到了 20 世纪 30 年代，上海建筑业的空前繁荣，新的结构形式、新的建筑材料、新的施工工艺和新的建筑类型等都对建筑设计、营造和管理活动提出了更为严密的新要求，需要新的建筑法规能将之及时反映。为此，工部局在 20 世纪 30 年代再次对公共租界的建筑规则进行了修订。该修订工作正式开始于 1931 年下半年，历时近 10 年，直至 30 年代末才最终完成。其最终的成果不仅包括了当时最新的技术要求和规范，也汇集了 1930 年之前若干年中工部局对建筑规则进行的各种修改。包括《建筑物基础、墙体、钢筋混凝土和钢结构规则(1936)》、《电线和电气设备安装规则》以及《电梯规则》的修订和增订工作。本次法规的修改是 20 世纪二三十年代上海建筑业再次繁荣的体现。而新型建筑材料和设备单独作为建筑规程，反映出此时建筑营造活动的日趋复杂性，也反映了当时建筑设备(电线、电气设备、电梯)使用安装的普遍性及由此带来的安全隐患得到了重视。

此外，法租界在建筑管理方面制订的规章也很严密而有特色。1910 年，公董局制订了《公路和建筑等章程》，规定新建房屋业主在施工前必须提出建筑执照申请，呈报全部设计图纸。同时说明拟建房屋、下水道及邻近建筑、道路等情况，经审查合格后才发给施工执照或营造许可证。第一部专项建筑法规正式颁布，租界的建筑管理有了具体的法规依据，公董局据此初步建立了建筑管理法规的体系。[①]

3.4.2　租界建筑法规中的设备条款

1）建筑设备与卫生

(1) 厕所设置

华式规则规定：

每座茶馆、剧院或娱乐厅、每幢用于工业生产的房屋或雇佣 10 人以上的商铺，均配备适当的厕所和小便处，以供雇员或顾客使用。对于厕所和小便处本身，该条规定其墙壁应以优质水泥打底，并应砌筑 3 英尺高的台度，室内应有通向室外的排风设施，并在有可能的地方应直接通向室外，但不能通向任何其他房屋。

很明显这些规定都是为了满足建筑物在公共卫生健康方面的要求，是卫生观念近代化的一个表现。[②]

而西式规则规定：

每一新屋之中，须设华仆及雇员而能供二户以上使用之厕所、小便处或洗涤室。其数目及计划须经本局查勘员之核准。墙面及地板须用黄沙水泥，或他种不渗水之材料

---

① 吴俏瑶. 上海法租界建筑法规体系发展概述[J]. 华中建筑，2013,3:6.

② 唐方. 都市建筑控制：近代上海公共租界建筑法规研究[D]. 同济大学博士论文，2006:68.

粉光，并须备有与外面空气流通之通气洞，所有开洞之处为防蝇类之飞入起见，当装钻孔之铅网。一切门户须装有弹簧，俾其自能关闭。一切厕所须依厕所规则（第五章）建造。

而第五章关于厕所设计的问题有 26 款长达 12 页之细密限定，完全是一个厕所的设计规范。由此可见，西式建筑对卫生设施的要求非常高，这与西人的文明卫生习惯是分不开的。[①] 而与此同时，第五章的第六款明确指出关于华式房屋之内不许建造厕所粪池，这也使得华屋与西屋之间的卫生状况差距非常之大。

比较中西厕所的差异，可以看出工部局对当时中西卫生的认识是不同的。显然，西式房屋的卫生设施要求高于华式房屋，这一方面与西人的卫生习惯（特别是在 19 世纪后西方国家开始使用自来水，对于卫生习惯有极大提升）有关，另一方面也是西人对当时国人生活习惯认识的投射。大部分的中国人生活在传统的房屋及里弄中，本身便溺就是使用马桶而非抽水马桶，而且当时大多数的华人的居住条件也无法达到西式房屋各种设备齐备的条件。因此，工部局只是在涉及公共卫生（茶馆、剧院等人数众多的场所）的情况下对于华人场所厕所进行规范，这也使得华人的居住卫生环境比西人落后很多。

当然华式房屋之内不许建造厕所粪池的条款也带有一定的歧视性。而这样的规定也造成了当今大量留存的传统里弄因缺乏卫生设施使得居住质量无法得到提升，成为历史建筑再利用中最大的问题和挑战。

（2）抽水马桶设置

抽水马桶的设置是实现建筑卫生最重要手段之一。抽水马桶作为西方文明的标志之一在上海开埠后不久就被引入，但迟迟不能普及，有多种原因。当时上海排水系统并不完善，排水管道管径较小，从上海市政实际条件出发和公共卫生的角度考虑，当时的卫生官员认为化粪池过多会妨碍卫生。因此，在 1906 年 7 月 4 日，面对越来越多的人申请在新建房屋内安装抽水马桶的情况，工部局于 7 月 9 日颁布第 1789 号市政公告，明确说明在公共租界内禁止安装和使用抽水马桶。随着技术发展及生活水平的提高，卫生观念的加强，租界居民及业主要求安装抽水马桶的呼声越来越高。而另一方面，若将抽水马桶污水接入市政排水管网，那么这些污水直接回排入黄浦江，造成污染，使得这一规则的制定本身处于两难的境地。直到在第二章节中已经讲解过麦边洋行因抽水马桶安装问题与工部局之间的诉讼最终获胜，可以安装抽水马桶的事件后，才意味着工部局没有权利禁止在公共租界内安装抽水马桶，此时才成为上海能大规模安装抽水马桶的开始。

为此，1915 年工部局立刻要求当时的建筑规则修改委员会起草一份关于抽水马桶厕所的规则，以放在新的和修改过的建筑规则中。工部局组成了以工程师、建筑师、医

---

① 唐方．都市建筑控制：近代上海公共租界建筑法规研究[D]．同济大学博士论文，2006：120.

生、卫生官员和工部局法律顾问各方专业人士为成员的小组进行讨论。1915年11月，这一有关厕所的新规则被提交到工部局和地产委员会，并按照《土地章程》第30款的规定将之在12月9日的《工部局公报》中予以公布。

附录五有关抽水马桶的规则独立成篇。涉及抽水马桶本身的条款有申请安装抽水马桶许可证的手续和请照图纸要求；各类排水管(粪管)的材料、尺寸及其构造做法；(排出后)化粪池的数量、容量、付置和做法等，这也使得最重要的卫生设备—抽水马桶的使用得到了法律的规范及保障。

作为西方文明标志物的抽水马桶在公共租界一开始被禁，也反映出当时西物东渐也不是一帆风顺。对于个人卫生与城市公共卫生之间的利益的考量与取舍，从排斥禁止到最终接纳并积极制订规则，工部局用了10年的时间才接受了抽水马桶这一新生事物。而接受意味着要面对新技术和对租界公共卫生和市政设施带来的新挑战，这一事实最终促成了上海公共租界污水管道系统于1923年的全面建成。抽水马桶问题的解决，也促使了大批更高质量的带有卫生设备的建筑物在上海的出现，更为以后高层建筑的发展提供了支持。

2) 建筑设备与建筑安全

消防是建筑管理的重点，贯穿在建筑法规变迁的始终。煤气、电气等设备进入建筑后增加了火灾的产生因素。同时，给水系统进入建筑又为建筑消防提供了很好的手段。建筑法规除了在建筑设计(出入口、消防通道、楼梯、防火墙和建筑材料等)上进行控制外，建筑设备也成为控制的重点对象。

(1) 煤气灯

煤气照明的引进，对上海娱乐业的发展影响巨大，戏园因此发展迅速。但工部局对租界中戏园调查，发现普遍存在很多火灾隐患。为此，工部局火政处于1877年6月专门制订了针对戏院建筑的《消防章程》，对戏院建筑从大门、边门、楼梯数量、宽度及门开启的方向等进行了规范。但因当时并无系统的给水设施，因此，规则的制定还是主要从建筑及场地规划的角度入手。同时，因煤气灯是明火，其安装设置也成为一种安全隐患。在1877年和1893年两次工部局对于戏院的检查中都发现煤气灯离木结构太近极易引发火灾，如图3-61所示。之后，工部局采取措施，重新制订了申领戏院演出执照

图3-61 戏院安装的煤气灯

的条件，其中第四条规定“煤气灯必须离木结构 2 英尺远以上”[①]，而在 1914 年制订的《戏院等特别规则》三十五条对煤气灯光做了规定：

墙上突出之煤气管均须装以托翅，观众可及之煤汽灯龙头须以玻璃罩保护之，煤汽灯龙头在不避火材料三呎以内者，当装有不易燃火材料之灯罩，台前之脚灯，须用铁丝罩保护之。该项房屋之外部当备有关闭龙头，地位由本局核定。必要时可将煤气关住。

这更加明确了煤气灯的安装要求，以避免火灾的发生。

(2) 消防龙头

华式规则第一十七条规定：

任何一方华式新屋内，其面积在一亩以上，而任何部份(分)距任何公路在二百呎以上者，若本局认为必要时，应由业主出资装设本局规定之二吋半太平龙头。数目由本局核定，接通上海自来水公司之总管。[②]

西式规则第十九条规定：

下列之新屋，即丝厂、工厂、储库、工房、纱厂、制造工厂、洗染厂或任何种类性质之房屋其内居住或雇用有三十人者，本局认为必要时，须备有救火总水管、舌门、抽水用具、龙头、皮带及救火用具。其只数、品质、样式及装置之地位，均由上海工部局救火会会长核准。若任何房屋，其高度自路面起量至屋顶起拱线止，高过七十五呎者，须装置用电开动之帮浦一械，或多械储水塔一具或多具，与上述之总水管接通。其必要之只数、品质、格式及装置地位须由本局核准。[③]

从以上华式与西式建筑消防的设置可以看出，华式建筑的消防等级明显比西式建筑低，这一方面是华式建筑的复杂程度及体量一般比西式建筑小，因此火灾防止手段也比较简单。另一方面也可以看出租界对于华式建筑的轻视。

而对于公共场所的两个特别规则《戏院等特别规则》和《旅馆及普通寓所出租房屋特别规则》中则强制性地要求自来水厂总管接通之救火总管、抽水机、太平龙头，水龙带等消防设施，其数目与地位须经工部局核定。可以看出工部局对于公共安全的重视。

总的来说，1917 年修订的建筑章程生效后的短短一个时期，对建筑物的保护还是很明显的。一些较高的建筑物，普遍安装了水龙、水泵、水箱等消防设施，工部局警务处认为新的章程已证明对防火有极大的裨益。[④]

(3) 其他建筑设备：

20 世纪二三十年代是上海建筑业再次繁荣的时期，新设备的安装除了给建筑带来舒

---

① 上海公共租界工部局年报，1893：72.

② 陈炎林. 上海地产大全上海地产研究所. 1933：876.

③ 同上，744.

④ 黎霞. 上海公共租界建筑管理述评. 租界里的上海[M]. 上海：上海社会科学院出版社，2003：299.

适性、便捷性的提升外，同时也带来了安全隐患。比如锅炉不仅是工业生产的重要机器，也提供热水及采暖热源，在上海近代建筑中是重要的设备之一。随着上海 20 世纪 20 年代大量新建筑的拔地而起，当时几乎所有热水供应的建筑：公寓、办公、别墅和旅馆等都安装有锅炉，但锅炉爆裂危及人的生命安全，因此锅炉使用安全也变成了建筑安全非常重要的问题。1936 年 3 月 4 日的工部局会议上就提出，公务处会同管理工厂事务股及总办处经与劳埃德保险公司代表商讨后所草拟的一份锅炉安全规则，要求会议批准：

由于工厂和家庭工业缺乏对锅炉的管理，以致经常发生事故，对生命和财产造成巨大损失，因此不论从建筑条例的观点上来说，还是从控制危险行业的观点上来说，有必要尽速拟订，公布和实施锅炉安全规则。

总办说，租界内总共大约有 460 台锅炉，现已对其中 110 台作了检查。本埠的实业家们目前日益感到一套规则对公对私都有利。[①]

同时，另一种建筑设备—电梯的应用也越来越普遍，并成为建筑物的重要组成部分。工务处始终认为，电梯是与楼梯具有相同功能建筑物中的结构物，也是可能对健康构成危险的结构物，所以对电梯的安全设置进行特别规定是顺理成章的。

各种电气设备也成为建筑中不可缺少的装置，相关投资比重加大，其重要性也日益增强。但在大量使用电气设备的同时，相关的技术规范和法规则明显缺乏，常给建筑物带来火灾隐患和其他不安全因素。因此，工部局于 1936 年颁布了《电线和电气设备安装规则》，它同《电梯规则》一样也是根据建筑发展的特别要求而新增的。该规则是在工部局电气处的协助下制订的，并在以前若干分散条例的基础上修改完成，这一规则的执行对防火来说是十分必要的。

3.4.3　租界建筑法规中设备条款的源流

根据工部局的档案材料，公共租界建筑法规制订过程中大量借鉴了西方国家与城市的经验，主要借鉴对象有伦敦、纽约和香港三个城市，还不同程度地借鉴了英国其他城市、丹麦和德国的建筑法规。[②] 上海公共租界建筑法规首先对英国建筑法规进行了从措辞到执行标准、到法规内容的全面借鉴，这是因为当时租界管理以英国人为主。因建筑设备作为从西方引进物，其整个规则亦然是向西方学习。上海高层建筑大量出现后，建筑设备日趋复杂，公共租界又向高层建筑的发祥地美国进行了借鉴。

例如在《西式建筑规则》草稿完成后，对于有关高层建筑中消防水箱的问题，工部局和地产业主们在讨论中都提出，“考虑到公众利益有必要尽早知道目前在美国时兴的在

① 上海工部局会议录. 1936 年 3 月 4 日. P460.

② 唐方. 都市建筑控制：近代上海公共租界建筑法规研究[D]. 同济大学，2006：220.

高层建筑中灭火的最佳方法",并都建议"完全借鉴美国的相关条例"[①]。

新增订的《电梯规则》也是在美国的相关法规基础上完成的。正如前文中所述,英国在1930年代仍然没有任何涉及电梯的章程或法规,这是因为伦敦的建筑高度都被限制在80英尺以下,通常不需要电梯的缘故。而美国当时是高层建筑发展主要领先的国家,有大量使用电梯的经验和相关条例,相关法规比较成熟,也就自然成为上海公共租界学习和参考的首要对象。[②]

中国第一部自动扶梯1935年安装在南京路大新百货公司时,关于自动扶梯的防火问题如何处理,当时没有先例,工部局会议就此讨论如下:

南京路西藏路口新开设的一家百货商店—大新有限公司的情况。卡奈先生说,关于自动楼梯的围栏问题,他说目前调查了在纽约采取什么措施来预防火灾,发现那里不强制要求采取特别预防措施,虽则如果安装了诸如此类的设施,房屋就能更好的避免火灾危险,而且保险费也较低。他认为火政处应该备有其他大城市向纽约和东京的最新版本的防火条例,这些条例就眼下的事例来说,对工部局可能会起到指导性作用。他建议请火政处长了解一下其他地方所定制的规章,在了解到此类情况以前,可准许大新公司使用未安装围栏的自动楼梯。

会议接着进行了表决,结果以五票对四票通过决议,工务委员会建议书中的第一节,即关于南京路西藏路口新开设的百货商店大新公司的问题,因予修改,以便工部局在收集到世界其他一些大城市有关这方面即定规章的资料以前,准许大新公司安装位带有围栏的自动楼梯。[③]

由此可见,在遇到新的问题时,工部局首先从发达国家寻求解决的方案,并进行比较后再制定租界的方案。与英国和美国不同的是,英、美为新技术的发祥地,新技术的出现往往需要时间的检验和整个社会的认可过程,因此技术发展带来建筑法规的相应进步往往大大滞后。而上海公共租界则不同,多数租界应用的新技术以及建筑法规的相应变动都有成熟的国外经验参照可供使用,这就引起了技术引入和法规发展之间的时间差显著缩小,这一点在电梯、高层消防、锅炉和电气设施的法规制定中最为明显。

3.4.4 华界建筑法规中的设备因素

与租界工部局相对应,上海市工务局于民国十六年(1927年)8月1日正式成立,1930年7月1日奉命改称今名,前称为上海特别市工务局,于民国十六年(1927年)7月开始筹备,先后接收前上海市公所工程处、前沪北巡捐局之公务处、前浦东塘工善后

① 上海档案馆.卷宗U1—14—5682:关于印刷新的建筑章程等:10.

② 唐方.都市建筑控制:近代上海公共租界建筑法规研究[D].同济大学,2006:141.

③ 工部局会议录1935年12月23日:525。

局等。内部组织分为五科（十七年九月起），第四科为建筑为主。

上海市暂行建筑规则（1928 年 7 月）修正，共分八章及附录，其中前三章为总则（请照手续，建筑时责任等），通则（建筑技术及数据要求），设计准则（结构技术及数据要求）。第四章为防火设备，主要从防火材料和构造、疏散通道、消火栓的设置，其中里弄及私路内，出租之房屋在二十幢以上，而与附近公路之距离在六十公尺（或二百尺）以外者，由业主装设 6.0 公分（两寸半）出水管之太平龙头。其构造、数目及地点均由工务局核定之。而第五章的旅馆、公寓医院校舍等建筑物也对消防进行了规范，（第一七三条）须在楼梯过道及其他出入口设置太平龙头，或其他消防设备。（第一七四条）应设备合于卫生之公用厕所。而在第六章戏园影戏院及其他公众聚合场所等建筑中，在主动消防的设备方面有（第一九四条）建筑内应装设对径 6.0 公分（两寸半）出水管之太平龙头。（第一九五条）戏台、化妆室、售票室、电影放映室内，须各备灭火机，或太平水桶。（第一九六条）应设备合于卫生之男女厕所。（第一九七条）影戏院内之出入要道，须装地灯。（第二零零条）此项放映室内，应有流通空气之设备，并除电灯外不准安置其他火种。第七章货栈工厂商店及办事处所等建筑物（第二零五条）高及三层，或容有百人以上者，应设置太平龙头或其他消防设备。（第二零七条）应备合于卫生之男女厕所。

而到了 1946 年上海租界收回整个城市统一后，颁布了新的《上海市建筑规则》（民国二十六年 3 月修正）则就增加了油栈油池等建筑物和牛奶棚建筑物这两个章节，其他内容基本没有调整。

民国三十五年（1946 年）九月上海市公用局编印了《上海市公用局法规汇编》（第一辑），目录分为给水、电气、煤气、电话、车务、航务、广告及附属机构组织等八类。具体与建筑设备相关的法规如下表 3-8：

民国二十四年（1935 年）六月，上海公用局颁布《上海市给水设备工程须知》（图 3-62），对制水、井水、冷水、消防、热水、卫生和暖气设备进行了规范，附录中有装置给水设备报告单，给水设备工程须知，专用名词华英对照，英国水量诸表，水管口径对照表，英尺和公尺转化表等十一项。可见华界是将与水有关的冷热水和暖气都合并为一起作为一种类型，同时也可看出给水工程的主要技术参数等都是参照公共租界（英国）的标准，整个规则是向租界的学习。同时华界政府也制定自己的标准，比如对于公尺的应用，而不采用英尺，这也是一种主权的宣誓。

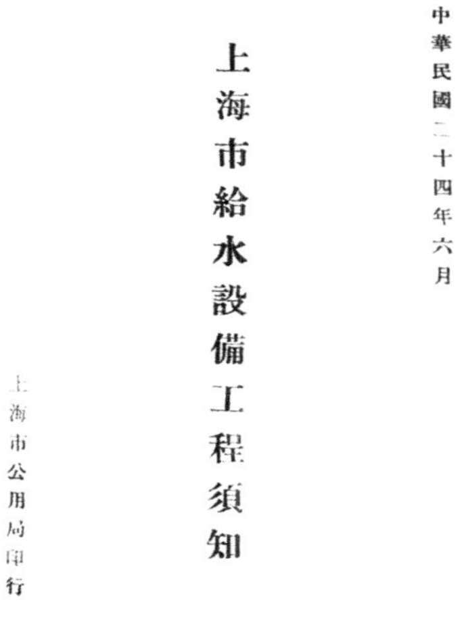

中華民國二十四年六月
上海市給水設備工程須知
上海市公用局印行

图 3-62　上海市给水设备工程须知

表 3-8 上海公用局相关法规

类别	法规
给水	上海市给水规则(1929 年 1 月 18 日公布,1946 年 6 月 1 日第四次修订) 上海市饮水清洁标准(1946 年 3 月 1 日)市府指令准予备查 上海市代理零售自来水办法(1946 年 6 月 21 日) 上海市卫生工程科技师技副开业规则(1946 年 4 月公布,1946 年 1 月 1 日修正)
电气	上海市检验公共场所电气设备规则(1946 年 2 月 1 日第十九次市政会议通过施行) 上海市管理电料店电器承办人规则(1946 年 2 月 1 日第十九次市政会议通过施行) 上海市管理电匠及电气学徒规则(1946 年 2 月 1 日第十九次市政会议通过施行) 上海市供电审核委员会简章(1946 年 6 月 22 日第十九次市政会议通过施行) 上海市电力网计划委员会简章(1946 年 7 月)
煤气	上海市公用局吴淞煤气厂供给煤气暂行办法(1946 年 4 月 26 日核准备案) 上海市公用局煤气供应网技术委员会组织章程
电话	上海电话公司装置电话临时限制办法 上海市内电话技术委员会组织章程

在规则中,专门还推荐了业主自置给水设备改良的六种方法,可见一方面上海的自来水供应还不是很充分,很多地方还没有自来水供应,须自己解决。另一方面也是政府对于饮水卫生的重视。在规则中,还有卫生热水暖气标准装置法,通过通用图来规范给排水设备的安装,这应该是国内最早的设备安装标准图集之一。

图 3-63 电气装置规则

民国三十四年(1945 年)十二月,抗日战争胜利后,租界主权也已经收回。上海市公用事业局颁布了统一的《上海市给水规则》由九章组成:总则、上水道、经营给水事业人、井商、水管工、业主、用户和附则,对给水过程中的利益各方都进行了规范。

由商务印书馆发行,国民政府建设委员会制定公布的《电气装置规则》①(图 3-63)则是当时国内非常重要的电气安装规范。本规则主要分为屋内电灯线装置规则、屋外供电线路装置规则和电力装置规则三部分。其中《屋内电灯线装置规则》分为八章:总则、接户装置、屋内线路、开关及

① 电气装置规则[M]. 上海:商务印书馆,1934.

保险丝、线路配件、电灯及电具、接地法和导线。从细则中可知当时的导线一般为橡皮包线，铅皮包线，软线三种。规则中的用电器具一般容量为两千瓦为限，而用电器具的线路导线截面不得小于 2 平方毫米，若用电器具容量不超过 660 瓦，可接入灯具回路。由此可见，当时灯具和设备的回路一般是分开，而考虑到节约材料的因素，可将小功率的用电器具接入灯具回路等当时流行的做法。针对上海租界使用的标准不同，因此还将美、英、德国的线规对照表列出，以便查看换算，并附有专业名词的中英文对照。可见当时国内设备工程已经从理论到实践上吸收了西方的经验并进行了转化和接轨。

在 1934 年 11 月，上海工业安全协会编辑了《锅炉安全使用法》①并由当时的上海市市长吴铁城题书名，可见政府的重视，而本安全条例的制定“参酌各国法律所规定之安全规则，及美国机械工程师协会所订之《蒸汽锅炉安全条例》而成。”②书中又陈列了法国及上海公董局的锅炉管理章程，也将实业部《厘定锅炉法规之商榷》及(锅炉保安暂行条例草案)予以对比，并在书中将法国之锅炉条例(1927 年 10 月 9 日颁布)、上海公董局气机管理章程(1934 年 9 月 26 日)、设在法租界内气机主人所应负之义务(1934 年 6 月)陈列出来，可看出当时规则制定的严谨，是参照多方的条款综合而成。从时间上看，上海华界的规范制定仅比法租界晚 2 个月，可见此时华界制定法规的及时性。

3.5　本章小结

随着上海城市建设的发展，建筑设备在建筑中扮演了越来越重要的角色，不仅提升了建筑的物理性能，也提升了建筑的舒适性和方便性，并与建筑本身一起，共同完成了上海建筑的现代转型。

随着高层建筑在上海的兴起，一方面是结构技术的进步，同时设备技术也随之发展，上海很快吸收和掌握了西方先进的设备技术并应用于实践，缩小了与西方发达国家在技术掌握上的距离。同时，设备技术的引入，也带来了中国传统建筑的转型，特别在居住建筑——里弄中表现得非常明显，设备用房(卫生间、厨房间、锅炉间等)成为居住建筑演变及分层的主要因素。而新建筑形式的引入无不需要新的设备满足新的功能为主：剧院强调通风换气、商场强调照明防火等，设备成为满足不同建筑类型功能需求的重要组部件。同时，高标准的卫生要求也体现在建筑设备特别是给排水系统的设计上，这种对于卫生的重视至今仍有借鉴意义。

从相关案例分析可知，上海在建筑设备的引入应用上也形成了自己的特色。在结

① 工业安全协会编辑. 锅炉安全使用法. 天厨味精厂发行. 1934.

② 同上：2.

合自身气候特点和资源基础上，因地制宜地通过被动式的环境控制方法结合建筑设备的引入来完成建筑功能的提升，这种演变的脉络可以帮助我们理清上海建筑发展过程的自身特点和多种影响因素中的设备作用。

建筑设备的发展同时带来了建筑成本的变化，随着建筑复杂程度的增加，设备在整个工程造价中的比重就越高，设备也就占据了更加重要的位置。与此同时，作为建筑业一个新的工种，设备工程师从建筑师队伍中分化出来，一种新的职业逐渐走向前台。设备工程师（技师和技副）的认证和执业制度，也从立法上保障了建筑设备行业的正常运行。而设备工程师在建造过程中扮演的角色，通过其收费、合约、制图等制度方面得到了体现。建筑设备工程制度（包括设计及施工）的确立，是上海建筑现代转型的体现之一。

建筑设备的发展也带来了建筑法规的演化，作为建筑制度非常重要的组成部分——建筑规则的修订总是围绕卫生、防火和新技术、新材料进行。通过对法规制定过程中建筑设备技术与建筑法规之间相互作用因素的分析，可以理解当时如何通过政策和法规层面，用建筑设备来实现对上海城市空间的控制、市民健康和生命、建筑财产安全的保障。建筑设备作为上海建筑法规的演进中重要的因素，为上海城市和建筑的发展提供了强有力的支撑，更为上海制度的现代性奠定了坚实的基础。

建筑设备是舶来品，其规范的制定因此更多地参考了国外的经验。而在华界建筑法规的制定过程中，一方面参考了租界相对成熟的建筑法规体系，同时也更加详细地对给水、用电、锅炉等进行了规范，更促使了上海整个建筑法规体系的成熟和完整。但租界和华界法规在建筑设备配置标准上华式与西式建筑的差距，不仅反映了中西方卫生文明的差距，也反映出当时华人与西人之间隐性的不平等性。

建筑设备技术发展和相关制度上的跟进，是上海建筑现代转型的重要因素。

第4章 华洋产业竞争中的建筑设备发展

电灯好，工业革命好……有朝一日我们中国的工业发达了，城市和农村都能用上电，就更好了。

——马寅初《电灯》(1898年)

作为建筑业中细分出的领域，建筑设备产业(包括设备制造和安装业)的发展是建筑业体系的支撑之一，离开设备技术的支持，现代建筑业将无以为继。在当时技术引进体系中，许多国外技术成果经过消化吸收后被应用于工程实践当中，而大部分新材料、新设备则是以外购形式直接投入使用，这在建筑设备行业表现得尤为明显。在当时国外建筑材料大量占领中国市场的背景下，民族建筑材料产业的发展不仅是建筑技术体系进步的重要反映，而且也为近代中国建筑业的发展提供了重要的物质基础，对于中国建筑的现代转型有着十分重要的意义。[①] 与此同时，在当时的历史条件下，这些物质供应和技术掌握，也是民族自立的重要表征。

4.1 引进和垄断：建筑设备进口代理商

道光二十三年(1843年)，英商怡和、宝顺、仁记等5家洋行首先在沪设立。早期的洋行集贸易、航运、金融和保险业于一体，实行一揽子贩运的贸易方式。中日甲午战争之后，列强各国在中国获得开设工厂的特权后，上海洋行向航运、金融、食品、地产、制造及公共事业等各行各业投资，洋行的经营渗透到上海社会经济各个部门，并向集团性发展。[②] 这不仅占据了上海工商经济的主要份额，并将上海作为桥头堡，成为向国内扩张的基地。

洋行在上海进出口贸易中的比重演变主要是：英商在20世纪初之前，一直居首位，直到20年代被美商取代屈居第二，到30年代又被德商超过降至第三。美商在19世纪

① 钱海平．以《中国建筑》与《建筑月刊》为资料源的中国建筑现代化进程研究[D]．浙江大学，2006：221.

② 上海对外经济贸易志编委会．上海对外经济贸易志[M]．上海：上海社会科学院出版社，2001：49.

末仅列第四，20 世纪初跃至第二，20 年代取代英商占据首位。[①] 这些列强国在贸易中的比例变化，也影响着上海的产业发展方向和物质生活模式。美商的后来居上及其大量倾销，使得美国的生活方式得到最大的推广，这不仅从电影等娱乐方式的流行，也可从暖气采暖生活方式在上海的盛行可以证明。

4.1.1 外资设备进口商

上海建筑业的繁荣，由于当时国内并无相应的建筑材料生产，从水泥、红砖到钢材、门窗无不需要进口，西方新型建筑材料因此大量倾销。建筑设备行业更是如此，灯具、发电机、导线、管道和抽水马桶等都需要从外国进口。这些建筑设备都是通过洋行进口。

进入 20 世纪，洋行的经营业务开始细分，从包罗万象多种经营改变为定向发展，同相关制造品牌建立固定的产销关系，外国制造企业同洋行分担风险。也有外国厂商直接在上海设立代表处，这样的厂商一般产品线丰富，种类多。在建筑设备代理商中，威麟洋行是荷兰飞利浦电气公司的在华总经销，也是伊斯顿(Eastern)电梯的代理商。怡和洋行机械部也是多家外国公司在华总代理，经营各种引擎、抽水机、电机和锅炉，1931 年开始代理迅达电梯，开展在中国的电梯销售、安装及维修业务。安利洋行代理的有 Blackman 风机、Hoffmann 自动喷淋灭火设备，而古林尼(Grinnell)自动喷淋灭火设备最早为瑞生洋行代理，后由平和洋行代理。阖辟洋行(William Jacks)代理 Electro Vapour 散热器，喊厘洋行代理 Alfred Johnson&son 洁具，英商旗昌洋行则代理英美多家公司的电气、锅炉、自来水等设备产品。约克洋行代理美国约克冷冻设备，禅臣洋行专营德国的各种机电产品及生产资料，独家代理 AE 厂的发电机、电动机、电线电缆及普达厂的高级钢管。[②]

外资公司一般都将总部设在上海。著名的西门子电气公司 1904 年在上海开设了技术办事处，由信义洋行(H. Mandl&Co.)代表其在中国进行商贸活动，并在各地开设分公司，上海总部指导公司在华的业务。上海总部完成了增裕面粉公司(China Flour and Oil Mills)、五马路弹子房(Club Concordia)、礼和洋行(Carlowitz&Co.)办公楼等处的电灯照明，并为天福洋行(Slevogt&Co.)、美最时洋行(Melchers&Co.)以及其他洋行的仓库安装电梯。上海总部也为上海和苏州本地电厂建造了照明用发电厂。[③]

西门子产品线有两条：SSW 和 S&H。SSW(Siemens Schuckert Werke)是强电产品制造厂，专门制发电机、电动机、变压器以及一切应有尽有的电工器材；S&H

① 上海对外经济贸易志编委会. 上海对外经济贸易志[M]. 上海：上海社会科学院出版社，2001：64.

② 同上：93.

③ 夏伯铭编译. 上海 1908[M]. 上海：复旦大学出版社，2011：234.

(Siemens and Halske)是弱电产品制造厂,主要制造电话总机、电话及其一切有关器材。此外还有一个“德律风根”(Telefunken)无线电器材制造部门。作为大型跨国企业,西门子洋行的业务除了销售发电机、电动机、变压器、电表、水表、无线电收音机、一切电器、电料及家庭日用电气用品外,并承包整套发电厂、自来水厂、变电站、电话局和铁路讯号设备等工程。所以西门子洋行的主顾既有我国各大城市的电气电料行商、大铁号,又有官办和民办的水电、电话、电报各企业,还有当时国民党中央政府的有关部门。1921 年,西门子总行迁址于哈同大楼,规模已赫然可观。①

可见,外资公司一方面控制了租界地区的水、电、煤包括通讯的生产供应,另一方面更通过上海辐射内地,垄断了上海包括其腹地的建筑材料、特别是建筑设备材料的供应。

4.1.2　慎昌洋行:一家全能的建筑设备商

慎昌洋行是美商中最著名的洋行,是一家全能的跨国贸易公司,清光绪三十二年(1906 年)由丹麦侨民安特生(Anderson)与梅耶(Meyer)合伙创立于泗泾路 2 号,民国 4 年(1915 年)改由美商经营并扩大为股份公司。1921 年迅增至 500 万美元,1925 年公司盘给美国国际通用电气公司。共有外籍职员 100 余人,华籍职工 1100 余人。慎昌公司董事会设在纽约,而总行则设在清光绪三十四年(1908 年)迁至圆明园路 21 号及 43 号。如图 4-1、图 4-2 所示。

图 4-1　慎昌洋行的地理位置(图中填充处)

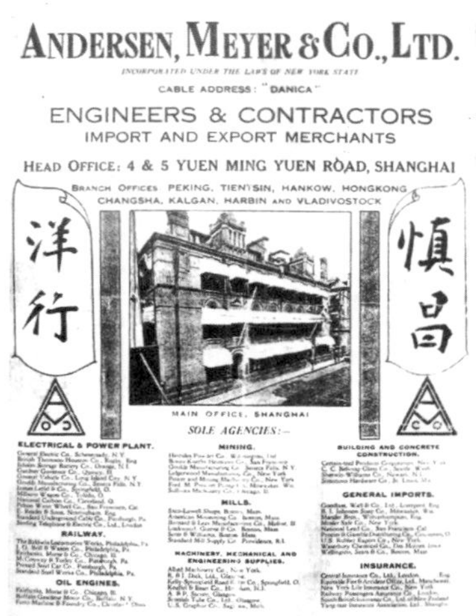

图 4-2　慎昌洋行的广告

① 上海市政协文史资料委员会.上海文史资料存稿汇编 7[M].上海:上海古籍出版社,2001:94.

慎昌工厂及货栈在上海铜梁路 86 号。公司先后在天津、北京、广州、济南、汉口、哈尔滨和青岛等地设分行或营业所，并在各地开设各种工厂。主要经销交通设备、电力机器、纺织机械、食品工业机器、建筑工程机器及材料。1931 年中国各纱厂纺织机 400 万锭，其中 1/5 为其提供，而全国各种电器所供，更占为 1/2。①

慎昌总行设营业部、事务部和制造部。营业部下设纺织机器部、机力部、电器部、电器装置部、冷藏器具部、爱克司光器具部、机器部、建筑工程部、建筑材料部、卫生材料部、农机部和药品部；事务部下设业务部、会计部、出纳部、电报部、保险部、广告部、纱厂管理部和货仓部；制造部下设机器厂、窗框厂。工厂占地面积 26.52 亩，其中厂房占地 13.56 亩，全部为钢骨水泥，时为上海少用。仓库占地 2.53 亩。从修理、装配进口设备和加工制造钢窗开始，发展到制造中小型机床、电气、电器装置、建筑工程、建筑材料、及生材料，但更多是做进口机件的装配工作。② 公司的产品以“慎昌”和“奇异”为商标，远销中国各地和东南亚、非洲。

20 世纪 30 年代初，该行成为英、美、日、意、荷、匈、比、丹及瑞士、瑞典等 171 家公司的代理，部分产品广告如图 4-3，图 4-4 所示。这些大设备生产厂家常驻技术代表（工程师）在慎昌，提供服务，产品遍销中国各省。其中代理的较有名的建筑设备产品见表 4-1③ 所示。

图 4-3　慎昌洋行的广告一

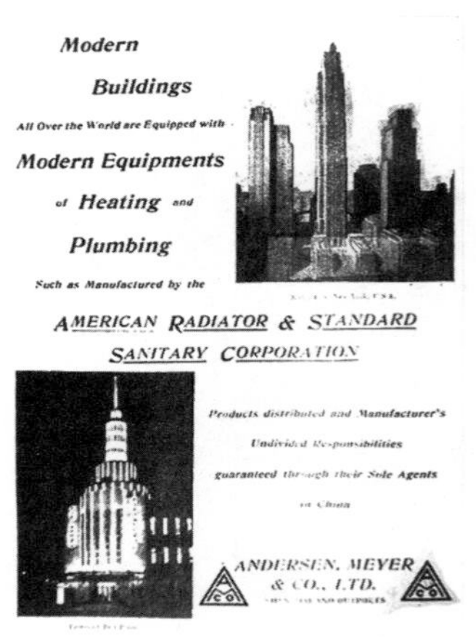

图 4-2　慎昌洋行的广告二

① 赖伟之. 试论上海美商投资企业之若干特点. 上海研究论丛第 9 辑[M]. 上海：上海书店出版社，1993：363.

② 上海对外经济贸易志编委会. 上海对外经济贸易志[M]. 上海：上海社会科学院出版社. 2001：81.

③ 根据 Charles J. Ferguson 编辑. 慎昌洋行二十五周年纪念册（1906—1931）. 1931（中文部分）：38、62 整理。

电器装置部于 1908 年，开始销售各种电器材料并为工厂、办公室、私人住宅进行电气安装，有常任的电气技匠一百余人，中西监工及工头八人。在上海承办的主要项目有：大北电报公司、扬子保险公司、字林西报社、新康大厦、工部局、西童公学、西童女书院、电话公司西局及东局、万国储蓄会公寓、金城银行、西人青年会、华懋公寓及上海商业储蓄银行等。另有外埠的济南邮政局、广州中山纪念堂、汉口安利洋行和南京中山陵陵墓等。

表 4-1　慎昌洋行代理的建筑设备

类别	种类	品牌厂家	类别	种类	品牌厂家
水暖类	风扇	美国风箱公司	电器类	开关机及发电机	美国奇异电气公司
	锅炉	美国阿米铁厂		一切用品	万国奇异电器公司
	水管锅炉	万国燃烧工程公司 所设海恩锅炉公司		小发电器	美国福勒姜生公司 美国高勒公司
	导线管及配件	英国钢管公司		电灯泡	英国何乐芬玻璃公司
	暖气炉及锅炉	美国汽炉公司①		火表	日本东京电气株式会社
	暖气蒸汽 特色材料	美国何夫满公司		电缆及电线	美国地下电缆公司
	石棉及 绝缘材料	美国巴拉芬橡皮及石棉公司		电灯架	美国沙毕罗生公司
	各种管子	美国钢品公司		电铃表示器	瑞典皮特生公司
	暖气锅炉	美国克万尼锅炉公司		电钟呼唤器 火警盗警器 内部电话	美国爱德华公司
	卫生工程材料	荷兰恩维司芬公司		烹饪及取暖器	美国爱迪生奇异电器公司
	暖气片	美国爱迪尔公司		汞气灯	美国奇异汽灯公司
	暖气炉及锅炉	美国汽炉公司			

卫生材料部始建于 1917 年，因其业务与建筑工程和建筑材料两部常有联络而辅，这样慎昌公司在中国的建筑工程一切所需完全可以承办。卫生工程部除了批发暖气工程材料外，一开始也承接暖气设备安装工程，后与来经常进货的水电工程行发生业务竞争，因此在 1920 年停止了安装业务，转向复杂项目的咨询上并专注于设备材料批发业务。卫生材料部还销售与卫生间配套的瓷砖等建材，有陈列室及卫生间的样板间，布置

① 即 American Radiator Company，后来的美标公司。

有科勒的卫生洁具，以供顾客参观。

卫生工程部重视技术市场营销工作，凡有最新的采暖设备产品，就会通知营造厂、水电工程行及建筑师、水电技师来参观。上海杨树浦的货栈规模宏大，大小锅炉都有现货，常备有传热能力总共5万方尺的设备。仅1930年上海货栈就售出703台暖炉，总重1105846磅，传热能力总计为434000立方尺。[①] 可见销售规模之大。

卫生工程部技术力量强大，外籍职员有七人，中国职员有十人，另有中国职员负责暖气炉实验室的工作，其中中国职员中有曾在外国留学毕业者，并有一人在美国汽炉公司工厂内受专门训练。而美国汽炉公司和科勒公司专门代表每年来中国视察并随时协助解决各种问题。[②]

由上可见，作为当时中国外资最著名的、最大的设备代理商，慎昌公司组织结构已经具有了当代跨国公司企业运行模式的雏形。慎昌洋行作为美国产品设备的主要代理商，成为美国特色的工业机械及设备产品入华的主要渠道，而且通过在上海当地组织生产，降低成本，对国内民族工业的发展造成影响；同时，慎昌又参与到建筑工程施工中，占据了建筑工程中技术含量较高的钢结构施工、电气安装、暖通空调安装等业务份额，获取高额利润。这种强大实力，使得国内民族产业包括产品生产和建筑安装业在最初的竞争中处于劣势，使得上海产业的现代转型变得困难。当然，从另一方面，由于一批买办或华人职员在慎昌及其他洋行工作，也从中学习到了相关的技术和管理知识，客观上也培养了一批华人的企业家和工程技术人员，比如陆南熙、胡铣庆、朱樹怡、顾亚璋和王锦云等，都先后从慎昌洋行出来独立门户，成立自己的卫生工程行[③]，从事建筑设备特别是水暖和空调安装，成为颇具影响力的中国第一代设备工程师群体。

4.1.3 慎昌洋行对上海采暖方式的影响

外资企业在华进行物质及技术倾销，不仅获取了大量丰厚的利润，同时大力推广新式器物使用，因此也改变了上海传统生活模式。慎昌洋行就对上海热水汀采暖方式使用推广上起到非常重要的作用。

热水汀（暖气）采暖是当时美国主流的采暖方式。热水汀采暖需要锅炉，管道将整个楼宇作为系统连接起来，还需要煤炭作为燃料、钢铁作为设备材料、泵作为动力，这些特征都是西方工业化的特点。热水汀取暖干净、均匀、持续，优势是不言而喻，代表了一种西方现代工业文明。而上海之前是没有这种采暖方式的，暖气系统在上海楼宇中的安装，改变了上海传统火炉、火盆取暖方式，预示着西方工业文明、特别是美国工业文明

---

① Charles J. Ferguson 编辑. 慎昌洋行二十五周年纪念册(1906—1931). 1931(英文部分):94。

② Charles J. Ferguson 编辑. 慎昌洋行二十五周年纪念册(1906—1931). 1931.(中文部分):64。

③ 根据上档 S134—1—1 整理。

对上海传统生活方式的影响。

暖气系统因其显著的优越性，很快在上海普及开来，这与慎昌洋行的推介密不可分。慎昌洋行卫生工程部独家代理了世界最大的采暖设备生产厂商——美国汽炉公司以及与其分支公司——英国汽炉公司在华的销售权，公司所售采暖设备的种类非常齐全，可以提供从仅一个浴室使用到服务整个旅馆或公寓大楼的系统设备。慎昌考虑到很多老楼房最初没能安装暖气或业主觉得安装中央采暖系统的费用高的话，公司可以提供一种叫“Vecto”的空气加热器，其制热能力从 5000 立方尺到 15000 立方尺不等。[①]这样的系统不用改变房屋的结构，简单易行，易于推广。

慎昌大量进口了美国汽炉公司爱迪尔牌红色蒸汽锅炉用作采暖系统的热源，原系根据美国之需要情形而设计的，但上海的气候及所用燃料与美国相同故购用[②]，因此可以直接推广。图 4-5 所示为美国本土的锅炉广告，图 4-6 所示为慎昌公司在上海的锅炉广告。这也说明了美国人认为上海与纽约等地的气候相似，因此美国的冬季采暖方式也就被自然地移植到了上海。

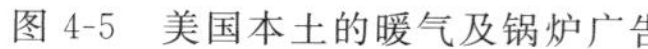

图 4-5　美国本土的暖气及锅炉广告

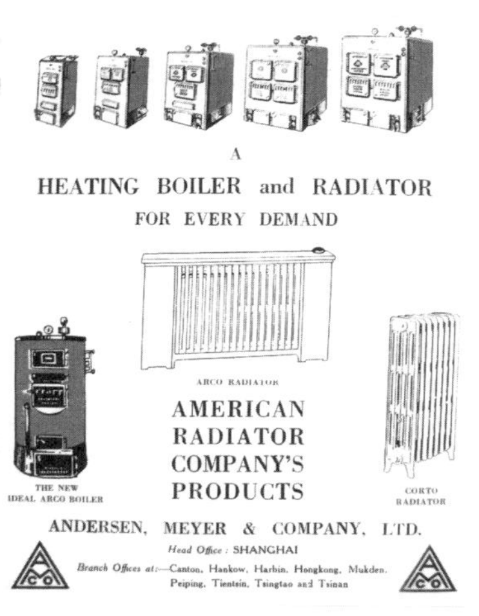

图 4-6　慎昌洋行的暖气广告

慎昌洋行非常善于做广告，在各种杂志上都有其产品的宣传，特别是对于暖气的推广非常下功夫，并取了很好的效果。其在企业宣传册中指出：

二十年前（1911 年）中国房屋装设暖气鲜有，今则凡西式或半西式之房屋无不尽有此项设备，而由慎昌介绍于用户遂能推广者，并装用本行所售锅炉及暖气炉（散热器）者

① Charles J. Ferguson 编辑. 慎昌洋行二十五周年纪念册(1906—1931). 1931.(英文部分):91。

② Charles J. Ferguson 编辑. 慎昌洋行二十五周年纪念册(1906—1931). 1931.(中文部分):62-63。

仅上海一埠之数目尽举其名已需十数纸本。[①]

可见慎昌基本垄断了上海热水采暖产品市场的供应。图 4-7 所示为外滩所有建筑都采用了慎昌提供的美国爱迪尔产品包括锅炉及散热器，由此可见外滩所有建筑都是采用了中央供暖系统，而上海各处及其他通商口岸新式房屋装设暖炉的比例并不逊于外滩。[②] 由于慎昌洋行这个托拉斯的大力推广，使得冬季采用锅炉和热水汀的美国式采暖方式在上海地区流行起来，这对上海整个冬季建筑采暖的机制产生了重要影响。

INDEX NUMBER	NAME OF BUILDING		EQUIPMENT SUPPLIED	
1.	Asiatic Petroleum Co. (North China), Ltd.	亞細亞火油公司	Boilers & Radiation	愛迪爾鍋爐及發
2.	Shanghai Club	上海總會	„	仝上
3.	Union Building	聯保公司	„	仝上
4.	Nippon Kisen Kaisha	日本郵船株式會社	„	仝上
5.	Algar Building	英商愛爾德有限公司	„	仝上
6.	Commercial Bank of China	中國通商銀行	„	仝上
	Left rear— Sheng Building	後左側盛氏大廈	„	仝上
	Right rear—Brunner Mond & Co. (China), Ltd.	後右側卜內門洋行	„	仝上
7.	China Merchants Steam Navigation Co., Ltd.	招商輪船總局	„	仝上
8.	Hongkong & Shanghai Banking Corporation	匯豐銀行	„	仝上
9.	Chinese Maritime Customs	江海關	Radiation	愛迪爾發熱器
10.	Bank of Communications	交通銀行	Boilers & Radiation	愛迪爾鍋爐及發
	Left rear— Joint Savings Society & Treasury	後左側四行儲蓄會	„	仝上
	Right rear—Bank of East Asia, Ltd.	後右側東亞銀行	„	仝上
11.	Central Bank of China	中央銀行	„	仝上
12.	Bank of Taiwan, Ltd.	台灣銀行	„	仝上
	Rear—Arnhold Building	後面安利洋行	„	仝上
13.	North-China Daily News & Herald, Ltd.	字林西報社	Radiation	愛迪爾發熱器
14.	Chartered Bank of India, Australia & China	麥加利銀行	Boilers & Radiation	愛迪爾鍋爐及發熱器
15.	Palace Hotel	匯中飯店	Boilers	愛迪爾鍋爐
16.	Sassoon House	沙遜大廈	Radiation	愛迪爾發熱器
17.	Bank of China	中國銀行	Boilers & Radiation	愛迪爾鍋爐及發熱器
18.	Yokohama Specie Bank, Ltd.	橫濱正金銀行	„	仝上
19.	Yangtze Insurance Association, Ltd.	揚子保險公司	„	仝上
20.	Jardine, Matheson & Co., Ltd.	怡和洋行	„	仝上
21.	Glen Line Building	怡泰洋行	„	仝上
22.	Nippon Yusen Kaisha	日本郵船會社	„	仝上
23.	Consulate General for Great Britain	英國駐滬總領事館	„	仝上
	Rear—Shahmoon Building	後面—斯文洋行	„	仝上
24.	Shanghai General Hospital	上海公濟醫院	„	仝上
25.	Russian Consulate	俄國領事館	„	仝上
26.	Consulate General for Germany	德國駐滬總領事館	„	仝上
27.	Consulate General for the United States of America	美國駐滬總領事館	„	仝上
28.	Consulate General for Japan	日本駐滬總領事館	„	仝上
29.	Nippon Yusen Kaisha	日本郵船會社	„	仝上

图 4-7　慎昌洋行在外滩供应暖气的建筑设计

以慎昌为代表的洋行以上海为中心，在全国各主要城市设立支行，垄断了建筑材料特别是设备材料的供应，特别在技术含量较高的设备领域：电梯、锅炉、空调设备和喷淋设备等，完全具有垄断的地位，并获得高额的利润。通过引入新的设备系统，也同时输出了西方生活方式：马桶使用、热水汀采暖、壁炉采暖和夏日的冷气供应这些完全不同于传统的生活模式，从而建构出上海的西化特征。

4.2　全面竞争：民族安装企业崛起

上海开埠后，上海建筑业发展迅速。19 世纪 60 年代，上海较早的一批外商洋行在经营贸易的同时兼营房地产业，如英商番汉公司、汇利洋行、汇广公司、德罗洋行和法商法华公司等。还有国内早期民族资本家谭同兴、叶澄衷、周莲堂等人在办实业成功后也

---

① Charles J. Ferguson 编辑. 慎昌洋行二十五周年纪念册(1906—1931). 1931.(中文部分)：63。

② 同上：63。

投资房地产,“建筑房产业”成了当年的热门行业。

由外商开设的营造厂多数称为建筑公司,机构较为完备,按照西方建筑业的管理方式运作:内部管理模式、经营方式和工程承包制度与传统水木作坊的华人营建体系不同,而中国传统的施工组织方式已经很难承担各种新式建筑的建造,这也加速了华人营建组织向西方的学习。光绪六年(1880 年),川沙人杨斯盛开设了上海华人第一家现代意义上的营造厂——杨瑞泰营造厂,到了民国 8 年(1919 年),登记营造厂中规模较大的有 60 多家,其中外商有 20 多家,华商 30 多家。比较有名的有:顾兰记营造厂、江裕记营造厂、姚新纪营造厂和裕昌泰营造厂等,上海地区已形成了有近万人的建筑施工管理人员。到了 20 世纪 30 年代的 10 万多人,其中常年受雇营造厂的约 2.5 万人,辅助工种和经常有零星建筑活动的有 2 万多人,其余的 4.5 万人等工。① 上海的建筑业的繁荣,这也带动了建筑设备安装业的发展。

自从杨斯盛创建的杨瑞泰营造厂第一次参加投标中标兵成功地建造了第二期海关大楼工程,打破了外国施工承包商队上海重大建筑项目施工承包的垄断局面后,上海的中国营造厂如雨后春笋般地出现,并先后承建了一大批重大建筑工程。至 20 世纪 20 年代,除某些设备安装行业外,上海的建筑施工行业已经完全成为中国人的一统天下。② 即使在外商占优势的水电、卫生设备工程安装行业,上海的施工队伍亦占有不可忽视的地位。③

4.2.1　从管子部到水电行

建筑设备安装业最早是从租界公用水、电事业中分离出来作为建筑行业的一部分。安装行业最初依附在市政工程的自来水厂、煤气厂、发电厂内,从事建筑设备的安装。早期的杨树浦自来水厂,九龙路的发电厂内均设“安装部”,下分“大、小管子部”,分别负责室内室外管线的安装。室内称“小管子部”,因技术要求高,多为外籍人或华人技术工人担任。室外称“大管子部”,雇佣的多是小工。④ 英商上海自来火房对地下排设管道和室内安装煤气照明灯具这两项工作,分别由地管部和装修部负责。⑤

20 世纪初,卫生设备开始进入建筑,建筑设备的安装工程多数仍由这些市政公司安装部负责。海关二期建筑中的暖气设备,较早使用卫生设备的外滩华俄道胜银行,以

① 上海建筑施工志编纂委员会.上海建筑施工志[M].上海:上海社会科学院出版社,1997:87.

② 伍江.上海百年建筑史[M].上海:同济大学出版社,2008:99.

③ 何重建.上海近代营造业的形成及特征.第三次中国近代建筑史研究讨论会论文集[D].北京:中国建筑工业出版社,1991:121.

④ 上海建筑施工志编纂委员会.上海建筑施工志[M].上海:上海社会科学院出版社,1997:81.

⑤ 上海公用事业志编纂委员会.上海公用事业志[M].上海:上海社会科学院出版社,2000:86.

及当时其他一些大楼公寓中的设备，几乎全由自来水公司安装部承办。[①]

图 4-8　上海自来水用具公司广告

进入 20 世纪后，建筑市场发展迅速，市场竞争激烈，水电安装独家经营被打破。外国资本在沪开设 20 多家安装企业，专业分工也有所细化，比如英商“盖斯奇”“顾发利”洋行专门承接水暖卫生工程，懋生洋行从事奥的斯电梯安装。较有名的水电安装外资公司还有：高思洋行、陶达洋行、养生洋行、有利洋行、上海自来水用具公司（图 4-8 所示为其公司广告）及法商水电工程行等。外商安装行业机构内部组织较整齐，设营业、事务、制造三部。营业部还分建筑工程部、电器装置部、卫生材料部。很多从事贸易的洋行一方面进口建筑设备材料甚至生产，另一方面也从事建筑设备安装业务，比较有名的有：慎昌洋行、安利洋行、西门子洋行、威麟洋行和依巴德电器公司等。这些洋行基本在上海高端及技术含量需要较高的建筑安装市场上占有较大份额。以顾发利洋行为例，在暖气安装工程上，其业务细分为：真空暖气工程、低压暖气工程、暗管暖气工程和加速及自降暖气工程等[②]，可见其技术实力。因建筑设备安装技术要求较高，此行业的收入较土建营造业高一些。

4.2.2　华资安装业占领市场

与此同时，一批受雇于外商的华人管理人员、技术人员在积累了资金和技术后纷纷离开洋行自立门户，办起了民族资本水电安装行。这类机构一般称为“工程行”或“水电行”。比如：王锦云先后任慎昌洋行绘图员、亚洲公司卫生暖气设计员再到陶道洋行绘图室主任，而后自己创办了伟汉工程行；赵忠邃先后任英商自来水工程部设计员、顾发利洋行工程师及卫生工程师，而后自己创办天梓卫生工程行；朱炎腾先后在顾发利洋行、道达洋行工作后，自己创办了腾源工程行等等。[③] 第一代的华资安装业经理人，既是管理人员，也是技术人员，基本都有在外资安装企业工作的经历。

随着不断地与外资水电安装公司的竞争与学习，华资的建筑设备安装公司也在不

① 上海建筑施工志编纂委员会. 上海建筑施工志[M]. 上海：上海社会科学院出版社，1997：86.

② 参见《中国建筑》第二卷第一期. 顾发利洋行广告。

③ 根据上档 S134—1—1 整理。

断地发展。民国 34 年(1945 年),水电商达 365 家,平均每户雇佣管理人员 3～4 人,技工,学徒 10 人左右,全市约有 2000 多人从事该行业。[①] 主要业务从最开始的水电安装发展到消防、电梯、制冷、空调、通风和深井等一切与建筑有关的设备安装,并与华资的土建营造商一样,占据了市场的主要份额。

同时,由于华资建筑公司一般也倾向于华资水电安装公司承包其建筑设备安装分项,因此华资的建筑设备安装公司成长也是非常迅速的。随着庞大的内地市场的新兴,外资建筑设备安装商还没有大量进入,逐渐成长起来的华资设备安装公司纷纷进军内地市场、开设分行,将业务延伸到内地。他们一般会随着经常配合施工的华资营造厂一起在全国各地承接项目,承担政府和当地重要的建筑项目,上海设备安装企业的影响已经开始辐射到全国,对外地的建筑设备安装提供了技术支持,更为建筑设备安装技术在中国的传播提供了支持。

当时比较有名的华资建筑设备安装公司如下。

炳耀水电工程行(China Engineering Co. Ltd):前身是天津基础打样公司,曾承接北京清华大学居仁堂、天津基泰大楼和沈阳长官楼的水电工程。民国 22 年(1933 年)其总部迁到上海,更名炳耀水电工程行,设在白利南路(长宁路)30 号,在南昌、南京设分部。工程行后期发展实行股份制,有 6 人参股。该行先后承建了上海的中国银行、"大上海计划"中办公楼和文教事业用房及南京的中央大学、行政院、外交大楼、首都大饭店及中央要员公馆的水电安装工程。在天津、沈阳、洛阳、汉口和杭州也都有承接工程。1949 年新中国成立前夕,厂主卢炳玉、关耀基去了台湾继续炳耀水电工程行的事业,而上海的公私财产由职工保管直至公私合营。[②]

琅记营业工程行:业务包括给排水、暖通消防和电器及机井。业主王士良毕业于交通大学,是中国工程师学会会员,上海卫生工程技师执业第一号。[③] 总行在上海天潼路 288 号,在南昌、无锡、南京、长沙和杭州都有分部。琅记首先从卫生工程安装起家,拥有水管商营业执照第一号、电料商营业执照第一百号、机井商营业执照第一号。先后承接的设备安装项目有上海的上海市运动场、游泳池、体育馆、图书馆、中国汽车制造公司、圣心医院(宁国路)、交通大学和中西女校等;南京的国民政府审计部、中央商场、中央乐园和江南水泥厂;汉口的中央银行仓库、交通银行仓库等。而机井项目则遍及福州、无锡、西安、南京、长沙、苏州、南昌及镇江等地。[④] 由此可见,这家公司与国民政府有较好的关系。

---

① 上海建筑施工志编纂委员会.上海建筑施工志[M].上海:上海社会科学院出版社,1997:86.

② 同上。

③ 上档 S134—1—1。

④ 根据上海市公用局十年来上海市公用事业之演进.上海市公用局发行.1937.产品广告整理。

新申卫生工程行：上海著名营造厂新申营造厂同品牌的水电安装工程行，由新申营造厂厂主陆南初的弟弟陆南熙1934年创办，总部设在四川路74号，样子间在戈登路康脑脱路转角1308号到1309号，厂栈在辣斐德路337号。与其他卫生工程行相比，新申卫生工程行因陆南熙在暖通空调方面的专业性而更具有优势。公司承建了静安别墅、巡捕房（平凉路）、上海市立医院、上海市立卫生实验所、上海京沪铁路管理局大厦和上海五洲制药厂办公及营业大楼等重要建筑的采暖通风、卫生设备工程。抗战胜利以后，新申卫生工程行在上海、南京两地设立工程办事处。承建的主要工程有上海外滩怡和洋行内冷气工程的设计和施工，南京新都电影院、交通部、中央医院和孙科住宅的冷暖空调、通风、水电工程。新申营造厂及新申水电卫生工程行合在一起，规模和水平堪称沪上一流，综合业务集基础、土建、水电安装工程于一体，为当时的上海建筑界所少见。[①]

随着上海卫生工程（水管工程）的不断发展壮大，原本依附于上海市电器同业公会的水管组在1948年5月由新申卫生工程行等发起，向上海社会局等主管机关呈请筹组成立上海市卫生工程同业公会[②]，这标志着卫生工程（水管工程，包括水暖空调安装等）成熟为一个独立的行业。

4.2.3 空调安装业华洋并置

20世纪初世界建筑技术的发展带动了建筑设备业迅速发展，特别是作为设备业中最具技术含量的空调制冷行业发展日新月异。上海对于空调设备的引入也非常迅速，从蒸汽压缩机到电压缩机，从水制冷、氨制冷到氟利昂制冷剂，从首先在工业棉纺厂里营造恒温恒湿的生产环境，发展到电影院、办公楼、旅馆、商场甚至咖啡厅营造舒适的生活环境，上海空调设备的引进使用几乎与世界空调业的发展同步。以慎昌洋行为例，其公司的空调设备设计安装项目遍及全国很多城市：汉口、青岛、广州、哈尔滨和济南等。在上海的施工项目部分见表4-2[③]所示。

作为设备行业技术要求最高的工种，空调冷气行业的入行的门槛较高，最初外商占绝对优势。但华人也不甘落后，而后华人的冷气工程行（大都也从事综合设备安装业务）也纷纷兴起，形成了华洋并置的局面，当时较有名华资冷气工程行见表4-3所示。

1942年8月16日，由周吉生、黄宣平、郁鑫尧和李浮生等发起成立了上海特别市商会冷气工程业同业公会，李浮生任主席。并于1947年12月5日加入上海市机械工

---

① 娄承浩，薛顺生．上海百年建筑师和营造师[M]．上海：同济大学出版社，2011：196.

② 上档S134—1—1。

③ 根据上档Q459—1—185统计。

业联合会乙种团体会员。[①] 这标志上海制冷设备生产和安装行业的确立。

表 4-2　慎昌洋行在上海施工部分空调工程

时间	建筑	时间	建筑
1929	German Butchery （德国牛肉庄）	1932	Grand Theater （大光明大戏院）
1930	Cathay Mansion （华懋公寓）	1934	Sevilla Café （塞维利亚咖啡厅）
1930	Crosvenor House （峻岭公寓）	1934	Shanghai Land Investment （业广地产公司）
1931	Russietzky's Restaurant （俄国餐厅）	1934	Cathay Hotel （华懋饭店）
1931	Metropole Hotel （都城饭店）	1934	Broadway Mansion （百老汇大厦）

表 4-3　著名的空调设备安装公司

名称	注册地	业主
大中工程股份公司	爱多亚（延安东路）1395 号 A	A. T. V. Fong
合兴冷气工程机器厂	大西路（延安西路）50 号	范文瀚、徐良结
国泰工程股份有限公司	北四川路（四川北路）330 号	T. S. King
和众冷气工程行	江西路（江西中路）320 号	周和浦、郁鑫尧等
利众工程公司	福州路 125 号	王锦章、彭翀
亚洲合记机器公司	陕西北路 476 号	朱樹怡
清华工程公司	江西路（江西中路）406 号	许梦琴
惠英卫生工程所	武定路 104 号（北京路 356 号）	骆慕英
伟汉工程行	山海关路 464 弄 9 号	王锦云
大华水电公司	静安寺路 1194 号（太仓路 119 弄 35 号）	施义方
新申卫生工程行	滇池路 97 号	陆南熙

① 上档 S1—1—5—160。

图 4-9　陆南熙

这其中最著名的就是从慎昌洋行独立出的陆南熙(图 4-9)(1902—1982)成立的新申卫生工程行,受哥哥陆南初(上海著名营造家)的影响,陆南熙考入上海南洋大学路况学校土木工程科学习建筑安装。民国 11 年(1922 年)学成毕业,进入上海著名的美商慎昌洋行,先后在工程部及卫生部任工程师,参加过静安别墅的暖气卫生工程设计和长江剧院的采暖通风等工程的施工。他感到暖通技术在现代建筑中有广阔的发展前景,但当时国内大学没有这一学科,后经同事介绍,于民国 21 年(1932 年)初自费赴美国纽约大学机械工程学院空调系深造,两年后毕业获得硕士学位,并成为美国采暖冷冻空调工程师学会正式会员。

民国 23 年(1934 年),陆南熙回上海后即在其兄陆南初的支持下创办上海新申卫生行,同时应朋友之邀,在上海伟汉工程行负责采暖空调卫生工程的设计工作。陆南熙在美国获得暖通专业硕士学位,并成为美国采暖冷冻空调工程师学会会员,实业部登记工业技师,上海公用局开业卫生工程技师。上海解放后,陆南熙被推举为上海市卫生工程同业公会理事长,历任中国建筑设计公司副主任工程师、建筑工程部北京工业建筑设计院采暖通风室主任兼主任工程师。在此期间,他主持和参加过国家许多重大工程的暖通设计,①成为我国暖通行业公认的创始人。

上海可以说是中国建筑设备安装行业的发祥地。建筑设备安装业从煤气灯安装开始,经历了从无到有,从外资垄断到华人水电行参与竞争的过程中,建筑设备安装业和上海的建筑业一起成长。由于建筑设备安装业有技术密集型的特点,其发展过程更体现出上海工业、特别是建筑业在现代转型中的特点。华资水电行随着华人营造厂的发展也在不断发展壮大,也很快掌握了包括空调安装在内的各项设备技术,从业数量上远远超过了外资安装企业。

但同时,由于原材料设备的对外严重依赖,“查水管工程,大部分材料,均养仰国外,兹政府管制输入,材料来源,顿感困难”②,部分高端建筑设备的安装比如:冷气、电梯等仍然被西方控制,基本没有内在的支撑。这种相对自主性的丧失,也使得上海建筑设备安装业的现代转型变得漫长而艰难。

① 王晓辉. 纪念第一代建筑设备工程师陆南熙[J]. 暖通空调, 2012(10):1-4.

② 上档 S134—1—1。

4.3　参与竞争:国产建筑设备业成长

4.3.1　核心技术缺失下的起步

中国近代工业发展是从 19 世纪 60 年代洋务运动创办的军事工业开始,并逐渐刺激其他相关工业部门的发展。随着投资范围的扩大,投资人范围也相应扩大,这样逐渐从官办、官商合办,发展到普通商业资本。在此背景下,工业建筑与新的技术的引入最先与力图"借法自强"的洋务官僚紧密联系在一起,后由来华办厂的外国人以及土生土长的早期中国民族资产阶级领导潮流,呈现出错综复杂的各种形态。[①]

在西方建造技术不断引进的同时,有识之士意识到建筑材料依赖进口的弊端,于是创办建材工业成为"自强运动"第二期的一部分,一直延续至 20 世纪初。国人初步建立起一批新型建材生产的企业,包括水泥、钢铁、砖瓦和玻璃等。这些企业普遍采用由西方引进的生产设备,甚至直接聘用西人担任技术复杂职位,引进西方式的资金募集方式与企业运行管理体制(股份制),建造一批大型工业厂房和办公建筑。其生产组织形式、生产效率与古代手工作坊有了天壤之别,为中国建筑业迅速发展期的到来,各种新型结构的成规模应用发展奠定了初步的物质基础,成为中国建筑现代转型过程中不可或缺的关键一环。[②]

建筑设备的生产发展则较晚,这是因为一方面技术引进首先从最大宗需求的商品开始,建筑设备最初占整个建筑造价比例相对较少,市场份额小,作为投资商还没有考虑到开发这些产品线。另一方面与其他建筑材料相比,建筑设备的技术含量相对较高:比如电梯,空调等,都是由国际大型设备制造企业生产,代表着当时最高的工业技术水平,行业进入的门槛较高。再者外商采取技术垄断,从材料、设备、人才及资金等各个方面,都有行业进入的瓶颈。

20 世纪 20 年代后,由于新型建筑的迅速发展,对于各种建筑材料市场需求更加扩大。因此,不仅有对大批量的水泥、机制砖瓦等建筑材料的需求,更对建筑设备如电风扇、电灯、电话和线管等需求大增,上海建筑设备制造产业的发端也是从这时开始的。

1) 水道管材业

水道业指卫生洁具和水暖五金件业。上海生产水暖五金件起始于民国三年(1914 年),这也是租界开始可以使用抽水马桶的时期,产品包括水箱零件、落水(又称铜排水)和淋浴器等,但长时期上海本地生产设备简陋,以修理仿造为主。

---

① 李海清. 中国建筑现代转型[M]. 东南大学出版社,2004:49.

② 同上,63.

水嘴,俗称自来水龙头。最早上海的水道用品(水嘴等)都由国外输入,销售、安装和修理均由外商垄断,国人不能仿造。清宣统二年(1910年),上海李德五金工场的创始人李厚德曾因仿造进口水嘴而被拘留,并受到“具结悔过,没收成品”的处理。民国3年(1914年),第一次世界大战爆发,外货来源中断,国内市场供不应求,国人仿造者日多,先有潘顺记五金工厂仿造水嘴成功,接着王英昌五金厂等4家,30年代中期达14家,从业人员130人。民国34年(1945年)发展到21家。当时比较有名的牌号有大华五金工厂的“马头牌”,云昌五金工场(厂)的“金钟牌”,立昌荣记五金工厂的“双钱牌”和德大五金工场的“眼睛牌”等。①

上海阀门生产起步较早。清光绪二十八年(1902年),潘顺记铜作坊用手工制造出铸铜茶龙头(旋塞阀)。民国8年(1919年),德大(盛记)五金厂生产出小口径“眼睛”牌铜质旋塞阀。截止阀、闸阀和消防龙头等,它是上海阀门制造业最早注册产品。②

陶瓷卫生洁具有坐便器、洗脸盆、洗涤槽和妇洗器等,上海并无生产。高档产品均被进口货垄断。而当时国内当时最大的卫生洁具生产厂为唐山启新瓷厂,总部在唐山,分部在天津和北京、香港、广州、青岛和南京等地有代理处。在上海也有办事处位于北京路135弄,唐山启新陶瓷也是第一个在西文杂志上做广告的国内建筑设备产品。③

民国10年(1921年)荣泰管子厂自制简易设备,将钢带弯成开口管坯,以手工在接缝处进行气焊,生产上海最早的国产焊接钢管。由于加工粗糙,用途不广,只供加工铁床床架之用。民国20年(1931年)民族资本家荣锡九、荣容褒、吴耀明合资在胶州路创办上海大通五金钢管厂,职工30余人,用进口带钢管加工电线套管,产品销本市外,还外销南洋地区,成为上海市第一家钢材出口企业。民国24年(1935年),永大机器厂建1台螺丝拉管机,改制进口无缝钢管,是上海第一家无缝钢管制造企业。④

2)暖通空调业

慎昌洋行是国内最大的热水锅炉和热水汀的外资供应商和生产商,对于这个行业具有引导和垄断作用。民国25年(1936年),蔡正粹在虹口西华德路(现长治路)的住所创建了四方机电工程公司,并研制成功国内第一水管工业锅炉,用于常州民丰纺织印染厂。⑤

民国4年(1915年),裕康洋行会计杨济川按照美国奇异电扇仿制成功国内最早的一台国产电扇。民国5年(1916年),杨继川与叶友才、袁宗耀等3人合资在北四川路

① 上海轻工业志编纂委员会.上海轻工业志[M].上海:上海社会科学院出版社,1996:573-576.

② 上海机电工业志编纂委员会.上海机电工业志[M].上海:上海社会科学院出版社,1996:160.

③ 见 The China Architects and Builders Compendium. 1937:191.

④ 上海冶金控股(集团)公司钢铁志编志办公室.上海钢铁工业志[M].上海社会科学院出版社,2001:13-14.

⑤ 吴祈生.蔡正粹与中国第一台工业锅炉[J].上海地方志,1993(5).

（现名四川北路）横浜路开设华生电器制造厂（1933 年改名华生电器厂），主要生产发电机、变压器、配电设备等电器产品。直至民国 13 年（1924 年），该厂为合兴造船厂制造直流电风扇百余台；次年，生产交流台扇 4000 余台。进入 20 世纪 30 年代，上海制造电风扇的厂商不断增多，规模较大的有中国亚普尔电器厂、复顺电器制造产厂、华南电器厂和华通电业机器厂等，从业人员达 2000～3000 人。抗日战争爆发前，上海电风扇年产量在 5 万台左右。

民国 23 年（1934 年）7 月郁鑫尧、周和莆等 5 人合资创办合众冷气工程公司（现上海第一冷冻机厂），设在归化路 68 号，它是国内最早的冷冻设备专业制造厂。

3）电气业

（1）电线：

上海生产电线起始于 20 世纪 30 年代，民国 20 年（1931 年），日商松源矿在大连路周家嘴路口，开办了中国协记电线厂（现上海电线三厂），它是上海最早生产铜芯橡皮线和民用花线的专业工厂。民国 26 年（1937 年），郑佩民创办了培成电业厂，它是上海最早生产橡皮绝缘棉纱编织软线的工厂。到抗战前夕，全国共有电线制造厂 100 多家，其中 57 家集中在上海。民国 34 年（1945 年）10 月成立了中央电工器材厂上海制造厂，及其所属第二电线厂，成为当时上海最大的电线制造厂，主要生产裸铜线、橡皮线、纱包线和电磁线等。民国 35 年（1946 年），宝康电艺机械附属宝康电艺机械制造厂（现上海电磁线厂）成立，它是上海最早生产漆包线的工厂。到解放前夕，上海电线制造企业发展到 100 多家。

（2）电光源：

随着白炽灯的使用增加，民国 6 年（1917 年），美商奇异安迪生电器公司（又称通用电器公司），在上海投资 100 万两白银开设子公司，用钨材料首次生产 15～40 瓦普通白炽灯奇异牌白炽灯泡，月产量为 5 万只。民国 10 年（1921 年），始由民族工商业者胡西园（图 4-10）等试制成功第一只国产白炽灯，并于民国十二年（1923 年）买下甘肃路德商奥本公司电器厂，聘任奥本为工程师，开设中国亚浦耳电器厂，成为上海第一家民族资本开设的电光源企业。生产 5～50 瓦亚浦耳牌普通白炽灯，如图 4-11 所示，月产量 2 万余只。民国 18 年（1929 年），李庆祥、甘镜秋等民族工商业者又创立华德电光股份有限公司，生产华德牌真空长丝灯泡，月产量 0.2 万只。[①] 而上海最早生产荧光灯的工厂是华德灯泡厂和中国亚浦耳电器厂。

图 4-10　胡西园

① 上海轻工业志编纂委员会. 上海轻工业志[M]. 上海：上海社会科学院出版社，1996：316.

图 4-11 亚浦尔灯泡

随着白炽灯生产的发展，其他光源产品也相继问世。民国 16 年(1927 年)，许石炯试制小电珠成功，并在闸北东洋花园开设公明电珠厂，生产日月牌、光荣牌 2.5 伏、3.8 伏小电珠、圣诞泡，畅销长江流域及华北一带。

国内制造霓虹灯始于民国十八年(1929 年)，曾任沪江大学校长的董景安首创远东年红公司(“年红”系 Neon 之谐音，寓有“年年分红”之意)，后转让于从美国留学归来的电气硕士张惠康经营，改名为东方年红电光公司。嗣后，由于广告业兴起，对霓虹灯需求增多。20 世纪 30 年代，生产霓虹灯有比利时丽耀电气公司、日本川北、日华电气社、中日合办的新光霓虹灯电气厂及紫光电气制造厂；国人开设的有光明、永生、金光、华德、来福胜和大来等霓虹灯厂。其中，新光霓虹灯电气制造厂把传统的“年红”改译为“霓虹”，含义更为妥帖。①

太平洋战争爆发，日军占领租界，实行灯火管制，不准开亮任何霓虹灯，霓虹灯被迫全部关闭。抗战胜利后，霓虹灯纷纷复业，中国、开明、奇异和金星等厂相继设立。此时，由于国外输入荧光粉管，霓虹灯品牌迅速增多，颜色在原有红、蓝、绿基础上，又有大红、玉色、紫色等各种新品，色彩更加艳丽。歌台舞榭、茶室酒楼、商店行号，无不使用霓虹灯。②

(3) 日用电炉：

一般指 3000 瓦以下的电炉，是家庭、医院和实验室等场所用来加热的电热器具，也是厨房电器中起源较早的品种之一。民国 13 年(1924 年)，上海复顺电器厂已开始生产日用电炉，商标为“复顺牌”。继后，又有金泰电器厂、大金电器厂和华通电业机械厂等 15 家厂生产电炉。抗日战争中，各厂不同程度遭到破坏，民国 34 年(1945 年)后才逐渐恢复生产。③

(4) 电话及交换机：

民国 9 年(1920 年)，中国电气股份有限公司开始生产仿德国的磁石式长途交换机；民国 17 年(1928 年)，生产仿德国的无绳式共电桌式交换机；翌年，又生产仿美国的共电式交换机。民国 22 年(1933 年)，上海新明电器厂采用进口电话号牌、塞绳和手摇发电机等。

---

① 上海轻工业志编纂委员会. 上海轻工业志[M]. 上海：上海社会科学院出版社，1996：319.

② 同上：320.

③ 上海二轻工业志编纂委员会. 上海二轻工业志[M]. 上海：上海社会科学院出版社，1997：445.

从 20 世纪 30 年代后期起，中国电气股份有限公司先后生产了仿美国的磁石式墙桌两用电话机、共电式电话墙机、自动式电话桌机和自动式电话墙机等产品。1949 年前，从事生产电话机、电话交换机及其零配件的民族电讯工厂主要有国际电话制造厂、晋隆电话器材制造厂、中国自动电信器材厂、永华电工器材厂、捷达新记电话制造厂、培基电讯器材厂、欧亚电讯器材厂及理立电信器材厂等。

根据 1947 年上海机制国货工厂联合会《国货工厂全貌》统计刊载的电工类建筑设备生产、销售、安装的企业刊载如表 5-4 所示。①

表 5-4　1947 年电工类建筑设备厂商统计

业别	刊载同业家数	业别	刊载同业家数
电机电器厂	50	电料行	77
电机器材	15	水电材料	62
电器行	60	水电工程	73
电泡	6	霓虹灯	12
电器冰箱	5	胶木电器	6

上海生产的建筑设备主要集中在电器、金属管材类产品，其原材料主要靠进口，这些工厂主要进行仿制和组装等工作，这也使得这些产品的成本控制和生产供应受国外市场的影响较大。

1935 年 10 月 10 日由中国工程师学会举办的国产建筑材料展览会是为了提倡国产建筑材料，发展本国工业起见。② 本次展览约集国内各大厂商，征集的产品按照种类分为水木类、五金类、钢铁类、油漆类、电器机械类、卫生暖气类和建筑工具类等七项，并对参展的建筑材料产品进行了评奖。其中建筑设备类有华生电器制造厂的电扇马达等、唐山启新瓷厂的卫生器具获得超等奖；亚光制造公司的电玉电木用具、泰记石棉厂的石棉管等、中华实业工厂的药沫灭火机及五金类、振业石棉公司的石棉管砖纸布等、上海泗汀材料厂、中国铜铁工厂、六河沟炼铁厂等的水汀气带、水汀炉等获得特等奖；新城钢铁管电机厂的钢管等、沈文记铁工厂的管子弯头等获得优等奖；天源凿井局虽无出产品，但成绩优美获得荣誉奖状。③ 这次展览业代表了中国建筑材料业当时发展的整体水平，而获奖的这些设备生产制造企业（基本为上海企业）和产品也代表了当时国内设备业发展的最高水平。但从整个设备的产品线来说，产品种类还是很单一，没有自己核心技术，技术含量较低。

---

① 根据国货工厂全貌.上海机制国货工厂联合会. 1947 年 P244 绘制。

② 中国工程学会主办.国产建筑材料展览会报告.工程周刊.1936 年 1 月 23 日星期四出版:38。

③ 同上:42-43。

总的来说，国外的建筑设备产品占据了高端的市场，其价格较高，利润率高。而国产产品的生产，因资金少、规模小、设备及技术薄弱，原材料依赖进口，因此缺乏核心竞争力，大多采用薄利多销的原则，面对低收入人群及内地市场。重要的建筑设备：大型锅炉、制冷设备、电梯等不能国产，从产品供给上来说完全依赖于外部，比较脆弱。

4.3.2 洋货挤压下的生存与发展

自甲午战败签订马关条约之后，外资在沪设立的工厂又开始大量增加，民族工业也有较快的发展。到了民国22年(1933年)，上海工业总产值已经达到11多亿元，超过全国工业总产值一半以上，上海成为全国的工业中心。但外资和民族资本的比例相差悬殊：民国25年(1936年)，上海工业总资本约5.62亿元，外国资本占71%，民族资本占29%。① 以电器机械为例，中国是远东最有价值的机械电子市场，它的进口额实际上已经超过了日本、英属马来亚、荷属东印度群岛的总和。② 整个市场已经英、美、德、日等国的产品瓜分。同期的亚洲国家—日本已经成为亚洲市场上有力的竞争者，特别在灯泡及小型电器元件上。因外货大量竞销，民族工业高中档产品和新品种产品因缺乏竞争的能力，市场占有率极低，致使民族工业的产品结构长期停留在低层的水平上。上海民族工业73类产品，一半以上的产品是以内地市场为主的。中高档的外货垄断着上海的市场，在很大程度上压抑着民族工业的发展，使民族工业被迫主要以技术要求不高、适应低消费水平需要的低档产品的生产来谋求自己的出路。据1932年的调查，仅电扇一项产值在全市电器工业中约占60%以上。形成这种产品结构比例的重要原因之一，就在于外资势力的压迫和排挤。

就整个民族机器工业而言，一方面，由于受自身资金、设备、技术条件等的限制，全行业机器制造业务的比重较小，修配业务常占行业总产值的一半以上。具体数据见图4-12所示，这也正是民族设备制造业的缩影。在帝国主义侵略下导致的中国诸多问题和危机中，经济机会的不平等以及经济发展的不平衡是不平等条约中危害最巨的问题。民族的富强和中国未来的前途系于创造一种经济发展的前提。③

由此，在20世纪初由民族资产阶级领导、以抵制洋货为内容的连续不断地反帝爱国运动，诱发了一场长达40余年的国货运动。这场运动中民族资产阶级，承继了洋务派和早期资产阶级改良思想家的思想，将“寓强于富”的提法转换成“实业救国”的口号，高举爱国主义的大旗，展开了轰轰烈烈的制造国货和销售国货的活动④成为20世纪上

① 上海对外经济贸易志编委会. 上海对外经济贸易志[M]. 上海：上海社会科学院出版社，2001：19.

② The Far EasternReview . 1937：164.

③ (法)白吉尔. 中国资产阶级的黄金时代[M]. 上海：上海人民出版社，1994：271-288.

④ 王儒年. 二三十年代的《申报》广告与爱国主义的世俗化[J]. 史林，2007(3)：115.

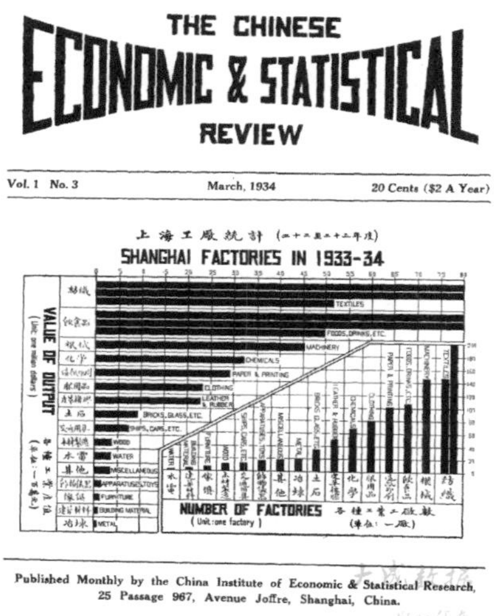

THE CHINESE
ECONOMIC & STATISTICAL
REVIEW

Vol. 1 No. 3　March, 1934　20 Cents ($2 A Year)

上海工廠統計
SHANGHAI FACTORIES IN 1933-34

VALUE OF OUTPUT

NUMBER OF FACTORIES

Published Monthly by the China Institute of Economic & Statistical Research, 25 Passage 967, Avenue Joffre, Shanghai, China.

大成数据 版权所有

图 4-12　1933—1934 年上海工厂统计

大成数据 版权所有

图 4-13　华生电扇广告

半叶最重要的运动之一。国货运动的兴起则因民族资本主义发展、民族主义增长以及政权支持而具有了持续性和广泛性。消费国货的行为已经超出中产阶级日常生活的范畴而成为一种应对外来压迫的民族主义实践并使抵制获得了正当性，从而建构起民族主义消费文化的意识形态基础，在社会整合及近代民族国家的形成中发挥了积极作用。[①] 而其中建筑设备的生产，华洋之间在灯泡和电扇领域里的市场竞争，则将上海寻求现代自主性的努力体现得淋漓尽致。

1）华生与奇异电扇的竞争

“五四”运动后，国人抵制洋货，提倡国货，这给问世不久的“华生牌”电风扇（广告如图 4-13）极好的机遇，国产电扇开始备受欢迎。华生电器厂对美商奇异安迪生电器公司出品的奇异牌电扇进行了全面剖析，在吸取其优点的基础上，对自己的华生牌电扇进行了彻底的工艺改革，终于使“华生”的质量以及产品造型、结构等方面，完全不逊于“奇异”，价格又便宜，销售量不断上升。民国 16 年（1927 年），华生电器制造厂对自制的各类吊扇做了为期一年的连续运转试验，继而送往苏州检测单位做连续 6 个月的实验运转，取得成功。此时“华生牌”电风扇的质量获得了广泛的肯定。先后获得民国 15 年（1926 年）上海总商会陈列所第四次展览会优等奖等多项奖状。[②]

至抗战前，华生电扇不仅在国内替代了外货，而且还有 1/3 产品出口外销。民国 20 年（1931 年），在国内 25 个城市、东南亚近 10 个城市与地区设立销售点。

1929 年，由于华生电扇大量上市，迫使奇异

① 王儒年. 二三十年代的《申报》广告与爱国主义的世俗化[J]. 史林，2007(3)：275.

② 上海二轻工业志编纂委员会. 上海二轻工业志[M]. 上海：上海社会科学院出版社，1997：415.

电扇在中国市场上销路步步下降，因此慎昌洋行向华生表示，愿出 50 万美金收买华生牌子，遭到拒绝。外商又准备跌价倾销，扼杀华生。[①] 当时，一些外商为继续占据中国市场，将电风扇零部件运至上海，然后雇工组装出售。其目的"一方谋关税之减轻，一方贪工资之低廉，制造少数电风扇，故意削低价格，捣乱市场"。为此，民国 25 年（1936 年）5 月，上海电器制造业同业公会呈请国民政府行政部批示"呈为请求令所属机关，及劝导各地民众，自后购置电器，应优先采用国货"，[②]通过政府的提倡和干预来保证国货市场的销售稳定。

20 世纪 30 年代初，上海电风扇生产企业日渐增多。为了一致对外，避免"自相残杀"，华生电器制造厂、华通电业机械厂、中国亚普尔电器厂于民国 24 年（1935 年），在上海福建路 495～497 号组建中国电风扇联合营业所，统一经营各厂生产的电风扇。民国 24 年（1935 年），国民政府实业部中央工业试验所对上海生产的电风扇与国外同类产品做了对比测试，内容有转速、风速率、电力、效用值和温升等。检测后的结论是：

十余年前，吾国所用电风扇均系舶来品，价格昂贵，近来国人设厂制造，已属不少。本所曾征集华生，亚浦耳，华通，华南及奇异各厂所制之电扇加以实验，所得结论，舶来品未必较国货为优。[③]

图 4-14　奇异电扇

在电扇这个领域，国货初步取得了华洋竞争的胜利。华生电扇历时之久、声誉之隆、惠民之广，在国产电器的工业设计史上是罕有匹敌的。早期有台扇、吊扇、通气扇和火车用扇等多种类型与规格，但在结构和造型上均以舶来品为蓝本。以最为常见的华生台扇为例，其外观几乎完全翻版于美国"奇异牌"，如图 4-14 所示。疏可跑马的网罩正面由象征风力的螺旋曲线构成，芒果形的风叶共有四片，圆锥形的底座亦较为沉重。这种亦步亦趋的外观仿制除技术原因外，更重要的是意图在消费者心中建立起"和洋货一样好"的观感认知。[④] 华生电扇的配件甚至一直可与"奇异牌"通用，质量也与后者旗鼓相当，这意味着当时的生产水准通过仿制已达到国际标准。外观设计的自主更新主要体现在外壳以铝合金代替铸铁，风叶增加镀镍及各种颜色，益臻美观。优质可靠的华生电扇打破了美国"奇异牌"独霸中

① 马荫铨. 华生电气制造厂的创办和发展. 20 世纪上海文史资料文库 3[M]. 上海：上海书店出版社，1999：324.

② 行政院批字第五七一号批示. 1936 年（民国二十五年）5 月 13 日。

③ 上海二轻工业志编纂委员会. 上海二轻工业志[M]. 上海：上海社会科学院出版社，1997：182.

④ 华生电扇之崛起与重生[N]. 新民晚报，2013-7-13.

国的局面，占据了可观的市场份额，这种美国式的设计风格也一直延续到新中国成立以后。

2）亚浦耳与中和灯泡的竞争

除了进口灯泡，美商奇异安迪生电器公司（又称通用电器公司）于民国六年（1917年）又在上海投资开设子公司，大量生产奇异牌白炽灯泡占领中国市场，如图 4-15 所示为其上海的工厂。第一次世界大战期间，上海民族资本的电光源工业有了发展，除亚浦耳、华德两家规模较大外，相继开办 20 余家中小型工厂。一战结束后，外国资本卷土重来。西门子销售它的兄弟企业德国亚司令灯泡厂出品的亚司令灯泡，并在 1925 年至 1926 年间联合荷兰飞利浦灯泡等，把亚司令（OSRAM）、飞利浦、奇异三种牌子把灯泡的零售价，统一跌到每只银洋 6 分，这是对我国电灯泡工业一个很大的打击。民国二十一年（1932 年）美国奇异、德国亚司令、荷兰飞利浦和匈牙利太斯令（TUNGRAM）4 家外商又组成光电源工业托拉斯—中和灯泡公司（图 4-16 为其公司广告），年产灯泡 500 万～600 万只，占领了中国市场。民族电光源工业因此遭到严重打击。但在交通大学、浙江大学、齐鲁大学、中山大学和中央研究院等单位和市民提倡国货抵制外货的支持下，使民族点光源工业终于能够维持下来，并得到发展。民国二十五年（1936 年），东北爱国将领张学良将军投资亚浦耳电器厂，鼓励扩大生产规模，并将产品投入东北市场。至民国 26 年（1937 年），电灯厂发展到近百家，远销香港、印度、南洋及英、法等国家和地区。[①] 到了 1949 年，普通白炽灯年产量：奇异安迪生公司为 247.5 万只，亚浦耳电器厂为 360 万只，华德灯泡厂为 600 万只，[②]国产灯泡占据了主要份额。

图 4-15　GE 上海工厂

图 4-16　中和公司广告

① 上海轻工业志编纂委员会. 上海轻工业志[M]. 上海：上海社会科学院出版社，1996:314.

② 上海轻工业志编纂委员会. 上海轻工业志[M]. 上海：上海社会科学院出版社，1996:316.

图 4-17　亚浦尔灯泡广告

图 4-18　德华灯泡广告

面对强大的竞争，作为国内最大的灯泡厂的业主—胡西园为给自己的灯泡取厂名和商标名，煞费苦心。开始他曾试用“神州”、“国光”、“三海”等纯粹中国化的厂名和商标，但由于当时社会普遍崇洋，都未受到经销商和顾客的青睐。为了迎合顾客心理，胡西园不得不起一个带“洋味”的厂名。于是选德国“亚司令”、荷兰“飞利浦”这两大世界名牌灯泡的尾首二字“亚”和“浦”，再寓意自己要超越洋人执中国灯泡制造工业牛耳之雄心，拼成“亚浦耳”三字作厂名和产品注册商标，灯泡简称“亚”字牌。① 胡西园将他的公司命名为亚浦尔（图 4-17 所示为亚浦尔灯泡广告），并在广告中特意提及他所雇用的德国工程师，以使产品能被市场顺利接受。在该品牌成功打响后，对此种伪装感到尴尬的胡西园在商标名称中加入了“中国”两字，并在包装上标上了“国货”字样。② 这一具有讽刺意义的事件揭示了中国资产阶级消费实践中抵抗行为的复杂性和矛盾性。中产阶级消费的特殊性在于：他们一方面以中西兼容作为消费的基本选择，另一方面又以抵抗或抵制的方式来对应民族主义与殖民主义的冲突和挑战。③

4.3.3　尴尬的抵抗

为了推销自己的产品，外资与华资企业之间开展了激烈的竞争。民族企业通过广告中支持国货的卖点来宣传自己的产品，而外资企业也通过广告来告知他们与其他产品（国货）的质量区别。华生电扇打出了“保用十年，免费修理”的质量承诺，这是一种强有力的对自己实力自信的态度。而德华灯泡则打出了“勿忘誓言中国人应用中国货，空言爱国，不如实事”（图 4-18）的爱国主义

---

① 上海历史博物馆. 都会遗踪. 上海历史博物馆论丛第五辑[M]. 上海：学林出版社：2012(1)：58.

② 葛凯. 制造中国：消费文化与民族国家的创建[M]. 北京：北京大学出版社，2007：184-185.

③ 连连. 20 世纪 20—40 年代上海中产阶级消费特征分析. 历史记忆与近代城市社会生活[M]. 上海：上海大学出版社，2012：273.

情感诉求，以期通过将“爱国主义延伸到国民具体的消费行为中”[①]。而外资的中和灯泡公司则发布“上一次当就聪明了”（图 4-19）来影射和暗示国产灯泡有质量问题。华洋之间激烈的竞争通过广告间的商战表现无遗。即便国货广告不断地宣讲其商品质量如何优美，但其溢美之词充其量不过是“与舶来品不做稍让”，还没有看到那则广告称其商品质量超过洋货。就是在这样的情况下，国货产品仍能在 20 世纪二三十年代的市场上有着相当好的销路，这一现象，不能不归结到国货广告的言说上。[②]

同时，国内企业为了抵抗外资，通过成立同业公会来团结民族企业，形成统一战线。其中胡西园分别筹组和加入了中国电机工程学会、上海市电工器材同业公会、上海市电器制造业同业公会、上海市机制国货工厂联合会、中华厂商联合会、上海市国货工厂联合会、国货厂商联合会、中华国货产销合作协会及中国国货联营公司等社会团体。而民族建筑设备制造企业就分布在这些行业团体中，这些行业组织的建立有力地促进了国货的发展。

图 4-19　中和公司灯泡广告

尽管国货运动深入持久地进行并建立起消费文化与民族国家创建之间的内在联系，但外国产品的性价比优势及其蕴含的现代性诱惑，使得民族主义意识和认同感在中产阶级消费过程中往往遭到削弱乃至忽略。在当时上海市场，都有一种洋货崇拜的心理（如今依然）：

> 国产材料出品之供给，在本质和数量方面，较诸往昔，确有进步，特以爱护提倡者之寡，兴喜用外货心里之未尽泯除。[③]

在建筑设备产品市场表现得非常明显，以民国二十九年（1940 年）丁陆保设计的棉业大厦工程为例，在其与康生工程行合同签订条款中，不仅卫生洁具及水暖器材，连所有的管道都须“欧美货物”，不得“混用杂货”。[④] 而民国二十五年（1936 年）在奚福泉设计的浦东同乡会大楼的电气安装合同及说明书[⑤]中也可看出，主要部分的电线使用为英国货、开关及灯插为美国

① 王儒年.二三十年代的《申报》广告与爱国主义的世俗化[J].史林，2007(3)：116.

② 同上：121.

③ 中国工程学会主办国产建筑材料展览会报告.工程周刊.1936 年 1 月 23 日星期四出版.37。

④ 上档 S233—1—147.

⑤ 上档 S117—1—62—207.

货，只有穿线管、开关箱、灯头箱这些次要部位为国货新成钢管厂出品的产品。这一方面表现了业主杜月笙等对于国货的支持，另一方面更体现出国人对于国货其实依旧的不信任，这使得国产建筑设备业的发展更举步维艰。

因此，民族主义对中国资产阶级而言一方面具有情感认同的意义，另一方面却又与其自由主义、现代主义价值观所主导的消费行为产生矛盾、冲突，导致中产阶级的消费实践与民族主义的联系是不稳定甚至是脆弱的，最终只能以一种灵活的现实消费策略来加以应对。[①] 即使以民族主义诉求从事国货生产的企业家，为了获得市场份额也不得不将其国货产品与舶来品联系在一起。抛开产品质量不说，从华生电扇对于美国"奇异牌"电扇外观的模仿，胡西园将灯泡命名为"亚浦尔"，这些主动与洋货所建立的各种联系，表明了国货的身份认同依旧是建立在一种对于西方的嫁接和想象上，并没有一种真正的自主性。这也使得上海的现代转型的道路仍旧遥远。

而到了抗战结束后，上海的民族工业随着内战又开始陷入低谷，胡西园心痛地指出：

今日之上海，由表面观之，乃甚繁荣，似未经受战事之损失者，然究其实为畸形之发展，且适足以反映中国目前政局之不安于经济发展的不良现象。国货电灯泡每个价四百元，美货每个仅二百八十元，仅此相差如何可谈爱用国货，战前国货能与外货竞争，乃因工资便宜。如今上海之高甲于全球，工人工作能力则最劣。[②]

至此，中国资产阶级的黄金时代已经结束。

4.4　本章小结

建筑设备作为西方舶来的产品和技术，在上海除了对建筑发展和社会进化有直接影响外，其产品的输入、制造和安装则从宏观社会经济层面对上海的贸易、制造和建筑业产生影响，这种影响直接关系到上海现代化的进程。

建筑设备最早作为倾销的机械贸易物质，通过洋行引入上海，洋行垄断了高档建筑设备的进口和生产，获取丰厚利润；建筑设备产品的大量引入，也改变了传统的生活方式，这一点可以从暖气热水汀的推广上表现出来，这些状况也成为当时中国进口贸易的一个缩影。这种跨越式的引入，一方面在很短的时间里缩小了上海在建筑技术上与西方发达国家的差距。但同时，这种非内在自发渐进式的跨越，由于没有自身民族产业的支撑，变得相对脆弱。

---

① 连连.20世纪20—40年代上海中产阶级消费特征分析.历史记忆与近代城市社会生活[M].上海：上海大学出版社，2012：275.

② 胡西园.上海工业近况.西南实业通讯第十四卷.1946：17.

与此同时，民族建筑设备制造和安装业在迅速发展中，一个产业雏形也逐渐清晰，即使是国人从商业利益行为的考量，但也意味着建筑业的主体性在逐渐建立。国人在竞争中掌握了先进的技术，培养了人才，并将建筑设备技术从上海辐射到了全国，这也推动了当时整个国家建筑设备技术的应用和发展。

但这种主体性的建构显然并不成熟，虽然上海建筑设备民族制造和安装企业的出现对于打破外资企业的市场垄断具有重要的意义，但是由于国家整个制造业基础的薄弱，存在着技术、材料、人才及资金等诸多方面的先天不足，上海(同时也是中国)的建筑设备产业"没有走出修配和仿制的窠臼"，[①]在技术含量较高的建筑设备产品(电梯和空调)制造方面仍未能起步，市场仍被进口产品所垄断，高档复杂建筑设备的生产安装依旧是外资企业的天下。由于缺乏有力的市场竞争，高昂的价格也阻碍了这些西方工业文明先进成果在中国的应用，这对于中国建筑的现代转型的进程造成了不利的影响。[②]

20世纪初的国货运动又给民族企业的发展带来了机遇，尽管国货运动唤起民族的自尊和自觉，但上海中产阶级的本身复杂矛盾性使得在选择建筑设备上态度依旧是暧昧的。包括整个社会崇洋的风气，都可以从建筑设备产品选择上清晰地看出，这都使得国产建筑设备产业包括其他国货制造的发展举步维艰。华洋之间的竞争也在设备行业:灯泡和电扇产品上表现得非常激烈。除了倾销与反倾销，国产建筑设备不仅需要从产品质量提高上来与外国产品抗衡，更需要从爱国主义的高度来提升产品的附加价值，甚至需要国民政府出面来提倡国货的使用。这种矛盾的窘境，反映出了整个民族工业在当时所面临的困境，这也说明了当时上海社会的现代转型依旧任重而道远。

---

① 上海机电工业志编纂委员会. 上海机电工业志[M]. 上海:上海社会科学院出版社，1996:2.

② 钱海平. 以《中国建筑》与《建筑月刊》为资料源的中国建筑现代化进程研究[D]. 浙江大学博士论文，2006:242.

第5章　都市现代性在建筑设备中的呈现

在(母亲)的公寓里第一次见到生在地上的瓷砖浴盆和煤气炉子,我非常高兴,觉得安慰了。我所知道的最好的一切,不论是精神上的还是物质上,都在这里了。因此对于我,精神上与物质上的善,向来都是打成一片的。

——张爱玲《私语》(1944年)

与强调一种以工业化为核心的世界性历史变革过程的“现代化”不同,现代性是指由现代化及其结果所唤起的相应精神状况和思想面貌。[①] 因此,对于上海现代性讨论是指上海的现代化如何通过物质层面、制度层面、精神层面的多重依附与呈现,最终创建了一种新的都市文化观念的问题。这种观念既从物质层面表现,更影响制度和精神层面,从而使得上海在外力和内力的相互作用下,通过自身的发展获得改变。这种发展取得规模效应和示范效应,从而带动了中国的社会变迁。

西文中的“Moderne”首先在上海被音译为“摩登”并非偶然,汉语中的“摩登”一词出现于20世纪20年代末期。[②] 所谓摩登者,即为最新式而不落伍之谓,否则即不成其谓“摩登”了。[③] 摩登除了现代时间尺度的概念外,还有“时新的”(new,up-to-date)、“时髦的”(new fashioned)的意思。因此,摩登在上海的翻译与现代性之间就有了互为镜像的关系。

上海比中国其他城市更具有“现代性”实践的优势。19世纪中期开始,石印、铅印等西方印刷技术首先引入上海,逐渐成熟并取代了原有的雕版印刷方式,开始了机器印刷的时期。19世纪末20世纪初,晚清以降的白话文运动语言革命,下层社会的启蒙运动成为可能。[④] 在这些条件的促进下,上海无疑(成为)是现代性观念的“文化产品”中心,一个集中了中国最大多数报纸和出版社的城市。[⑤] 白吉尔夫人也认为:上海之所以

① (法)白吉尔.上海史:走向现代之路[M].王菊,赵念国译.上海:上海社会科学院出版社,2005:3.

② 张勇.摩登考辨——1930年代上海文化关键词之一[J].中国现代文学研究丛刊,2007(6):37.

③ 《新辞源》之“摩登”条.申报月刊第3卷第3号.1934年3月5日。

④ 许纪霖,罗岗.城市的记忆:上海文化的多元历史传统[M].上海:上海书店出版社,2011:65.

⑤ 高梦滔.沦陷都会的传奇[M].北京:社会科学文献出版社,2008:56-57.

比中国别的开放城市先进发达，就是因为上海很早就从现代化进入了现代性。也就是说，现代性在现代化的过程中植入了上海和它的居民的本质中。[①]

建筑设备的引入除了对上海的城市及建筑现代化产生重要影响，对上海社会观念的改变也是巨大的。建筑设备既是承载现代性的物质载体，也是现代性的重要标志。作为一种实体存在，建筑及其附属物包括建筑设备构成了我们的感觉结构，它除了具有技术上的尺度、审美的特性，还蕴涵着丰富的生活体验。通过对建筑设备在不同时期传播及使用的考察，可以理解当时人们如何认知、利用这些西式器物，以及依附在建筑设备上的科学体系如何影响上海的社会进步，人们又如何通过建筑设备搭建关于上海现代性认知的。

5.1 建筑设备的技术体系

从一开始，中国的现代性就是被视为一种文化“启蒙”的事业，而“启蒙”一词源于中国传统教育，即小童从他的老师那儿习得的第一课，因此，这个术语在现代性的民族大计中，披上了新知“启智”的新含义。[②]

洋务运动后，随着上海水、电、煤等引入，与之相关的西方科学认知：电学、力学、重学和热学等建筑设备基础理论知识先后被引进，在先期对于建筑设备科学原理的启蒙起到了重要作用。与此同时，在教育领域也逐渐形成完整的一套科学体系，对于现代性的发展是有促进性的。而随着建筑业的蓬勃发展，对于相关专业知识的需求，专业教科书及专业教育的开展，对于建筑设备的科学体系发展起到了关键作用。

5.1.1 基础知识的先导

上海等城市引入煤气照明的同期，也正值中国 19 世纪 60 年代到 90 年代的洋务运动。这个时期，清政府设立了江南制造局译书处、京师同文馆等机构，翻译或编译了大量西方科技书籍，包括煤气理论知识在内的西方科技知识系统，被全面地传入中国。晚清传播西方科技文化的刊物有很多，其中在知识界和民众间影响较大的主要有《格致[③]汇编》《格致益闻汇报》《格致新报》和《万国公报》等，这些刊物中介绍了大量建筑设备及其原理相关知识。先期引入的煤气、电灯因其原理复杂，一般民众不易理解，成为科学启蒙的重点。而后，自来水引入后引起居室卫生的变化也成为关注的焦点。

---

① (法)白吉尔. 上海史：走向现代之路[M]. 王菊、赵念国译. 上海：上海社会科学出版社，2005：430.

② 高梦滔. 沦陷都会的传奇[M]. 北京：社会科学文献出版社，2008：59.

③ 早在明清之际，外国传教士与中国学者在介绍西方物理学时，开始用《大学》上的“格物致知”一词，对应西方的物理学，因此出现了格致学一词。广义上的格致学指近代自然科学，而狭义上的格致学则专指西方近代物理学。

《格致汇编》(Chinese Scientific Magazine)于 1876 年 2 月在上海创刊，开办目的是传播西方格致之学。该刊物主要介绍自然科学和工业技术等知识，大部分文章译自英、美等国自然科学类杂志或参照编写，该刊被认为是中国近代第一份科技期刊，由傅兰雅任编辑。《格致汇编》的内容与上海社会科技发展紧密联系，除了专业知识，也报道国内外最新的科技新闻。

《格致汇编》在创刊第二年就发表了“论煤气灯”①，对煤气的制作、煤炭的化学物理性质等进行了科学的阐述，对煤气中可燃成分的化学组成进行了介绍，并介绍了中外煤气的发展历史。而之前的 1875 年，傅兰雅就江南制造局出版的《化学鉴原续编》卷二：“蒸煤所得之质”就对煤气的净化原理给予了专业性的介绍。1879 年，上海试燃第一盏电灯的同时，关于电学的译著就出版了。就电学方面，当时的主要出版物见表 5-1 所示。

表 5-1　早期的相关电学译著

年份	书名	作者	出版机构
1879	电学	(英)诺德著，傅兰雅，徐建寅译	上海江南机器制造总局
1887	电学须知	(英)傅兰雅	上海格致书室
1887	电学图说	(英)傅兰雅	上海益智书会
1896	电学纲目	(英)田大里辑，(英)傅兰雅，周郇译	上海江南机器制造总局
1899	格物质学	(美)史砥尔撰(美)番慎文译	上海美华书馆

《格致汇编》在国内最早提到白炽灯。1880 年 4 月，在回答上海读者来信询问时，《格致汇编》介绍了包括爱迪生发明碳丝灯的过程，各种材料碳化方法，性能之优劣，碳丝灯结构和原理等，及其省电、适用的特点。②

英国传教士傅兰雅参与翻译或编译了多部电气照明的重要著作。其中《电学》一书理论与应用兼备，符合当时中国发展近代科技的需求，再加之译者较高的科学素养和翻译水平，使之受到晚清知识阶层欢迎，20 余年间多次再版，对近代西方科学传播的贡献巨大。③

为了适应学生的教材使用，1882 年开始傅兰雅参考国外科技书刊编译出版的《格致须知》丛书便有重学、力学、电学、声学、光学、水学、热学、动物、植物和全球共 10 种须知。④ 其中近一半的丛书都与建筑设备原理有关，并于 1902 年被全国各地很多学校选用为教科书，⑤成为新式教科书的先导。1890 年，《格致汇编》开始连载《居宅卫生论》，

① 傅兰雅. 格致汇编(第二年秋). 上海格致书室铅印本. 1877。

② 黄兴. 电气照明技术在中国的传播应用和发展[D]. 内蒙古大学，2009:44.

③ 李嫣. 清末电磁学译著《电学》研究[D]. 清华大学，2007.

④ 熊月之，高俊. 上海的英国文化地图[M]. 上海：上海锦绣文章出版社，2011:64.

⑤ 熊月之. 西学东渐与晚清社会[M]. 北京：中国人民大学出版社，2011:538.

这是近代最早的建筑技术类的文章之一。

在其他当时重要的报刊中,《教会新报》从 1869 年到 1873 年关于电气的各种报道达 22 篇,[①]其中包括了电气的基本知识和西方电气新物的发展。《万国公报》在 1877 年至 1907 年间,共刊登了 40 余篇关于电灯的文章,也是晚清刊登电气照明相关文章最多的刊物。这些文章其中大部分是介绍英、美、德、比等国安装使用电灯的情况,少量文章报道中国装设电灯的情形,同时对上海电光公司的早期经营做了报道,如 1882 年 8 月 26 日"试验点灯",介绍了 1882 年 7 月上海电光公司安装电灯的时间和地点。1882 年 9 月 23 日"电灯费重",讲到电弧灯费用比煤气灯高等。

晚清译著和报刊共同成为当时国内建筑设备相关认知的主要来源。前者侧重于建筑设备理论与技术,而后者偏向于应用和影响。近代期刊的读者包括知识群体在内的全体民众,从这个角度讲,报刊对于科技知识的普及在当时的影响范围要广一些。

5.1.2　设备专业的成型

晚清开始兴办新式学堂,1874 年徐寿和傅兰雅在上海创办的格致书院其课程设置就以讲授西方格致诸学和工艺制造技术为主。傅兰雅为书院设计了一套内容齐全的《西学课程提纲》,包括矿务、电务、测绘、工程、汽机和制造等 6 类,每类又设置几门到几十门课程。例如:电务类设置了数学、代数学、几何、三角、重学略法、水重学、气学、运规画图法、汽机学、材料坚固学、机器重学、锅炉学、配机器样式法及电气学等分支课程。[②]可见电务类的课程是宽泛的电气应用,其中包括了发电、供电及学科的基础知识。

同时,各种专门学校包括大学也应运而生,各类专门学校先后设立建筑科、土木工程科、电气科、机械科等及其他与之相关工科专业,依托建筑与土木学科发展的建筑电气、卫生工程等也被引入中国和上海。可以肯定,正是这种循序渐进的吸收、引进乃至自己培养专业人才,方使中国人初步建立起一套基于近代科技的建筑工程学科体系与职业规范,从而与依赖经验的传统营造体系有根本不同。[③] 在清末虽有了《高等农工商实业学堂章程》,但并没有开设建筑课程,而仅在中等工业学堂设置建筑科,民国后开始在工业专门学校中实施了建筑教育。[④] 根据 1912 年的《大学规程》[⑤],建筑课程中就包含了水力学、热机学和卫生工学这些建筑设备的专业课程。在其他学校开始建筑科的

---

① 上海图书馆近代文献搜索。

② 中国社会科学院. 近代史研究所近代中国与世界第二届近代中国与世界学术研讨论文集第三卷[M]. 北京:社会科学文献出版社,2005:455.

③ 李海清. 中国建筑现代转型[M]. 南京:东南大学出版社,2004:80.

④ 徐苏斌. 近代中国建筑学的诞生[M]. 天津:天津大学出版社,2010:110.

⑤ 华东师范大学《教育科学丛书》编委会编辑.《中国近代学制史料》第三辑[M]. 上海:华东师范大学出版社,1990.

同时，上海南洋公学[①]等先后开设电气机械工程专业，培养中国最早的电气技术人才，并在电气照明理论和电光源制造方面产生较大的影响。上海南洋路矿学校土木工程系的建筑安装专业是中国最早开设的建筑设备安装专业，我国第一代建筑设备工程师陆南熙最早就毕业于此。

清末民初，由于社会科技应用发展迅速，对专业技术人才的需求日益扩大，科技知识需要大量地转化为科学实践来促进社会的发展和改良。因此对于科技知识的学习，形成了从通俗的科学普及到专业的大学教育一整套知识教育模式。由于建筑设备与日常生活关系密切，关于建筑设备的科学认知体系也非常完备，以电话为例，既有儿童理科丛书[②]，又有小学生文库[③]，也有成年人看的新生大众文库[④]，更有专业的《电话工程学》[⑤]和大学教材《电话学》[⑥]。通过不同类型人群有针对性的了解、学习和实践，推广了这些科学知识的传播和普及，使得新式教育的功能得到实现。

以中华文库初中第一集《近代的灯》[⑦]为例，全书分八个章节论述了包括石油灯、白炽电灯、气体导电灯等在内的十余种灯具形式，可见当时灯种类之齐全。另一方面书中对光的原理：光源、光色、光强和照度等进行了专业解释，并有专业词汇的中英文对照，体现出专业性。考虑到当时整个社会劳动力受教育的平均水平比较低，这样的中学教育已经具有了中等职业技术教育的功能。

1930 年代是建筑设备技术发展最为迅速的时期，这个时期出版很多设备技术的专业书籍。以电光源部分如表 5-2 为例，可见当时处于技术引进期，国外新发明技术都在最短的时间里被引入上海并吸收消化掌握。

在电气安装方面：1936 年上海商务印书馆出版丁伋编著的《屋内电灯装置概要》，该书的线路安装部分以 1930 年 6 月建设委员会公布的《屋内电灯线装置规则》为参考，通过五章的内容来讲述电灯线路的设计。其中第三章为线路装置，以导线、导管之装置及布线为主，是该书重点。还有接户线、接地法、电具及装置、电铃线路及装置和导线铰接法等内容。

---

① 1912 年，学校改隶北京国民政府交通部，更名为交通部上海工业专门学校。并将铁路科改为土木科，电机科改为电气机械科。

② 许應昶．电话．商务印书馆．1933。

③ 许應昶．电话．商务印书馆．1934。

④ 顾均正．电话与电报．新生命书局．1933。

⑤ 张季龙．电话工程学．启智书局．1935。

⑥ 陈湖，王天一．电话学．中国科学图书仪器公司．1948。

⑦ 徐天游．近代的灯．中华书局．1948。

表 5-2　建筑设备专业书籍(电光源类)

出版年代	书名	作者	出版社	内容概要及特点
1933 年	电灯	张延祥、余昌菊	商务印书馆	作者张延祥、余昌菊分别是南洋公学电气机械科电机工程门 1922 年、1926 年毕业生。全书共 17 章,讲述电气照明理论、电光源结构、照明设计、电灯安装及使用等内容。曾数次再版,影响很大
1935 年	电灯泡	冯家铮		作者为南洋公学毕业生,本人也是国民政府中央电工器材厂的筹备处委员
1936 年 8 月	氖灯工业	朱积煊、高维礽	商务印书馆	介绍氖灯发展史略、功效、构成、所用材料及种类等
1936 年 11 月	霓虹灯广告术	哥尔德著,陈岳生译	商务出版社	介绍霓虹灯的制作方法,安装和保养
1948 年 6 月	日光灯实用手册	陆鹤寿、陆益寿	上海国民文化出版社	两本都有中英文专用名词对照表
1948 年 8 月	荧光灯	仇欣之	上海技术协会	

在电话工程方面:1935 年启智书局出版了张季龙编写的《电话工程学》,系统地阐述了电话安装工程技术。全书分 21 章,分室外及室内布线及材料、架空及埋地电缆工程,线路障碍排除等多方面论述,非常详尽。而抗战胜利后的 1947 年,上海交通大学的陈湖与上海电话公司工程师王天一合著的大学教材《电话学》则由中国科学图书仪器公司出版,全书共 350 页,插图 320 帧,可作为大学或专科学校教材及电信从业人员参考书。陈湖在书的自序指出本书"采取美英各书之长,删繁增减,若干重要材料并采用德文书籍"。可见当时主要的科技书籍还是以引进、翻译和消化为主。

在给水方面:目前能查到最早的卫生工程专篇来自 1908 年《学海》1(1)的"工学界"的卫生工程要论,从自来水和改良式阴沟两部分来讲解如何通过给排水实现卫生。

1937 年商务印书馆出版的清华大学教材《给水工程学》在引言中指出了卫生与给水的关系:

卫生工程之目的,为改善人类之环境,防止传染病之发生,以增进人类健康,而降低死亡率,使吾人多为国家社会服务。

而后指出:

根据卫生署及各地卫生机关估计,平均每年每千人中死亡约三十人,与印度之死亡率相仿佛。较欧美各国约高出一倍。死亡率之减低,赖医士、公共卫生人员与卫生工程师之共同努力,固无疑问,而卫生工程师之工作,如给水、下水、居住、垃圾等问题,尤为根本,贻为世人所公认。

书中提出了卫生工程师的职业定位和给水与健康的重要关系。

《给水工程》(出版日期不详)是上海厚生出版社出版的中国工程师手册[①]系列丛书中水利手册的第九编,汪胡桢著。内容有给水规划、水源考查以及取集、输水、净化及分配等工程。本书对于给水的历史从古罗马时代予以了回顾,特别指出我国都市给水:

为唐朝钱塘六井为详,唐宰相李公长源始作六井,引西湖水以足民用。其后刺史白公乐天治湖浚井,刻石湖上。至于今赖之。

而现代意义上的给水工程之设立:

首推旅顺,时在前清光绪五年(1879),李鸿章防御渤海,驻海军于旅顺,乃埋六寸管若干米,引八里庄龙引泉水,以供军用。[②]

尔后才是 1882 年上海自来水公司等开始国内其他城市的自来水工程,这是国内学者第一次对于给水发展史的回顾。本书主要以上海为参照,对国内的给水工程予以指导。而其姊妹篇排水工程则是水利手册的第四编,由张书龙著,全书分八章对整个排水体系予以了说明(建筑排水仅占整个体系的很小部分)。

商务出版社的《工学小丛书》是 1930 年代一套重要的工学科技丛书,与建筑设备有关的有:朱有骞编著的《自来水》、陆警钟著的《暖气工程》、黄述善著的《冷气工程》等。

《自来水》[③]一书分七章主要论述了自来水的制作过程。特别在序言中指出我国自来水事业的落后,自来水对于清洁、预防传染病和消防的作用。

《暖气工程》(图 5-1)一书则回溯了上海乃至我国安装暖气的历史:

回溯中国之有暖气工程者,约为近二十五年之事,当时仅一外商 Good-Fellow Company 独操其事,然时代巨轮推至今日,试观有暖气设备建筑物之众多,卫生暖气工程所之林立,足见暖气事业之蒸蒸日上也。[④]

书从四个方面:暖气工程之预算,暖气工程,特种建筑物之设计(学校、医院、花房及工厂),暖气工程之设备及管理来阐述。

《冷气工程》(图 5-2)则分为八章探讨冷气的原理及空调方法。其中对空气的各种性质和热工理论都有专门论述,是一部专业的理论教材。并结合实际情况,专门讲解了空调简易设备:用热水间接加热空气以自来水为冷气之媒介、用蒸汽间接加热空气、以井水为冷气之媒介等方法,提出了针对上海地区各种特殊的条件因地制宜的各种简易空调方法,显示出一种灵活性。同时,作者也指出本书的编著多参照采用美国《家庭工

---

① 本手册分三大部分:基本手册,土木手册和水利手册,共计 41 编,由厚生出版社出版。

② 汪胡桢. 给水工程[M]. 上海厚生出版社. 时间不详:1.

③ 朱有骞. 自来水[M]. 上海:商务印书馆,1935.

④ 陆警钟. 暖气工程[M]. 上海:商务印书馆,1938:1.

图 5-1 《暖气工程》

图 5-2 《冷气工程》

业》杂志(Domestic Engineering)的资料[①],可见上海的空调技术发展还是主要以美国为学习参照,这也是因为美国当时在空调技术方面领先的原因。

专业教育是科技知识传播的主要渠道,教材则系统地传授了技术理论和技能,这使得建筑设备技术的推广和普及成为可能。至此,上海已经有了专门的建筑设备相关专业及教材,并通过引进、消化、吸收,其专业深度和内容基本都能与国际同步,大大地促进了建筑设备专门人才的培养,也加快了建筑设备行业的发展。

5.1.3　专业术语的转译

近代中国经济、政治、社会和文化等领域内所产生的“现代化进程都是用各学科的术语加以界说的”。[②] 语言既是文化的载体,又是文化的重要组成部分,而带有鲜明的民族和地域文化特征,也是观察社会生活变化的一个窗口。随着近代科学技术传入,科学名词的制定成为科技传播的重要内容之一。上海因其地缘的特殊性,成为各种科学知识引入的窗口。由于建筑设备及其整个体系是完全西方的舶来品,因此对其术语形成的分析可以看出西方文明如何通过翻译和转译来实现“中国化”和“上海化”。

当时对于西方科技词汇的翻译存在两个并行的体系:一方面是自行翻译西方词语,比如江南制造局翻译的《电学》《电学纲目》等书中的电学名词均属首创,为中国电学名词之滥觞;另一方面由于日本西化较中国早,相当多西语词汇首先经日本学者翻译成汉语,通过借鉴日本已经翻译成型的汉语,经过中日文化交流再传到中国。1900 年后,从日本转

---

① 黄述善. 冷气工程[M]. 上海:商务印书馆,1935:144.

② 费正清. 剑桥中国晚清史下卷[M]. 北京:中国社会科学院出版社,1985:6.

口输入的西学数量急剧增长，成为输入西学的主要部分。[①] 在此期间，由于同是建立在汉字文化圈内，日文转译的汉语和中国自己翻译的汉语词汇在经过一段时间的试用之后，逐渐融合，并成为汉语的新兴词汇，这些词汇对现代汉语的形成有非常重要的作用。

作为对外交流的前沿，上海在翻译西方词语时形成了自有的鲜明特色。从词源学上来讲，一方面形成了独特中文和英语的混合结构，即所谓的洋泾浜英语。另一方面在中国没有对应词汇表达时，又采用了上海方言进行音译。比如“Cement”被翻译为“水门汀”也就是现在的“水泥”、“Telephone”被翻译为“德律风”也就是日语和汉语中的“电话”、“Smart”被翻译为“时髦”等，至今沿用，等等。

因此，在科学术语引入上海过程中，就形成了英文翻译、日文转译和上海话翻译并存的科学术语表达体系。从洋泾浜英语到上海话，从借鉴日语回传到汉语，之间相互杂糅，并广泛适用。建筑设备的专业词汇因涉及电学、卫生学、热工学和工程学等，而且处于输入期，这些专业术语在不同的场合和著作里，翻译各不同，一些常用的建筑设备术语翻译见下表 5-3 所示。[②]

表 5-3　建筑设备专业术语对照表

专业	中文	英文	日文	上海话
给排水	自来水管	water pipe	水道管	自来水管
	法兰	flanges	フランジ	法兰
	铸铁管	iron pipe	鋳鉄管	生铁管
	熟铁管	wrought iron pipe	錬鉄管或錬鉄パイプ	熟铁管
	同心异径管	reducer	レジューサー	大小头
	镀锌铁管	galvanized iron pipe	亜鉛メッキ鉄パイプ	白铁管
	软管	hose	ホース	皮带管
	泵、唧筒	pump	ポンプ	邦浦
	阀门	valve	バルブ	凡而
	喷淋	sprinkler	スプリンクラー	洒水器、喷水管
	消防栓	hydrant	消火栓	救火龙头、保险龙头
	排水口	outlet	排水口	排水口

① 熊月之. 西学东渐与晚清社会[M]. 北京：中国人民大学出版社，2011：11.

② 根据 1.《物理学语汇》学部审定科编纂上海商务印书馆代印光绪三十四年（1908 年）二月；2. 乌兆荣《五金货名华英英华对照表》上海胜源五金号 民国三十五年（1946 年）十二月十日发行；3.《英华华英合解建筑辞典》上海市建筑协会 民国二十五年（1936 年）；4.《建筑设备》中西义荣编著 东京常磐书店 1934 年综合而成。关于日文部分，早期用汉字较多，现在用假名较多，具体内容见表。

续表

专业	中文	英文	日文	上海话
煤气	煤气	gas	ガス或瓦斯	瓦斯、自来火
	煤气表	gas meter	ガスメーター或瓦斯表（前面是英语音译）	自来火表
	旋塞	cock	コック	考克
电气	插头	plug	プラグ	朴落、卜落
	插座	outlet	アウトレット或コンセント（前面是英文音译）	朴落、插朴
	开关	switch	スイッチ或點滅器（前面是英语音译）	开关
	电表	kilowatt hour meter	電気メーター	火表
	发动机	motor	モーター或電動機	马达
	电梯	elevator	エレベーター或升降機	升降机
	电珠	torch bulb	豆電球	电珠
	电话	telephone	テレホン或電話（前面是英文音译）	德律风
	霓虹灯	neon －light	ネオン管燈	霓虹灯
	荧光灯	luminescence lamp	螢光燈	荧光灯
暖通	冷凝器	condenser	コンデンサー或凝縮器	冷凝器
	蒸汽管	steam pipe	スチームパイプ或蒸気パイプ（前面是英语音译）	泗汀管
	散热器	radiator	ラジエーター或放熱器（前面是英语音译）	热水汀
	暖气设备	heating apparatus	暖房機器	暖气设备
	通风	ventilation	通風或換気	通风
	空调	air conditioner	エアコンディショナー或空氣調和（前面是英语音译）	空调

从表中得知，从英语翻译的词汇首先源于日常实践，这是洋泾浜英语的上海话音译，是日常贸易和工程营造中直接习得的词汇，广泛应用于日常项目、合同及图纸使用的口头及书面表达，反映出一种灵活性和实用性。从日语中借鉴的词汇多为意译词汇，大多出现在正式的报刊、教科书及词典里，反映出一种科学性和民族性。从音译到意译，是一种国家和民族性的表达，而上海在这其中表现了灵活性和模棱两可，也是“上海性”的表现。

对于现代性的向往使这些外来词语具有了合法性，甚至把这些词汇当作本民族语言中的一种表达形式。[①] 虽然这些用上海话音译的外来词汇中很多都已经退出历史舞台，但它在一定程度上影响或增加了许多上海话甚至普通话中的词汇。很多词汇一直沿用至今，特别是在工程实践方面，用上海话表示的工程名词是实际工程使用中的约定俗成，通过师徒间一代代的口传心授，与官方的专业术语并行，沿用至今。同时中国的设备安装技术是从上海开始传到全国，因此这些方言叫法也随之传到全国各地，比如管子的直径用几寸几分表示，电机叫马达，镀锌钢管称为白铁管，铸铁管称为黑铁管等，一直延续至今。而阀门叫“凡而”的用法，也随着 1949 年一些上海营造厂随国民党入台被传入台湾，至今在台湾地区还广泛使用。而电梯叫“升降机”的叫法则依旧保持在了台湾、香港和日本地区。

5.1.4 设备成为公共话题

近代上海大众媒体的繁荣和对都市化进程的解读是建筑得到公共讨论的主要原因。[②] 作为舶来的新式事物，各种建筑设备在上海的出现在当时都是新闻事件，也是新闻报道的焦点。大众传播媒介对于建筑设备的大量集中报道传递了一个重要信号——现代建筑及其技术作为一种新的文化事件已经为社会所好奇。随着大量建筑设备的引入所带来的好处，人们已经从对这些事物的好奇转向对这些事物的认可、效仿和接受。因此，在社会报刊的内容取向上：一方面杂志不断作为社会新闻，报道在上海出现的新建筑、新建筑里的各种新设备。1930 年代，在报纸上对于建筑的宣传中随处可见诸如“美善新奇”“装置齐备”“日光、空气两具充足，居家租赁，经济便利两全”之类的赞美词汇。[③] 另一方面，他们也通过在报刊上开辟专门的栏目，介绍这些建筑设备基础知识：包括原理、组成、使用方法等，来普及基本的建筑设备科学知识，在大众层面进行着带有科普性质的建筑话题及相关知识的传播。通过这两个方面，来达到对普通民众的启蒙。而在专业期刊中，关于建筑设备的讨论主要还是集中于建筑和土木工程领域，将其作为一个独立专业的讨论则到是到了 1940 年代出现的专门行业期刊中才出现。

1）报纸副刊

副刊也称附刊，诞生于近代报纸产生之后，其产生的原因是为了满足广大读者除新闻以外其他文化生活方面的需求，使报纸更具竞争力，以适应读者对不同类型知识的需求。近代上海报纸的建筑附刊正是出现于这一时期，与当时上海经济建设高速发展同步。

---

① （法）白吉尔. 上海史：走向现代之路[M]. 王菊，赵念国译. 上海：上海社会科学院出版社，2005：257.

② 宣磊. 近代上海大众媒体中的建筑讨论研究（20 世纪初—1937 年）[D]. 同济大学，2010：63.

③ 赖德霖. 中国近代建筑史研究[M]. 北京：清华大学出版社，2007：213.

《申报》于同治十一年(1872 年)4 月 30 日由英国商人美查(Frederick Major)等人创办。20 世纪初由史量才掌管《申报》后,业务迅速发展,成为当时上海最著名的报纸之一。《申报》的本埠增刊建筑专刊(1932 年 11 月—1935 年 12 月)希望藉专刊"唤起民众对于筑之兴会。藉以直接发展建筑业。间接巩固上海之繁荣"[①]。《申报》建筑专刊注重对建筑界的新闻报道,定期报道沪上正在建造的或新近落成的建筑是其重要任务之一。对于一些重要或知名建筑物,《申报》建筑专刊亦会另辟专辑通过新闻、叙事、图像等多种方式详加描绘。

在报道重要建筑物落成中,建筑中的建筑设备都是宣传的重点,比如在四行储蓄会大楼(国际大饭店)的落成专版[②]中,整个建筑被誉为"巍峨雄伟汇现代建筑之精华！金碧辉煌集东方艺术之大观"！而关于现代建筑之精华的具体描述不仅落在了著名设计师的设计、钢骨的结构、外立面的花岗石,也落在了建筑设备上。新式电梯成为最主要的特点加以专题宣传,在《国际大饭店之缘起》文中新式电梯作为与建筑之优美并列的要素重点介绍,而在开业广告"特点一斑"中列举了建筑的八大特点,其中设施完美为其中之一:

本饭店全部水电工程,冷热电气汀,莫不应有尽有,室内衣帽之橱,盥浴之处,咸布置竟然,所装新式之电梯,上下极为迅速,其能自动启闭。

这些报道为建筑提供了全景的透视,并帮助形成了一种社会共识:现代建筑需要并离不开现代建筑设备的支撑。除了对建筑专题报道中会涉及建筑设备,也有对于建筑设备的专题报道,如下表 5-4 统计。

表 5-4　《申报》建筑设备报道

时间	作者	题目
1933 年 3 月 7 日到 4 月 4 日	柴志明	建筑物电光设计述要
1933 年 9 月 19 日到 26 日	米路	谈高大建筑物中之电梯
1934 年 1 月 23 日	朱枕木	播音室中之灯光布置
1934 年 2 月 27 日	文引	近代建筑之电力设备
1934 年 5 月 8 日	朱枕木	播音室中之灯光布置
1934 年 5 月 22 日到 5 月 29 日	贯钦	夏日之室内空气调节
1934 年 12 月 1 日		关于近代化旅馆设备之谈片
1935 年 1 月 29 日到 2 月 12 日	希浩	新式住宅建筑和卫生设计
1935 年 6 月 15 日		建筑物中取暖装置之利弊
1935 年 6 月 18 日	希浩	新式建筑上的灯光设计

① 申报建筑专刊发行旨趣.《申报》建筑专刊. 1932 年 12 月。

② 申报. 1934 年 12 月 1 日第六张。

由表可见，当时对于建筑设备的专题报道，主要集中在了 1933—1934 年，这也是上海城市建设的高峰时期，对于建筑设备的认知需求非常旺盛。

《建筑物电光设计述要》中，作者将电灯分为了弧光灯（Arc Lamp）、白炽灯（Incandescent Lamp）、气管灯（Vapor Tube Lamps）三种。对建筑物如何进行电气设计给予了详细的专业解释。其中也涉及不同类型建筑的照度问题，提出因建筑类型不同及建筑物部位不同，其照度也是不同的。文中对建筑物的分类非常详细，总计有 41 种不同的情形，可见考虑之细致。《新式建筑上的灯光设计》也讲到了照度问题，指出建筑物的灯光设计还对人身精神的刺激、健康上的安慰都有很直接影响，并详细分析了灯光设计的几个影响因素，这是从环境行为学方面对灯光设计进行的讨论。

《夏日之室内空气调节》则指出空调最早使用于工业建筑中，后来逐渐扩展于戏院会堂之中，目的是增进人民的生活卫生与舒适程度。其冬夏有效温度当使其不过热或过冷，并保持在一个具体数值区间内。文中对空调机的组成部分：蒸发器、冷凝器、减湿器等进行了专业解释。报纸将这些专业定量的数据分析传播给大众，其实是科学认知的普及。

《建筑物中取暖装置之利弊》从专业角度客观分析了煤炉、暖气装置、单管水气装置、热水汀和电炉等取暖设备的优缺点，特别指出了热水汀是沪上适合的采暖设备。通过比较，使得大众懂得如何根据自身条件及上海的天气选择取暖设施，也推广了热水汀在上海建筑中大面积的安装。

《谈高大建筑物中之电梯》论述了上海地产价格与高层建筑兴建及电梯使用的关系，并对选用电梯的几个因素等进行了分析，对电梯井和电梯间的设计进行了讨论，内容针对开发商及建筑师，但由此可见当时上海高层建筑发展是大势所趋。

《申报》中关于建筑设备的专题文章兼顾了专业性和通俗性，既有专业性的术语为专业人士服务，同时通俗的表述也为更多普通人士提供科普知识，起到了双重教育的作用。

上海另一份重要的报纸《时事新报》创刊于 1907 年 12 月（即光绪三十三年冬），其建筑地产附刊（1930.12.05—1933.10.18）的内容以文字为主，多采用短篇报道的形式，长篇连载多为两期或三期。文字内容多为国内外建设界消息以及论著、译文，穿插有照片及建筑表现图，并登载建筑行业广告。该刊对中国建筑师学会、上海市建筑协会的重要活动表示关注；设有固定栏目，报道上海市及武汉地区的营造概况。《时事新报》关于建筑设备的专题报道统计如表 5-5 所示。

表 5-5　《时事新报》建筑设备报道

时间	作者	题目
1932 年 6 月 10 日	承璋	洁净空气机之新发明
1933 年 8 月 28 日	怒	建筑物中之水电工程
1933 年 9 月 13 日	黄钟琳	家庭中电灯布置
1933 年 10 月 4 日到 18 日	玲	家庭中电光及敷线

《时事新报》关于建筑设备的报道方式与《申报》角度不同，以《家庭中电光及敷线》为例，文章指出家庭中电的作用有两种：电光和电热及动力；电器布置部位应该按照家具布置而定；线路安装的要求；灯具的选择等，并指出了在起居室中要装有 Outlet 供移动灯具之用，在这里 Outlet 并没有相应的中文词汇对照，可见当时插座（电的出口）还没有相应的翻译出现。尔后又针对不同空间讲述了灯具布置和敷设的要点，并从装修的角度引出了直接照明和间接照明适合的空间部位。从此可看出随着中产阶级的不断壮大，人们对家庭的舒适性的要求不断提高，家庭装饰设计已经从简单的布置家居发展到电气化及光环境的考虑。

《时事新报》关于建筑设备的报道时段也是集中在了 1932—1933 年之间。其中关于建筑设备的介绍以通俗性为主，没有特别的专业词汇，简单实用，从家庭装修的角度切入，适合家庭成员阅读。

2）西文期刊

上海的西文期刊是传播西方认知和观念最快的媒体，20 世纪初上海著名的英文社交杂志《上海社交》（*Social Shanghai*）中开设有“Where to Shopping”的栏目，其中逛煤气和电力公司的展示厅，购买新的家庭设备：煤气灶、热水器等是当时很时尚的活动，这也推广了人们对这些新产品和技术的认知。

当时上海著名的财经时政类期刊《远东评论》（*The Far Eastern Review*）中，也会经常有关于建筑业，包括城市水、电、暖等市政业发展的专题介绍。特别是 20 世纪 30 年代后，建筑设备成为现代建筑中重要部分，《远东评论》因此也邀请专家给予专业性的论述。比如，1937 年 11 月的文章 *Air Conditioning in a Hongkong Bank*，从非常专业的角度对香港中国银行的空调运行予以了分析，图表并存，堪称专业级的学术论文。1938 年 11 月的 *Lighting in Shops and Stores* 则用了罕见的八页篇幅介绍了如何进行商业空间的灯光设计，文章分为 13 个主题对商业灯光设计进行了综合性的评述，指出了灯光设计对于营造商业气氛、促进商业销售的重要性。这些文章的产生是当时上海商业高度繁荣发展的需要，也能看出上海商业空间设计与西方的接轨。

在当时，建筑设备变成一个公共讨论的话题，这不仅是因为它作为一种与日常息息相关的新事物,同时,也是一种代表新生活方式的时尚器物,因此具有很高的讨论价值。这些在通俗报纸上刊登的文章,其撰写都具有一定专业性,由此可见很多专业人士也参加到了大众媒体的讨论中去,当时的大众媒体起到了科学教育及专业学习的双重作用。

从文章撰写时间看出,1933 年前后,社会舆论开始对采暖、空调及电气进行集中的关注,可见当时对这些建筑设备需求进入高峰,这与上海当时社会经济和建筑发展是同步的。这些讨论在专业人士和普通民众之间建起了联系的桥梁,这也说明上海近代建筑的现代化并不是像西方那样激进的先锋派领导的,而是(成为)一种自下而上的基于实用主义的,由建筑师、业主和大众共同追求和讨论的结果。[①]

3)专业期刊

最早出现的建筑类专业期刊是 1924 年北华捷报有限公司(North-China Daily News Herald Limited)出版的英文版 *The China Architects and Builders Compendium* (1924—1937)。该刊主要通过对行业信息的大量搜集及整理,为执业建筑师,工程师以及营造厂商提供极具实践意义的工具手册,成为建筑师、营造商及业主的基本参考书。

该手册内容按类型共分五大部分。

第一部分为土地,房产及建筑的基本信息。具体内容涉及地籍、地价,土地注册;领事公证费;汇率,税收和其他费用;供水;供电;电话服务;供气;建筑章程;职业收费;火灾保险等。涉及建筑设备的条目就占到了三分之一。

第二部分为技术信息以及成本和价格列表。其分项涉及建筑设备的有:上海排水系统录、电梯数据、暖气片需求面积的估算表、不同房屋类型的热损失表、污水处理及自流井或深井等。主要方便建筑师可以选用和简便地计算,可见当时建筑师有一部分的工作是从事设备的选用和设计。其中暖气片需求面积估算表是根据不同的传热介质、建筑类型以及对于采暖温度及湿度的不同需求,来估算需用暖气片的表面积,非常科学及简便,可见当时采暖系统已经广泛地应用于各种不同的建筑类型中。而不同房屋类型的热损失表则是为进行建筑传热计算提供的数据库,本表根据外维护结构构造不同分为 30 种类型,将不同的温度情况下(25℃、30℃、35℃、40℃)的热损失值列出,可见当时建筑构造的发达程度以及热工计算的详细。

第三部分为建造行业的通讯录,登载了当时在上海及汉口开业的建筑事务所,设有建筑部的公司以及营造商的名录。第四部分则是建筑材料的目录,根据不同类别以产品广告形式来进行编排,以 1924 年为例,材料共分 15 大类。其中关于建筑设备就涉及了四类:电梯及轿车、通风空调系统、给排水卫生系统和电气电话系统。而这每大类又

---

① 宣磊.近代上海大众媒体中的建筑讨论研究(20 世纪初—1937 年)[D].同济大学,2010:89.

分有若干小类，可见当时的建筑设备的产品非常齐全。具体涉及建筑设备的部分见下表 5-6 所示。

表 5-6　*The China Architects and Builders Compendium* 建筑设备产品分类

内容＼分类	Section G	Section k	Section L	Section M
1	Lift entrances and Cars(电梯及桥厢)	Ventilators and Fans(通风设备)	Water Supply Pumps(水泵)	Lighting and Fittings(照明设备及附件)
2		Heating and Ventilation(暖通设备)	Hot and Cold Water Services(冷热水设备)	Electrically Driven Machinery(电动机器)
3		Cooking Apparatus(烹饪装置)	Drainage(排水设备)	Vacuum Cleaning(真空吸尘器)
4		Kitcheners Fireplaces and Grates(壁炉设备)	Sanitary Fittings(卫生设备)	Telephone(电话) Lightning Conductors(避雷针)
5				Bell and Clocks(门铃和时钟)
6				Electric Cables(电缆)

建筑专业期刊《建筑月刊》(1932.11—1937.4)和《中国建筑》(1932.1 1—1937.4)都是近代上海最重要的中文建筑专业期刊。《建筑月刊》内容主要介绍了“西方国家最新落成的建筑”,“西方建筑界的新技术、新设备、新材料”,“最新动态和建筑趋势”以及“建筑技术的实际应用”,并引介了“西方建筑界人物”“世界建筑史”。而《中国建筑》则是近代中国建筑师这一自由职业群体日益发展并组成了建筑师职业团体——中国建筑师学会的直接成果。“融合东西建筑之特长，以发扬吾国建筑物固有之色彩，尤为本杂志所负最大之使命”。[①] 两本杂志定位各有侧重。在《建筑月刊》中，建筑设备的专题讨论较少，主要有 1933 年 4 月向华《现代厨房设计》、1935 年 1 月的《钢筋混泥土化粪池之功用及建筑》、1935 年 2 月钟灵《住宅中之电灯布置》、1936 年 12 月通一《现代之浴室》及 1936 年 10 月的《长管形灯泡的装饰价值》等。而建筑设备之对建筑的作用等则贯穿在杂志建筑理论的全部。《中国建筑》有关建筑设备的知识也贯穿到各个栏目之中，但并没有专门进行研究，这也说明当时建筑杂志主要聚焦于建筑设计和工程设计本

① 赵深.《中国建筑》创刊号发刊词. 1931 年。

身，这也是当时建筑师成为独立的职业类型所决定的。建筑专业期刊主要讨论建筑设计和结构设计，建筑师主要的任务是对建筑设计进行统筹安排，设备问题已经成为卫生工程、电气工程和机械工程师（技师）的任务，而非建筑师需要解决的主要任务。但是，关于建筑设备的各种广告及水电工程行的广告则密集地出现在这两本专业建筑杂志里，这也说明了建筑设备已经在建筑经济中占有了越来越重要的地位。而关于建筑设备的专业讨论则出现在各种工程类的专业杂志：卫生、水利、电力、机械及大学学报中。

到了 20 世纪 40 年代，专业性的建筑设备刊物开始出现。1948 年 1 月 1 日在上海创刊的《热工专刊》（图 5-3）一直在 1949 年新中国成立前共出了六期共九十四篇，发行人为顾毓瑔[1]，内容以蒸汽动力、内燃机、暖通空调、制冷以及近代原子能等。涉及建筑设备的部分文章如下：利用辐射热原理的暖气设备[2]，美国机械工程学会锅炉建造使用规则[3]，空气调节对于精密制造及工作效率的影响[4]，动力锅炉使用规则[5]，热工问答栏目内的冷气工程、锅炉给水等。由于当时经济动荡、物价波动激烈，刊物的出版发生极大的困难，在得到上海各电力公司及淮南煤矿公司的资助才得以继续。

图 5-3 《热工专刊》

而《卫生工程》（1947—1948）则由在天津的中国卫生工程学会平津分会发行。而电气类的杂志则有北京的京师电气工业学校杂志部编辑的《电气工业杂志》（1920—1922），杭州电气设备供电公司总厂电气月刊社编辑的《电气月刊》（？—1937）等。1944 年上海出版的《电业季刊》（1930—1944）则聚焦中国民营电厂的发展、电力工业、建筑供用电等方面。上海出版的中国工程师学会的《工程周刊》（1929—1937），介绍中外工程技术及报道工程界消息，其中包含相关设备技术方面的讯息。

建筑设备专业期刊的出现是建筑设备行业发展的需要，也使得建筑设备各专业有了自己的舆论阵地，是建筑设备工程师职业化成果的体现。

由此可见，在当时上海建筑快速发展的同时，与建筑设备相关的知识体系也在快速完善，从晚清的科技知识启蒙，到专业性学科知识的引进，并从社会传播和专业传播两

① 顾毓瑔：美国康奈尔大学机械工程博士，中央工业试验所所长。
② 陈学俊. 热工专刊. 1948(1)。
③ 热工实验室编. 热工专刊. 1948(1)。
④ 热工实验室编. 热工专刊. 1948(2)。
⑤ 热工实验室编. 热工专刊. 1949(2)。

部分交叉进行，对建筑设备的认知、学习和掌握的体系在短短的几十年中建立起来，为整个上海的建筑现代化发展奠定了坚实的基础。

5.2 建筑设备的文化传播

美国学者 Richard Lehan 在其所著的《文学中的城市》[①]中，将"文学想象"作为"城市演进"利弊得失之"编年史"来阅读。在他看来，城市建设和文学文本之间，有着不可分割的联系。[②] 都市中种种处于特定经济关系中的"物"起到了某种现代性媒介的作用。塞塔・娄受到列斐伏尔关于"空间生产"的观念影响，指出了建筑物已经成为经济、文化、社会等多重力量的转折点的空间诠释。并分析了两个相互关联的概念：空间的社会生产和社会建构。而空间的社会建构，则是一个社会参与空间意义转换的过程。通过对物质场景的日常使用，人与人的交流，人与社会的交流以及记忆，意象等传达象征的含义。[③] 而建筑空间的物：各种建筑设备作为一种存在和感知意识的投影，变成了一种生活方式以及对生活方式的想象。其核心在于通过新的物质文明扩张，不断地蚕食空间，建立起统一的现代性的语境。[④] 因此在阅读城市的艺术和文学中，自然就在物（建筑设备）与城市体验中建立了千丝万缕的联系。是除景观（如建成环境）之外的在社会想象（集体神话和预想）层面上的不间断的社会建构。[⑤] 大众对于建筑空间中各种建筑设备的现场体验、表达，包括广告的附加内涵提升，加强了大众对于建筑设备的认识和理解，形成了新的社会认知和价值观，共同构成了介于想象和体验之间的"现代性"都市。

在上海这个开埠城市中，崇尚西方文化一直是一种时髦，那些在西方也很摩登的新时尚在上海自然很快也会流行起来。[⑥] 建筑设备作为西方引进的新式器物，日常使用所产生的体验所营造的一种新的生活方式也成为各种媒介关注的焦点。人们被这些现代建筑和新式器物所吸引，把那里展开的各种新的"想象力和创造力"当作自己的营养源。它们是艺术家观察与描写的对象，是艺术作品展现与铺陈的背景和空间。这种先验的体验虚拟推广着一种新的生活：只有摩天高楼、万家灯火的城市才是现代的，只有

---

① The City in Literature. University of CaliforniaPress. 1998.

② 陈平原. 都市想象与文化记忆丛书总序开封卷[M]. 北京：北京大学出版社，2013：1 .

③ 张晓春. 文化适应和空间转移：近代上海空间变迁的都市人类学分析[M]. 上海：同济大学出版社，2011：10-11.

④ 张屏瑾. 摩登・革命：都市经验与先锋美学[M]. 上海：同济大学出版社，2011：155.

⑤ George Benko& Ulf Strohmager (ed.), Rob Shields. Spatial Stress and Resistance: Social Meanings of Specialization. Space& Social Theory, Interpreting Modernity and Post modernity[M]. Publishers Inc. 1997: 183.

⑥ 郑时龄. 上海近代建筑风格[M]. 上海：上海教育出版社，1999：257.

使用具有卫生器具、电气设备的空间才是摩登的。对于现代性的想象就这样嫁接在了实体物质—建筑设备上。

5.2.1 清末及民国初的“奇技淫巧”

自明朝西洋器物开始流入中国，知道洋货的人们中间就流行着一种说法，称其为“奇技淫巧”，这个词在中国古已有之，意为过分追求新奇精巧，徒事美观，耗费心机而无裨实用的器物及制造技术。[①] 19 世纪 60 年代后的上海已日益发展成中国最大最繁华的通商口岸，各种奇制异物炫人耳目，吸引着四方人士争来游观。而同期也是西方科技大发展时期，种种新制作、新发明很快传到了上海。这些新式器物，开拓了人们的视野，影响着人们的生活，人们对于这些西物的认识态度也在不断地发生变化。

鸦片战争后，魏源认识到“有用之物，即奇技而非淫巧”的论断。1849 年后移居上海的文人王韬则对有益国计民生用的西洋器物予以肯定，而对西洋器物所包含的追求“机巧”的意向，仍存有隐隐的鄙视。而冯桂芬认为须学习“技巧”—即格致技艺，视为“自强之道”的务实精神。这一系列的观念变化在清末民初通俗小说和画报中反映的淋漓尽致。

1）文学中的建筑设备

在当时各种对上海新事物、新生活的介绍与叙述中，各种西式设备是其中渲染的主角之一，通过场景的搭建，来帮助完成对上海作为现代性城市与西方“窗口”的叙述，并以此获得了其初步的上海现代性叙述。二春居士的《海天鸿雪记》对于上海作为中国中心的空间意义认识相当有代表性：

> 上海一埠，自从通商以来，世界繁华，日升月盛，北自杨树浦，南至十六铺，沿着黄浦江，岸上的煤汽灯、电灯，夜间望去，竟是一条火龙一般。福州路一带，曲院勾栏，鳞次栉比，一到夜来，酒肉熏天，笙数匝地。凡是到了这个地方，觉得世界上最要紧的事情，无过于征逐者。正是说不尽的标新炫异，醉纸迷金。[②]

在这段描述中，煤气灯、电灯如火龙一般，成为夜上海的主角，这些由西方新式设备产生的景观，完全与传统的中国城市的夜晚形成鲜明对比，对人们的心理冲击是巨大的。人们对这些新式器物好奇、惊奇、称奇。在清末流行的各种竹枝词中，充满着对于自来火、自来水、电话、电报及煤气灯的礼赞：煤气被誉为“烛天银粟照千家”“火树银花不夜天”“火能自来夺天工”等；而电报则被认为“机关错讶有神仙”“从此千里争片刻，无须尺幅费笔砚”等。从以上词汇中可以看出人们对于这些设备“奇技”的惊叹，而这类的

---

① 李长莉. 晚清上海风尚与观念的变迁[M]. 天津：天津人民出版社，2010：45.

② 张鸿声. 文学中的上海想象[D]. 浙江大学，2006：32.

描述举不胜举。这些停留在感性上的描述，是国人对于近代科技的认识的第一个阶段。通过对于这些西方器物的直观认识，也促使了人们开始思考这些西物进入中国的意义。

2）画报中的建筑设备

产生于光绪年间的石印画报是一种独特的连续传播物，大多是报纸的附属出版物，或者是报纸的附赠品。反映社会时事新闻，介绍国外科学知识，贴近社会和时代，图文并茂，浅显易懂，极受读者欢迎。据统计，辛亥革命前，国内有大概七十多种石印画报出版，当时上海比较有名的有《点石斋画报》《图像画报》《飞影阁画报》等。在这些画报里，作为反映西式生活的煤气灯、电灯、自来水，甚至壁炉都反复作为图画中重要器具出现，来烘托作为"奇技"影响下的上海新式生活场景。而这些场景，无疑对大多数读者来说都是一种前所未有的体验，影响着他们的认知和决策，潜移默化地改变着上海的传统生活方式。

吴友如(约 1840—约 1893)，江苏吴县人，清末上海著名的画家，其作品经常发表在《点石斋画报》《飞影阁画册》《飞影阁画报》中。他去世后，为了不使其作品流散，后人将其精品共一千二百幅图汇集成《吴友如画宝》。这本画册反映了清末上海社会各阶层的生活和众生相，对于了解当时的社会风貌具有很高的价值。

《吴友如画宝》中有很多关于西方影响下的上海社会变迁的记录。例如"视远惟明"(图 5-4)，描绘了衣着华丽传统服装(暗示是富裕阶层)的上海妇女在中式房屋的二层阳台上用望远镜远眺风景。画面中的远景是尖顶的教堂隐约在云中；近景里，妇女们站立的中式楼阁阳台上伸出一只煤气灯。画面中，近景里的望远镜、煤气灯的使用意味着西方的新奇器物已经在上海华人上层社会中流行开来，而远处的教堂则暗示与华界并置的不远处是租界空间。本图揭示了清末上海复杂多元的地理空间已经初步形成：城市空间的租界和华界并存，建筑空间的东西元素结合。图中中式房屋安装的煤气灯更成为解释这种复杂性的最重要线索。西式器物随着煤气灯的安装已经慢慢改变上海人传统生活模式，而这一切才刚刚开始。

另一幅"别饶风味"的图画则更赋予意味，如图 5-5 所示。同样也是一群相似衣着的中国妇人在番菜馆吃西餐，房间的布置完全西化，场景中的建筑设备有吊灯、自鸣钟和壁炉，与妇人们的中装形成鲜明的对比。去番菜馆吃西餐在当时成为一种别有风味的时尚活动，而场景中的西式元素：包括多枝吊灯和壁炉后来都成为华人富裕阶层居住环境中不可缺少的部件，人们认为只有安装了这些设备的空间才是高级的。这些小的器物影响着整个上海生活及建筑观念的发展。

这两张图画空间上一外一内，将清末上海生活的社会环境及文化风尚演进体现的异常形象。中国妇人从凭栏远眺到番馆就餐，从足不出户到成群品味番馆，西化对于社会风气开化起到了关键的作用。而同时，西洋的器物包括建筑设备也从室外延伸到室

图 5-4　视远惟明

图 5-5　别饶风味

内，成为搭建新式生活场景的重要部件。中西合璧成为当时时尚的象征，更组成了上海一种独特的人文景观。

5.2.2　摩登时代的风格塑造

随着上海城市快速发展，在 20 世纪二三十年代城市建设达到了高峰，无论从物质上还是文化上，上海都表现出的一种“充满活力”“一个金碧辉煌的时代和场景”，还有“一种感官放逐的糜烂”，实现了从启蒙现代性到城市现代性的表意系统的转变。此时最显著的特点是已经开始用都市物质来表达时间与空间，电灯和霓虹灯成为现代都市夜的灵魂。电扇、吊灯、电话和热水汀，现代化的卫生间里的马桶、浴缸，成为摩登空间的必须装配，也构成了一幅幅现代摩登生活的图景。建筑设备成为时尚的要素，时代风格的表征。

到了 20 世纪 30 年代，现代建筑（包括科技）思想在中国传播的一个值得注意的特点是：大众传媒与专业学术刊物双重渠道传播，大众传媒作为现代建筑的传播载体，使得现代建筑的传播具有了时尚化和大众化的特征。[①] 这完全可以对应到建筑设备的文化传播上。建筑设备的使用体验，包括文学、艺术上描述，搭建起了关于上海摩登的想象，对推广上海时尚风尚起到了重要作用。

1）画报中的建筑设备

20 世纪 20 年代后，新式的画报以印刷与摄影技术的结合，代替了传统的石印画报，成为新时代风格的载体。并在城市交通与邮购系统的支持下，迅速广泛地进入上海市民的家庭工作中，这个时期的画报反映了上海更加注重在不同时期中对自我的分析和表达。媒体对于时代意识的挖掘，也使得原有的物质表现出与以前不同的意识形态

① 邓庆坦.中国近、现代建筑历史整合研究论纲[M].北京：中国建筑工业出版社，2008：96.

来。大型都市综合类的《良友》画报则是当时的代表。

《良友》画报创刊于 1926 年 2 月，到 1945 年终刊的 20 年间，刊行 172 期，内容集新闻性、趣味性、知识性于一身，在画报发展史上具有重要的标志性地位。《良友》的一个重要特点是对事物的关注不仅仅是现实世界的简单再现，而是一种经过精心设计的图像话语的诠释。在《良友》中，建筑形象成为构建当时摩登上海都市文化的一种象征性元素，通过不同时空的都市建筑形象，体现出上海复杂多样的社会文化，用真实的图景在一片更为宽阔的视野中建构上海的摩登映像，成为《良友》的一个主要的编辑指导思想。[①]

图 5-6 上海的高大阔

在《良友》中，拼贴画是一个极为重要的图像表现方式，这来源于西方的立体主义和达达主义等现代绘画的视觉艺术革命。[②] 这既是场景再现，也是对都市元素体验的重组。第 87 期和 88 期连续刊登了以"如此上海"为主题的系列照片，标题为"上海的电光声"和"上海的高阔大"，如图 5-6、图 5-7 所示。反映出上海的摩登城市面貌，其中电话、电线、霓虹灯与高楼大厦一起组成了上海现代化的片段。115 期连续刊登的"五十年前之上海"的照片专辑中也将五十年照明的变化作为一组对比来反映上海的巨大变化。与往常石印画报中写实白描的表现手法完全不同，在画报的构图中，灯具这种建筑设备的具体形态已经消解：它已经通过群组，变成了夜空中明亮的点、线、面，传递出一种新的都市体验，透露出都市的浮华和欲望，这无疑是另一种现代性的体验。

图 5-7 上海的声光电

在《良友》发表的摄影作品中，我们还看到了灯具、水龙头成为了拍摄的主题(图 5-8，图 5-9)。在摄影术传入中国后，风景和人物一直是拍摄的主角，而将普通建筑设备这种器物作为静物和人像一样对待，表达了当时一种新的审美倾向，其本质的意识也是现代的。此时，建筑设备作为审美的对象已经在被拍摄和审视中体现出了一种机械时代的美，这种静默的语言，既是一种对物的眷恋，更是对物质生活现代化的致敬。

① 宣磊. 近代上海大众媒体中的建筑讨论研究(20 世纪初—1937 年)[M]. 同济大学博士论文，2010：74.

② 同上，2010：64.

图 5-8　静物摄影：光与影

图 5-9　静投影：路灯

2）文学中的建筑设备

在 20 世纪 20 年代以后，上海新建筑不断拔地而起，在这些建筑设备的武装下，电梯直达高层建筑的顶端，夜晚放眼望去，那是一番繁华都市的夜景：

夜上海，夜上海，你是个不夜城！华灯起，车声响，歌舞升平！

这是经典老歌《夜上海》的序曲，形象地勾勒出这个时代上海的繁华迤逦。作家一直是对时代和生活最敏感的人群，上海华丽夜景在无数作家的笔下反复呈现。1929 年，流行文学的先锋蒋光慈①完成了他的名作《冲出云围的月亮》这个最著名的"革命加恋爱"的故事。开篇描写的是上海的"夜"：

上海是不知道夜的。

夜的幛幕还未来得及展开的时候，明亮而辉耀的电光已经照遍全城了。人们在街道上行走着，游逛着，拥挤着，还是如在白天里一样，他们毫不感觉到夜的权威。而且在明耀的电光下，他们或者更要兴奋些……不过偶尔在一段什么僻静的小路上，那里的稀少的路灯如孤寂的鬼火也似的，半明不暗地在射着无力的光，在屋宇的角落里布满着仿佛要跃跃欲动也似的黑影，这黑影使行人本能地要警戒起来……在这种地方，那夜的权威就有点向人压迫了。

这种对比强调的是"夜上海"的罪恶和奢华。有评者认为，这个开头"一开始就捕捉到了现代主义对现代城市的那种特殊的新感觉"。② 而这都是作者通过对"电光"的感触实现的。

来到上海的外国作家也反复地对上海的灯火辉煌进行了歌颂：昭和时期具有代表性的诗人、以歌谣曲作词家闻名的西条八十于 1938 年（昭和十三年）创作了著名的《上

---

① 蒋光慈：1920、30 年代流行作家，这部《冲出云围的月亮》就在出版当年先后重印了六次。

② 旷新年. 1928：革命文学[M]. 济南：山东教育出版社，1998：88.

海航路》：

红色的灯火照耀着，上海！憧憬的上海！[①]

H. J. Lethbridge 在《上海指南》中描述：

上海的子夜因无数的珠宝而闪闪发亮。夜生活的中心就在那巨大的灯火电焰处……灯海里的欲望，那就是欢乐，就是生活……[②]

声电光是上海这座城市在外部城市形态上区别于历史上其他城市的最表象的特点，[③]成为表现都市现代性最有力的物质武器，也成为上海最显著的城市景观特征。

而对于左翼作家茅盾来说，对这种上海现代性进程的体验更为复杂。一方面他为机械（其实就是物质的现代化）大唱赞歌：

也许在不远的将来，机械将以主角的身份闯入我们这个文坛吧，那么，我希望对于机械本身有赞颂而不是憎恨。

另一方面，像茅盾这样的都市作家在这种进程都表现了极大的焦虑和矛盾。[④] 而在茅盾理解和描绘的新世界里，电灯及各种电气设备最能体现上海的这种摩登都市复杂性的了。在《狂欢的解剖》中茅盾这样描述到：

我记起农历除夕"百乐门"的情形来了。约莫是十二点半罢，忽然音乐停止，跳舞的人们都一下站住，全场的电灯一下都熄灭，全场是一片黑，一片肃静，一分钟，两分钟，突然一抹红光，巨大的"1935"四个电光字！满场的掌声和欢呼雷一样的震动，于是电灯又统统亮了，音乐增加了疯狂，人们的跳舞欢笑也增加了疯狂。我也被这"狂欢"的空气噎住了，然而我听去喇叭的声音，那混杂的笑声，宛然是哭，是不辨苦笑的神经失去了主宰的号啕。[⑤]

在这里，茅盾用上海著名建筑百乐门新年灯光秀，显示了都市生活的摩登和刺激，而后揭示了 1935 年都市新年狂欢的本质：今朝有酒今朝醉，批判了上海生活的声色犬马和颓废与没落。

在茅盾另一篇反复被引用的著名小说《子夜》的开头这样描写到：

太阳刚刚下了地平线。软风一阵一阵地吹上人面，怪痒痒的。暮霭挟着薄雾笼罩了外白渡桥的高耸的钢架，电车驶过时，这钢架下横空架挂的电车线时时爆发出几朵碧绿的火花。从桥上向东望，可以看见浦东的洋栈像巨大的怪兽，蹲在暝色中，闪着千百

---

① 刘建辉. 魔都上海：日本知识人的"近代"体验[M]. 上海：上海古籍出版社，2003：114.

② H. J. Lethbridge. All about Shanghai: A standard Guidebook[M]. New York, Oxford University Press (China) Ltd.，1983.

③ 刘永丽. 被书写的现代：20 世纪中国文学中的上海[M]. 北京：中国社会科学出版社. 2008：86.

④ 李欧梵. 上海摩登：一种新都市文化在中国(1930—1945)[M]. 毛尖译. 北京：北京大学出版社，2001：5.

⑤ 茅盾. 狂欢的解剖中国新文学大系续篇 5 卷[M]. 香港：香港文学研究出版社，1968：403-406.

只小眼睛似的灯火。向西望，叫人猛一惊的，是高高地装在一所洋房顶上而且异常庞大的霓虹电管广告，射出火一样的赤光和青磷似的绿焰 Light，Heat，Power！[①]

在这里，茅盾对于场景的描述聚焦在了“电车，闪着千百只小眼睛似的灯火，异常庞大的霓虹电管广告”，这些电气设备强力地暗示出另一种“历史真实”：西方现代性的到来，而且它具有吞噬性的力量极大地震惊了主人公的父亲。[②] 而之后，主人公的父亲吴老太爷坐着雪铁龙汽车来到儿子的洋房，再次被刺激：

吴老太爷只是瞪出了眼睛看。憎恨，愤怒，以及过度刺激，烧得他的脸色变为青中带紫。他看见满客厅是五颜六色的电灯在那里旋转，旋转，而且愈转愈快。近他身旁有一个怪东西，是浑团的一片金光，嗬嗬地响着，徐徐向左右移动，吹出了叫人气噎的猛风，像是什么全脸的妖怪在那里摇头作法。而这金光也愈摇愈大，塞满了全客厅，弥漫了全空间了！一切红的绿的电灯，一切长方形，椭圆形，多角形的家具，一切男的女的人们，都在这金光中跳着转着。[③]

引起吴老太爷愤怒恐慌以致眩晕、命赴黄泉的主要物质就是各种“红的绿的”电灯，“浑团一片金光摇头作法的怪东西”的电扇。在这里，茅盾借用了中国传统乡绅对现代化电气设备的激烈反应来体现出现代化对传统的强烈冲击。

茅盾对吴大太爷“进城”窘状之揶揄，对上海的“Light，Heat，Power”（光、热、力）之渲染，无疑泄露了作家作为一个“大都市人”的内隐意识和对“上海文明”的潜在认识：

也许有人以为所谓“上海气”也者，仅仅是“都市气”的别称，那么我相信，机械文化的迅速传播，是不久会把这种气息带到最讨厌它的人们所居留的地方去的。[④]

现代的建筑设备带来了丰盈的感官刺激和沉醉，形成一种完全不同于传统的生活形态。茅盾小说的叙事通过对灯光描写，在对都市批判的前提下也泄露出他对城市的迷恋。这是一种复杂的矛盾，完全取决于作者本人的政治态度。

而上海另一个作家张爱玲则聚焦于上海中上阶层家庭以及都市景观变化与个人心理的联系。上海公寓这种居住形式在张爱玲笔下是现代城市生活最基本的空间意象，距“市声”更近，与电梯、电车什么的共同构成“城里人的意识”。[⑤] 如果说公寓中产阶级的居所，张爱玲则在公寓中产生了都市的经验和日常生活中人的自觉，而这种经验的体验和传达，张爱玲都与公寓里的建筑设备发生了联系。

张爱玲最早见识公寓，是在父母离异后，去母亲和姑姑合租的公寓探亲：

---

① 茅盾.子夜茅盾选集[M].成都：四川人民出版社，1982：1.

② 李欧梵.上海摩登：一种新都市文化在中国（1930—1945）[M].毛尖译.北京：北京大学出版社，2001：4-5.

③ 茅盾.子夜茅盾选集[M].成都：四川人民出版社，1982：16.

④ 叶忠强.上海社会与文人关系（1843—1945）[M].上海：上海辞书出版社，2010：76.

⑤ 吴晓东.阳台：张爱玲小说中的空间意义生产.现代中国第9期[M].北京：北京大学出版社，2007.

在她(母亲)的公寓里第一次见到生在地上的瓷砖浴盆和煤气炉子,我非常高兴,觉得安慰了。

由此可见,张爱玲将对公寓的爱恋主要投影在了"瓷砖浴盆和煤气炉子"这些现代化的设备上,在张爱玲的眼里,现代化的建筑设备是她认为公寓建筑舒适居住生活的物质精髓,建立在此之上的物质依恋其实是想表达对于自由生活的向往:

我所知道的最好的一切,不论是精神上的还是物质上,都在这里了。因此对于我,精神上与物质上的善,向来都是打成一片的。[①]

张爱玲又将享乐的感觉与浴缸联系在一起:

刺激性的享乐,如同浴缸里浅浅地放了水,坐在里面,热气上腾,也得到了昏蒙的愉快,然而终究浅,即使躺下去,也没法子淹没全身。思想复杂一点的人,再荒唐,也难求得整个的沉湎。[②]

浴缸这种设施在张的眼里成为一种物质愉悦的象征,而这种描述的方式,包括这种愉悦却是具有现代意识的复杂感受。

1942 年下半年,太平洋战争爆发,港岛沦陷,港大停课,张爱玲辍学回沪,与姑合住(后合租)埃丁顿公寓 6 楼 65 室。她在的散文《公寓生活记趣》中这样描述道:

自从煤贵了之后,热水汀早成了纯粹的装饰品。构成浴室的图案美,热水龙头上的 H 字样自然是不可少的一部分;实际上呢,如果你放冷水而开错了热水龙头,立刻便有一种空洞而凄怆的轰隆轰隆之声从九泉之下发出来,那是公寓里特别复杂,特别多心的热水管系统在那里发脾气了。即使你不去太岁头上动土,那雷神也随时地要显灵。无缘无故,只听见不怀好意的"嗡……"拉长了半晌之后接着"訇訇"两声,活像飞机在顶上盘旋了一会,掷了两枚炸弹。在战时香港吓细了胆子的我,初回上海的时候,每每为之魂飞魄散。若是当初它认真工作的时候,艰辛地将热水运到六层楼上来,便是咕噜两声,也还情有可原。现在可是雷声大,雨点小,难得滴下两滴生锈的黄浆……然而也说不得了,失业的人向来是肝火旺的。[③]

可见当时公寓生活是离不开热水汀采暖及热水供应的,热水和采暖供应成为公寓生活品质的重要组成。张爱玲借用公寓集中热水系统的停用来表达对生活开始艰辛的不满。

电梯作为公寓建筑日常使用的主要交通工具,张爱玲也进行了仔细观察,她将观察的主体移位到了开电梯的人:

我们的开电梯的是个人物,知书达理,有涵养,对于公寓里每一家的起居他都是一

① 张爱玲.私语　张爱玲文集第四卷[M].合肥:安徽文艺出版社,1992:108.

② 张爱玲.我看苏青　张爱玲文集第四卷[M].合肥:安徽文艺出版社,1992:234.

③ 张爱玲.公寓生活记趣　张爱玲文集第四卷[M].合肥:安徽文艺出版社,1992:37.

本清账。他不赞成他儿子去做电车售票员——嫌那职业不很上等。再热的天,任凭人家将铃揿得震天响,他也得在汗衫背心上加上一件熨得溜平的纺绸小褂,方肯出现。他拒绝替不修边幅的客人开电梯……。接着她又描写到乘电梯的感受:电梯上升,人字图案的铜栅栏外面,一重重的黑暗往上移,棕色的黑暗,红棕色的黑暗,黑色的黑暗……衬着交替的黑暗,你看见司机人的花白的头。[①]

从张的描述中可以感知当时开电梯也是被认为是体力劳动中高尚的工作,而电梯工的做派体现出的其实也是上海一种独特的文化特性:腔调。张爱玲对于电梯运动的描述仿佛是由一幅幅的电影画面剪辑而成,她在此赋予了电梯被"凝视"的第二空间,无形中赋予了电梯以情感,这也是对于都市物质性的眷恋。

在张爱玲的作品中,包括建筑设备在内各种的器物成为她日常生活世界观察的重要部分,而这些细节的描写从某种意义上超越了私人领域的体验,进而成为整个上海都会生活景观的一部分。

从以上两位作家对建筑设备的描述可以比较:如果说茅盾是从外地来到上海的亭子间作家,他对于都市的体验是从城市及建筑的电光入手,从旁观者的角度表现的是都市摩登面上的通识;而张爱玲则是生长于上海的末代贵族,她则更加从生活享受的触角细致入微地通过电梯、浴缸、热水供应来表现都市现代化给予的舒适性。这两者虽然立场不同,但相互补充,构成一幅相对完整的20世纪三四十年代上海城市现代生活图景。

由于上海城市在当时中国的独特性,上海人优于国内其他地方首先使用和感受和西方物质文明的便利,特别是对日常的设备:电梯、煤气、电话等的先一步使用,这也造成了上海人独特的优越感,而这种优越感也一直延续至今。

比如,生活于民国时期的文人多有一种隐而不彰的"沪居"心理优势。1921年,因小说《陵潮》走红的李涵秋(1873—1923),应《时报》馆经理狄楚青(1873—1941)邀,赴沪任《时报》副刊《小时报》主编,正易梅记云:

辛酉八年,涵秋应《时报》之邀赴沪,《时报》主人狄平子偕钱芹尘至车站迎接,共乘汽车,驰往大东旅社(应为东亚旅社),涵秋不耐颠簸,顿感头晕眼花……乘电梯登楼时,甫入电梯间,涵秋语平子:"这屋太小,不能起居的"。平子笑而告其此为电梯间,无非代步上楼。涵秋始知失言,未免愧报。[②]

我们于此可窥见当时一批居沪文人的优越心态。生活于20世纪30年代的上海左翼作家叶紫,经济情况几近赤贫,亦不免戏称初到上海的萧军为"阿木林"[③]——乃出自

① 张爱玲.公寓生活记趣张爱玲文集第四卷[M].合肥:安徽文艺出版社,1992:39.

② 郑逸梅.清末民初文坛逸事[M].北京:中华书局,2005:249.

③ 薛绥之等.中国现代文学史话[M].上海:上海教育出版社,1990:128-129.

一种"开眼界"、"见世面"和具有"大都市文明"的集体无意识。[①]

3）广告中的建筑设备

广告业的蓬勃发展也是上海城市发展的重要表征。正如文学和电影陈述一样，广告也是构建上海都市现代性想象不可缺少的重要部分。上海广告业的发展，也折射出上海从功能单一的口岸城市转型为现代消费都市的发展轨迹。1920、1930 年代上海的发展速率则使相当一部分中等收入的市民得以摆脱日常油盐的困扰，成为现代意义的消费者，正是他们构成了生活消费文化赖以历史弥新的主体。[②]

在广告的表现上，现代广告的表层涉及商品的"显在事实(质量，功能，定价等)，但内在却隐隐与社会文化、意识形态相关联。广告叙述所意传达的乃是商品不是简单的商品，而是具有表述性(Representation)的，含有某种意义的东西。广告叙述需要将普通产品诠释成欲望的渴求物，赋予产品以附加的意义。为了达成这一目标，现代广告必须将自身转化成一套具有指涉意义的表述体系，使信息或单纯的介绍变成制码后的符号(Code Signs)。通过符号的作用，现代广告不仅在经济层面扮演了促销产品的角色，而且在意识形态和文化层面以价值传播者的姿态帮助维系了规模化生产和消费的社会秩序。[③] 这无形都是在推动现代性的建构。

现代广告关于都市摩登的建构不仅需要以外观空间的摩天大厦作为背景，更需要以现代城市内景中的新奇器物来激发欲望的想象。[④] 而这其中，各种的建筑设备的广告，如，浴缸、马桶、灯具、电扇和电话等作为时尚的消费品出现在各种大众媒体上，推动着对于上海现代性的想象。

上海的煤气、电力、电话公司及建筑设备供应商成为报刊主要的广告客户，不遗余力地通过广告传达认知，推广建筑设备产品的使用。这些公司从社会角色层面的角度，将他们的产品与建筑关联，并暗示了建筑设备产品与社会地位的关系。从社会关系层面的角度，指出建筑设备的使用不仅是一种摩登生活的标志，更为生活带来意想不到的改变。这种改变不仅在于使用方便，安全可靠，效率便捷，更由此产生和建立一种新的社会地位、社会关系和社会交往模式，而这些新型关系的产生是对人生活方式的转变，这才是现代的本质。

在《申报》民国十八年(1929 年)七月二日的美国斯坦达(Standard)卫生器具广告(图 5-10)，描述了一个中产阶级新屋落成邀请男女宾客莅临参观的情景(广告词中用男女宾客而没有用亲朋好友，说明当时中产阶层认为的主要社会关系是同事而非亲属，这

---

① 叶忠强. 上海社会与文人关系(1843—1945)[M]. 上海：上海辞书出版社，2010：76.

② 孙绍谊. 想象的城市文学、电影和视觉上海(1927—1937)[M]. 上海：复旦大学出版社，2009：167.

③ 同上，2009：178.

④ Pasi Falk. The Consuming Body[M]. SAGE Publications Ltd.，1994：176.

也体现了一种现代都市的特征)。新屋美轮美奂,现代的卫生间和高档的卫生设备是最值得主人骄傲的地方,也是访客参观的重点:名牌卫生洁具典雅绝伦,与房屋档次相匹配,尽管房屋的主人穿着传统的中式服装(这个阶层因此被称为长衫阶级(Long Gown Class)),但对西方现代生活的追求却丝毫没有牵绊,这也体现出了上海这个地方中西兼容、新旧并存、传统与现代交织的复杂特性。在这则广告里,让人羡慕的摩登居住生活通过房屋高档卫生洁具的装配得以实现。

图 5-10　斯坦达洁具广告一

图 5-11　斯坦达洁具广告二

而在斯坦达洁具的另一则广告[①](图 5-11)表现了两个运动完毕的青年男子准备在一个现代豪华的卫生间里沐浴,其中的广告词这样写道:

网球、足球、篮球记各种运动游戏为增加健康所必需,宜每日行之,惟运动而后,精神反觉疲乏,必须入浴以振刷之,若家中装有新式浴室,则可享用无穷。浴室设备,以美国斯坦达公司最为高尚,色彩最为齐备……

在这则广告里,卫浴设施的设置与当时最时尚的生活方式—各种西式的体育运动联系在一起,强调出当时社会风尚之间的关联:体育运动后进行沐浴应成为一种必需,运动之后必须使用浴室来沐浴,这两种活动都关系着健康与卫生,这也是当时推崇的摩登生活观念。于是,卫生设施及其产生的相关活动——沐浴作为摩登生活方式被推广开来。

---

① 申报.民国 18 年(1929 年)7 月 1 日。

另一组发表在《中国建筑年刊》(*China Architects and Builders Compendium*)上的上海电力公司的系列广告[①]则推广了电气设备在建筑中的广泛应用:厨房中的电炊具、电冰箱、卫生间中的电热水器。1932 年、1933 年广告中广告词是同一的:“摩登建筑师懂得电气化厨房和卫生间的价值。”直接点明了摩登建筑与电气化设备的紧密关联。画面中有流行的时尚建筑,电气化的厨房和铺贴着瓷砖的卫生间,充满了现代感。广告表现在电力支配下,洁净方便的厨卫设备成为摩登建筑的象征,更成为那个时代的象征。但这两幅广告里用于衬托表现摩登的背景建筑物却是不同的,我们可以从不同时间广告画面主体内容的变化中,可以看出当时建筑风尚的变化:1932 年都以别墅建筑为主要画面,如图 5-12 所示。广告中的别墅形态简洁,基本脱离了复古的倾向,可见当时建筑设计已经向现代流线型发展。1933 年广告的画面则变成了高耸入云的 Art Deco 风格的摩天大厦,而前两年占据画面主体的别墅则成为构图中的配角,如图 5-13 所示。整个广告画面设计充满了力量和动感,是对当时盛行的 Art Deco 风格的礼赞,可见当时从美国传来的装饰艺术风格对上海产生的重要影响。摩登高层建筑成为 20 世纪 30 年代的上海建筑发展的主角,成为支配上海城市空间的主要力量。而在摩登的建筑中,使用电的厨卫设备才是真正与之匹配的摩登生活。

图 5-12　上海电力公司广告 1932 年

图 5-13　上海电力公司广告 1933 年

厨房电力烹饪设备也是上海电力公司重点推广的用电方式。针对煤气公司在烹饪热源供应市场的竞争,为了突现电力烹饪的优点,电力公司在《申报》非常柔情地通过一系列广告形式连载相关儿童生活的几个断面和故事来传递出电力烹饪的各种优越性,如图 5-14所示。广告中的男孩女孩应该是邻居,是一对好朋友,经常在一起玩耍。这组广告是按照一个故事线索:男孩的家里首先安装了电灶由此引发的系列故事来展开的。根据广告的编排顺序,起初的场景如图,男孩和女孩在骑自行车,男孩对女孩说:“妈妈说电气烹

① 详见 China Architects and Builders Compendium. 1932、1933.

图 5-14　上海电力公司 1932 年申报广告

任能保持食物中的维他命，所以能助我健康。”通过男孩子的口传递出电气烹饪的优点，以及设备拥有者的自豪。而在接下来的场景中，男孩和女孩发生矛盾，男孩在想：“哼，你家如果也装了电灶，那就不会一天到晚在我家玩了，你家厨房也不要粉刷了，因为电灶是非常清洁的。”这说明，当时新型的设备是非常吸引人的，成为孩子们交往的媒介物，正如 20 世纪 80 年代初，中国家里拥有一台电视能吸引周围邻居前来观看的道理一样。在这里，电灶又成为影响社会关系的重要媒介，而且广告策划者也不忘再一次讲出电灶的优点：卫生无污染。

而接下来的场景通过两个孩子玩过家家的游戏，模拟烹饪，男孩因家里使用电灶，将原有的旧锅丢弃而无法拿出家里的锅来玩游戏，通过男孩的口又指出了电灶另外的优点：“妈妈说电灶是厨夫的好朋友，它不会把锅烧坏，用起来又便当。”这传递出电灶对于妇女繁重厨房劳动的解放，并通过男孩对女孩的对白暗示女孩的母亲应该使用电灶了。再下的场景更强调出电灶的优越性：女孩垂头丧气，男孩在开心的吃饼干。这次通过女孩的口来表达了对于安装电灶的渴望："唉，我希望妈妈也装用电灶，你常常有这样好饼饵吃。你家妈妈说：因为电热是很匀和的。"这表明了电灶的使用已经影响孩子的自尊，电灶的"缺乏"给原来的和睦完美的社会关系造成的损害。由此可见，当时的设备广告已经逐渐摆脱了"以产品为中心的论说和表述"，转而将重点放在了描绘"消费情境中的具体消费经验"方面。[①] 不仅向消费者传递着关于层出不穷的品牌和产品信息，而也从自己的立场定义什么是合潮流的，什么是被渴望和追求的，是一种"理想的自我"，代表了"我所渴望的与我能想象自己抵达的"境界。

由此看来，现代化建筑设备的使用带来生活便利，但所带来的改变又不仅仅于此。建筑设备已经不再仅仅停留在物质层面，而成为社会诸多要素关系结构中的连接点：生活与自我的完整和完满必须依赖现代器物的消费，更对人际关系、社会关系产生的影响。这些设备产品广告准确地把握了上海现代化进程中所产生的观念变化，并将设备、建筑与现代生活诠释为彼此的延伸，从而建构起了上海摩登城市的集体认同。与文学，电影和其他视觉表述不同，以上这些广告关于上海都市空间想象积极而清晰，充满了未经批判精神洗礼的乐观主义。[②]

以上三组广告，分别从社会风尚、建筑发展和社会关系切入，从不同的视角探讨了建筑设备的引入对上海社会的全面改变。建筑设备使用所隐含的社会文化意义也就在广告载体中作为社会观念在上海社会传播开来，潜移默化地影响着上海的社会文化进程。

与此同时，报纸、杂志广告的流行并未抢尽其他形式广告的风头。店招、店牌、旗招、海报、橱窗陈设和霓虹灯牌等，将上海都市空间转型为充斥着商品图符的海洋。四大百货公司在 1910 年代开始普遍采用橱窗陈列吸引消费者，而橱窗陈列中最重要的就是灯光设计。1926 年南京路上首次出现"皇家牌打字机"吊灯广告后，先施公司马上跟进，将霓虹灯店牌悬挂到了公司大楼的顶端。据考察，当时最大的霓虹灯牌当属 W. D&H. O. Wills 公司 1928 年陈设在大世界娱乐中心对面的"红锡包"香烟广告。该广告由美商丽安公司承制，"中间有大钟，四周有香烟从烟盒里跳出，环绕大钟，很能吸引路人"。每到夜晚，"红锡包"的霓虹公主和大钟图案为上海最繁华的街市平添了几分色彩。[③]

而 20 世纪三四十年代，霓虹灯广告迎来了全盛期，耀眼的灯光和夜空融为一体，好像无数的星星，照耀着南京路，成为不夜城"摩登上海"的一个象征，如图 5-15、图 5-16 所示。甚至霓虹灯的兴衰也折射出上海城市经济的活力兴衰。太平洋战争爆发，日军占领租界，实行灯火管制，不准开亮任何霓虹灯，霓虹灯长被迫全部关闭，[④]标志着上海

---

① Pasi Falk. The Consuming Body[M]. SAGE Publications Ltd.，1994：156.

② 孙绍谊. 想象的城市：文学、电影和视觉上海（1927—1937）[M]. 上海：复旦大学出版社，2009：196.

③ 益斌等. 老上海广告[M]. 上海：上海画报出版社，1995：5.

④ 上海轻工业志编纂委员会. 上海轻工业志[M]. 上海：上海社会科学院出版社，1996：320.

开始了日占时期的萧条岁月。1945 年 9 月，南京路百货公司的橱窗内装饰着孙中山和蒋介石的肖像，四大公司的大楼外面挂起用小电灯泡串起的大型“V”字，[①]这是上海的民族资本家和市民欢庆抗战胜利的一种表示。[②]从日本战败到中华人民共和国建立前，这一时期的百货公司和南京路商业街的橱窗艺术，在上海的商业广告和商业美术史上，都达到了炉火纯青的最高水准。陈列商品时，为了节电，霓虹灯被替换成日光灯，白炽灯又将各种各样的商品映照得非常诱人。[③] 对于都市市民而言，霓虹灯广告是都市生活环境的一部分，成为他们的话题，深深融入了他们的日常生活，影响着他们的感觉和价值观的形成。[④]

图 5-15　上海霓虹灯夜景一

4）电影中的建筑设备

看电影是当时上海一种新的娱乐方式，并在 20 世纪二三十年代之交异军突起，成为当时上海最受欢迎的大众娱乐形式之一。作为时髦、现代和进步的象征，电影的传播也进一步推进了西方文化特质的融入，并对当时的社会风尚和习俗有无形的教化作用。作家刘呐欧指出：

就像建筑最能纯粹地体现机械文明的合理性一般，最能够性格地描写机械文明的社会环境的，就是电影。[⑤]

图 5-16　上海霓虹灯夜景二

而大量的西方电影的引入，不仅带来新的文化方式，电影中出现西方现代城市景观、建筑、空间及空间中的器物：电梯、卫生间、霓虹灯等更成为不可缺少的场景，与那些影片体现的观念一起，影响着上海人的思维方式和生活理念。

---

① 上海礼赞[N]. 文汇报，1945-9-9.

② （日）菊池敏夫. 建国前后的上海百货公司：以商业空间的广告为中心. 上海档案史料研究（九）[M]. 陈祖恩译. 上海：上海三联书店，2010：120.

③ 同上。

④ 同上：123.

⑤ 刘呐鸥. 现代电影第一卷第 2 期. 1934 年。

国产电影也很快学习了这种都市语言的表达方式。在很多电影中，上海的摩天大楼和霓虹灯成为上海摩登都市的象征，而电梯、电话、电灯及马桶也成为摩登生活的象征。对于上海都市现代性的想象及批判都可以通过灯光来体现：在 1934 年出品的电影《神女》中的分区银幕将霓虹映照的繁华上海与街头揽客的妓女并置在一起，有意强烈对比一幢白色楼房的光影两面，并将神女孤独的、弱小的身影并置在浓重阴影里。通过“都市之夜”、白天的都市厂房烟囱、高楼和城市上空的电线等都市图景的象征化展示，完成了一次主人公和观众对异化都市文明的真切体验。①

图 5-17　《残春》剧照

1933 年，影星徐来主演“明星”影片《残春》中有张非常有名的浴缸戏剧照②(图 5-17)。这段轰动的浴缸戏在当时显得有些惊世骇俗，引发了不少争议，徐来也成为第一位以这种戏闻名的上海女演员。这是国产电影首次将卫生间和浴缸作为场景的主角来表现，浴缸中女性含笑遮掩着裸体，体现出时尚前卫的生活观念、表达了女性的解放和对传统的反抗。场景的实现则通过了西式的卫生间：墙面贴着瓷砖，奢华的浴缸，而这些装置都是在传统中国建筑中没有的。在这里，使用浴缸进行洗浴不仅表达了清洁身体是现代生活的必需，也让洗浴成为一种具有现代感的仪式，代表了摩登生活的欢愉和享乐，体现出一种与传统生活观念的决裂。这种视觉主体的转换，其实是电影导演对上海 20 世纪 30 年代社会及空间身份的再认识。在当时，可能没有比西式浴缸这种设备更能体现那个时代追求的生活感觉了。而无疑，这种场景的搭建都落在了浴缸这种现代设备上。

5.3　建筑设备的文化意涵

5.3.1　建筑设备与“后发外生型”的都市特质

1948 年，中国第一本暖通专业期刊《热工专刊》问世，其发刊词中示出了这样的忧患：

美国人民之享有电之生活文明者，在 1944 年已达 83.4%，暖气冷藏设备之在美国已普遍应用于家庭，近更有日渐采用辐射热之暖气装置，通风及空气调节之方法，已为

① 胡霁荣. 中国早期电影史(1896-1937)[M]. 上海：上海人民出版社，2010：142.

② (美)刘香成，(英)凯伦·史密斯. 上海(1842—2010)：一座伟大城市的肖像[M]. 上海：世界图书出版社. 2010：153.

多数工厂所采用，以增进工作效率。[①]

而中国建筑设备的发展和建筑物质文明的享用则仅仅局限在部分开埠城市，比如上海租界及华界的洋房中，中国绝大多数的居民并不能享受到这些物质文明给生活所带来的舒适方便性。但与此同时，上海却在短短的时间里发展成为东方的巴黎，成为中国第一座拥有管道煤气和现代化卫生设施的城市。[②] 这种特殊的繁荣，来自于上海城市自身的特殊性和她在中国现代化进程中的独特位置。

这种现象其实是当时"后发外生型"国家，包括俄、中、日等国社会发展不均衡性的写照。伯曼在《一切坚固的东西终将烟消云散了》中通过波德莱尔和陀思妥耶夫斯基两位作家之间的对照，以及19世纪中叶巴黎和彼得堡之间的对照，帮助我们理解当时世界上现代主义的两极性：

在一极，我们看到的是先进民族国家的现代主义，直接建立在经济与政治现代化的基础上，从已经现代化的现实中描绘风俗世态景象……在对立的一极，我们发现一种起源于落后与欠发达的现代主义。这种现代主义在19世纪首先发祥于俄罗斯，在彼得堡得到集中体现。在我们的时代，随着现代化的扩展——但通常像在旧俄罗斯一样、是一种截短的扭曲的现代化——它已经传播到整个第三世界。欠发达的现代主义被迫建立在关于现代性的幻想与梦境上，和各种幻想、各种幽灵既亲密又斗争，从中为自己汲取营养。[③]

而以上对于彼得堡的描述也正是对当时上海的写照。尽管上海在很短的时间里吸收了西方的物质文明，包括制度和观念。西方建筑设备技术的引入吸收促进了上海建筑的发展，加速了上海现代化的进程。但因上海包括其他亚洲国家的城市近代化基本上不是以工业化为其起点的。[④] 几乎所有的商品都是西方世界的舶来品，在灿灿发光的外表后隐藏着危险的极度欠缺。[⑤] 建筑设备关键产品的制造和供应、核心技术都还掌握在西方的手里，这使得这种现代性的建构由于缺乏内在的支撑而显得脆弱。而这一点上，同样西化的日本却走出一条不同的道路。以建筑设备中技术含量较高的升降机生产为例，日本在大正4年(1915年)，由东松工作所率先研发国产的全自动升降机，开始了日本本土的升降机制作。[⑥] 尔后，日本开始各项建筑设备生产，使得日本在昭和

① 顾毓瑔. 发刊词. 热工专刊. 1948(1).
② 卢汉超. 霓虹灯：20世纪初日常生活中的上海[M]. 段炼，吴敏译. 上海：上海古籍出版社，2004：11.
③ (美)马歇尔·伯曼. 一切坚固的东西终将烟消云散了[M]. 周宪译. 北京：商务印书馆. 2003：303-304.
④ 《上海和横滨》联合编辑委员会，上海档案馆. 上海和横滨：近代亚洲两个开放的城市[M]. 上海：华东师范大学出版社，1997：5.
⑤ (美)马歇尔·伯曼. 一切坚固的东西终将烟消云散了[M]. 周宪译. 北京：商务印书馆，2003：301.
⑥ 廖镇诚. 日治时期台湾近代建筑设备发展之研究[D]. 台湾中原大学硕士论文，2007：189.

时代(1925 年开始)各种建筑设备进入国产化时代,在技术上已达高级品程度。[①] 这与国内建筑设备产业举步维艰形成了鲜明对比。因此没有直接建立在经济与工业现代化基础上的现代性是光鲜,但也是梦幻的。

但从另一种意义上,和亚洲其他殖民城市不同,上海不仅仅是被动地接受和屈服于外来的殖民文化。[②] 上海对西方异域风热烈拥抱,把西方文化本身置换成了"他者"。在他们对于现代性的探求中,这个置换过程是非常关键的,因为这种探索是基于他们作为中国人的对自身身份的充分信心。实际上,在他们看来,现代性就是为民族主义服务的。[③] 上海在引入吸收这些先进建筑技术的同时,很快也将其变成自身的属性,也促进了自身建筑制度建设、观念更新,包括民族产业的发展,上海因此也成为中国近代建筑设备业的发祥地。由此同时,上海也成为中国最大的建筑安装和建筑设备生产基地,以电光源为例,上海普通照明灯泡产量从 1949 年的 1191 万只上升到 1957 年的 5009 万只,占全国生产量的 72.6%,[④]直到 1990 年,上海一直是中国最大的电光源生产基地和出口基地。[⑤]

与此同时,上海又将这种技术与文明传播到中国其他地方。不仅在 1949 年以前,上海的建筑设备设计及施工单位在全国各地开设分行,承担任务,传播新的建筑设备技术。在 1949 年以后,大量上海建筑设备施工单位内迁,技术人才被抽调到全国各地[⑥]。比如早在 1952 年,上海的电梯技术人员就开始为北京十大建筑的电梯安装提供技术服务。[⑦] 在北京十大建筑中的空调技术也从上海外滩中国银行的空调冷冻机获得数据与资料。[⑧] 上海著名的设备工程师陆南熙被输送到北京,骆民孚被输送到武汉,陆耀庆[⑨]被输送到西安支援内地建设,填补了当地的技术空白,并因此成为中国暖通行业的创始

---

① 同上:86.

② 张晓春. 文化适应与中心转移:近现代上海空间变迁的都市人类学研究[M]. 南京:东南大学出版社,2006:176.

③ 李欧梵著. 上海摩登:一种新都市文化在中国(1930-1945)[M]. 毛尖译. 北京:北京大学出版社,2001:323.

④ 上海轻工业志编纂委员会. 上海轻工业志[M]. 上海:上海社会科学院出版社,1996:315.

⑤ 同上:316.

⑥ 上海支援兄弟省市的建设人才,在第一、第二个五年计划时期达到 50 万人左右。当时调往各省市的技术工人约占全市技术工人的 1/5。几乎全国所有在建的重点工程中,都挥洒着上海支援职工的劳动汗水。张文清。周恩来的经济思想及其对上海建设与发展的指导摘自《人民网》《中国共产党新闻》《领袖人物》《人民领袖周恩来》研究评价。

⑦ 见上海房屋设备有限公司网页 ,该公司前身为上海市房地产电器修理所,由原美国奥的斯电梯公司,英国怡和洋行,瑞士迅达电梯公司在沪的电梯从业人员合并组成。

⑧ 2016 年 3 月 21 日与同济大学范存养教授访谈。

⑨ 陆耀庆(1929—2010)中国著名的暖通工程师,1948—1951 年于上海沪江大学学习。毕业后,1952 年 6 月—1955 年 4 月就职于上海华东建筑设计公司任副主任工程师,1955 年 4 月组织调动至西北建筑设计研究院。先后著有《暖气工程设计》(1955)、《实用暖通空调设计手册》(1996 年,多次再版)。

人。上海的建筑设备制造厂生产的产品也大量地运往全国各地,支援国家基本建设,[①]促进了这些地区经济建设的发展。这个过程尽管蹒跚,但也充满希望。

5.3.2 建筑设备演进中的现代性呈现

始于19世纪中叶,一直延续至今日并必将在相当长一段时期内继续下去的中国建筑现代转型进程,有必要被置于一个宏观的社会发展模型中加以考量、检讨、设计、实践与评估。[②] 在二战结束以来的半个世纪里,西方关于晚清和近代中国历史的学术研究已经广泛地转向"中国中心论"的研究范式,逐渐取代了或者说在某些方面修正了"西方冲击—中国反应"的模式。[③] 但是对于上海近代建筑发展历史,特别是从西方引入的建筑设备在近代上海演进上来看,西方的影响应该是首要的,确是印证其受"冲击—反应"模式的影响。

作为西方工业文明的产物,建筑设备系统是建筑,乃至城市的"血脉动力"源,无论从技术还是与之相伴的观念上,在上海建筑现代转型的进程中,它其实扮演着重要的角色。物质生活器物的变化相伴随的是人们生活方式的巨大变化。[④] 在某种程度上,他对建筑本身的发展、对上海社会及人产生更深远的影响。

在中国,特别是上海"后发外生型"现代化进程的大背景下,由西方引进的水、电、煤、卫基础设施,成为上海建筑设备发展的先导,并对上海的城市面貌及居民的生活方式产生巨大的影响,开启了近代上海都市化和建筑现代化的进程。当然这种推动作用并非单向,在观念方面,国人一开始的消极避让到主动学习;在经济方面,最初的洋商垄断到后来的华洋竞争,这些由外到里,由浅及深的交流碰撞,上海就是这样一步步地从观念到行动向现代化靠拢。正是由于中外双方的相撞、合作和竞争,才把上海变成了富有国际性和创造性的城市。[⑤]

摩登都市的搭建既需要在物质层面上的建构,更需要在思想(思维)层面上的转化,两者缺一不可。作为建筑有机体组成部分的建筑设备,看似普通,也顺应着中国建筑现代转型的历史规律:技术、制度与观念的逐层推进与互动。[⑥] 在这几个层面上对上海建筑的现代化、上海都市的现代性起到了自己的作用。上海建筑设备演进中的主要事件见附表2,其主要其相互关系见图5-18所示。

---

① 新华社.上海七百多个公、私营工厂和合作社大量生产水暖电工器材支援基本建设.人民日报.1953年7月27日。

② 李海清.中国建筑现代转型[M].南京:东南大学出版社,2004:340.

③ 卢汉超.霓虹灯:20世纪初日常生活中的上海[M].段炼,吴敏译.上海:上海古籍出版社,2004:13.

④ 李长莉.晚清上海风尚与观念的变迁[M].天津:天津大学出版社,2010:1.

⑤ (法)白吉尔.上海史:走向现代之路[M].王菊,赵念国译.上海社会科学出版社,2005 :2 .

⑥ 李海清.中国建筑现代转型[M].南京:东南大学出版社,2004:342.

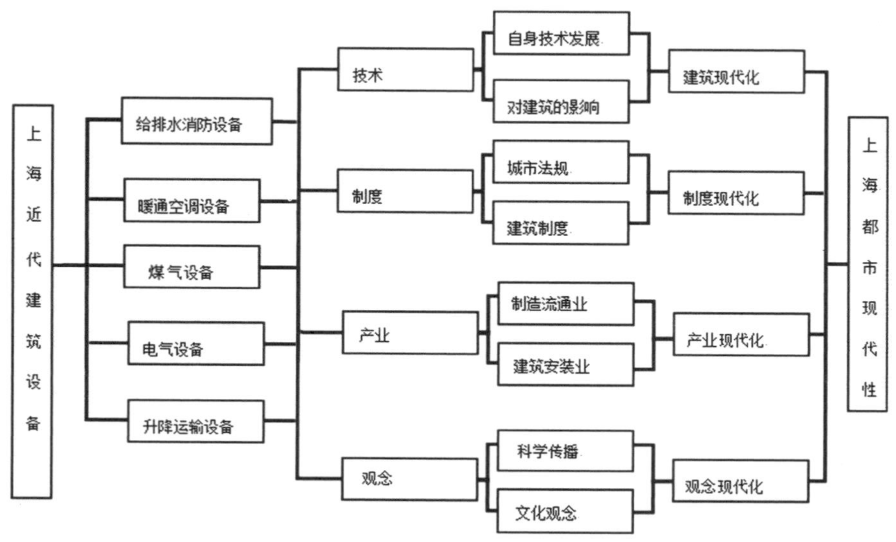

图 5-18 上海近现代建筑设备演进关系图

5.4 本章小结

建筑设备既具科学技术属性，也具有社会文化属性。晚清以来，西方新式器物的引进一方面是实物应用推动社会物质层面的发展；另一方面相关的科技理论知识也随之而入，推动认知层面的发展；同时因使用而带来的社会变化则又引发人们的讨论，推动观念层面的发展，这三者相辅相成。本章节主要讨论了上海建筑设备的演进与上海都市现代性构建之间的关系，这是与建筑设备所具有的社会文化属性紧密联系的。

晚清以来，随着西学东渐，建筑设备的理论知识包括电学、光学、热学通过翻译引入上海，成为西方科技认知的重要组成部分。新式学堂、专门学校、大学相关建筑设备课程及学科的开启，既满足了社会建设的需要，又培养了第一批具有专业素养的设备工程技术人员。而大众媒体及以后专业媒体的讨论，加速了对于建筑设备的认知，这种通过印刷和视觉文化所形成的公共讨论使得建筑设备作为一种摩登都市承载物的形象特征更加清晰，这也成为上海建筑现代转型的一个重要特征。

建筑设备从晚清被认为是“奇技淫巧”，到 20 世纪二三十年代成为都市摩登的象征，其中的观念变化是上海如何逐步接受现代化的缩影。而这种变化通过了报纸、书籍、画报和期刊等不同媒体的推广来实现，包括文学、广告、电影等不同传媒的介入，使得建筑设备的社会文化形象更加的立体和丰富。在视觉文化传播的视野中，在不同的历史时期，建筑设备及其依附的学科体系、文化内涵，都最终和建筑一起，成为时代和都市文化的代言人。

尽管从物质上、技术上还是制度上，建筑设备在上海的发展都促进了上海的都市现代性。可是，由于上海当时“后发外生型”的社会属性，这种由外在介入的，而非内发性的生产使得上海现代性的搭建具有一定的局限性。当然，上海又不同于亚洲其他殖民城市，她很快又置换为其自身的属性，上海因此也成为中国现代性的发祥地，建筑设备作为载体之一，并将其传播到全国各地。

第 6 章　结语:上海近代建筑设备变迁的启迪及展望

我们虽是上海的住民,却像匆匆途经它的过客……上海简直深不可测,它总是这么闪烁其词地向我们展示某些片断。当我们以为可以游刃有余地在它里面生活时,我们仍然是槛外人——因为我们常常会对新看到的,刚发现的,甚至原来习以为常的人和事,意外的细节和戏剧性,表示惊讶。而惊讶,恰好表明我们这一刻之前还是槛外人。

——吴亮《老上海已逝的时光》(1998 年)

通过对上海近代建筑设备演进多维度的考察,可以相对清晰地了解作为西方文明载体之一的建筑设备引入,对于上海建筑与城市现代转型的影响。无论从技术、制度和观念上,上海近代建筑设备的演进都为今天留下了丰厚的遗产,值得我们深刻思考和挖掘。今天,我们的城市和社会面临的问题、所发生的情况,仍能从这些过去的历史中里找到起点与深层动因。对于历史的解释和重构,不仅仅是"以史为鉴",更重要的是为了认识当今。

6.1　近代建筑设备的变迁思考

6.1.1　上海暖气采暖系统的消失

1949 年中华人民共和国成立后,原有的社会制度和运行机制发生了巨大变化。新中国的建构依赖于新的政治生活观念的推广:用严肃而有道德的秩序来代替松弛和轻薄放荡的品性。[①] 建国初的革命现代性改造通过对所谓西方资产阶级舒适、享乐生活方式的反对和无产阶级朴素、节约生活观念的推广来实现。为了消除这种殖民记忆与伤痕记忆,新政权要对原有的旧建筑进行改写。[②] 就上海来说,当时建筑中的空调、暖

① (美)罗兹·墨菲.现代中国的钥匙[M].上海:上海人民出版社,1987:1.

② 张文诺.《上海的早晨》与"早晨"的"上海"———论《上海的早晨》中的上海都市空间想象[J].文化研究第 14 辑.北京:社会科学文献出版社,2013:202.

气都是被认为是有资产阶级生活特征的元素，[①]连同生活中的旗袍、项链等都不被新社会推崇。

图 6-1 1949 年以后，上海某西式建筑更换新业主

与此同时，洋行和外国人纷纷离开上海，西式建筑的业主发生变化，各种政府机关和国营公司，甚至居民开始入住这些建筑，因此政府提倡的节约和朴素的生活方式也很快被贯彻下来（图 6-1）。空调、暖气等被认为是奢侈的享受，逐渐停止运行。同时，因能源短缺，家用电器（电灶、电炉、电冰箱）也被禁止使用。[②] 而后霓虹灯也消失了，包括接待外宾的和平饭店（原沙逊大厦）都停止了冷气供应。[③] 同时，由于资产阶级作为一个群体被改造和消灭，那么高档建筑设备使用的基础也不存在了，国家宣传的朴素生活观包含着对基本生活的满足，并通过宣传推行成为了新的习俗被社会广泛接受，原本几乎每一幢西式建筑都有的采暖系统大都停止了运行。

1955 年，“秦岭—淮河”供暖分界线划定，这条采暖补贴费的发放线[④]使得上海因此（人为）成为不采暖地区。同年，建筑工程部设计总局制定了国内第一部统一的民用建筑设计指标[⑤]，根据中央对于节约投资的要求，按照不同的气候类型，以及采暖地区和非采暖地区的区分，拟定了不同的设计方案。[⑥] 从此，从国家政策层面上，上海冬季采暖系统的运行更失去了法规的保障。

因此，上海 1949 年之后，在新建筑设计中除了很少部分医院、电台或涉外重要的场所等还局部有设计热水采暖系统，其他的建筑里都取消了这项内容。根据傅信祁先生回忆在 1950 年代初设计同济外国专家楼的时候，当时一起设计的还有教师住宅的“村”字楼，这三栋建筑最初都设计有热水采暖系统。并且“村”字楼在建筑设计及施工时已在基础中预留了安排采暖系统的管沟，但是“村”字楼的采暖被认为是资产阶级的享受而被取消。最后只有外国专家楼安装了采暖系统，而“村”字楼后只能采用火炉采暖。出于对应措施，在建筑构造中增加考虑了烟囱设计。[⑦]

---

① 2013 年 4 月 26 日在上海档案馆与刑建荣研究员访谈。

② 上海市人民政府公用局公告. 市用电字第 82 号. 1951 年 11 月 1 日。

③ 关于和平饭店恢复冷气设备的报告. 上档 Q50—2—514—61。

④ 江亿. 南方供暖不可盲目照搬北方模式[N]. 科技日报，2013-4-23.

⑤ 本指标在 1955 年出台，1956 年内部印发各单位使用，1957 年正式由基本建设出版社出版，由国家建设委员会编著，名为《1957 年民用建筑设计参考指标》。

⑥ 阎子祥. 我们完成了新的标准设计[J]. 人民日报，1955-9-18.

⑦ 2013 年 5 月 7 日在傅信祁先生家中的访谈。

与此同时，在上海支援全国的号召中，很多老建筑里的热水汀被拆卸并装运，重新安装在北京新建的大楼里，支援首都建设。原有的小锅炉（又称炮仗炉子），后来在大炼钢铁（1958 年）中都填在小高炉里了。[①] 这样又年久失修，原有的采暖系统都慢慢被废弃了。

管道采暖系统在上海的消失，代表着原有一个时代的彻底结束。

6.1.2　对现行上海采暖机制的思考

20 世纪 50 年代划定北方集中供热区的依据是 1908 年，当时中国地学会首任会长张相文在《地文学》中，从自然地理分区角度提出将秦岭—淮河作为中国南北的分界线，它是中国地理气候的分界带。制定这条线的初衷是为当地建筑和农作物种植做参考。或许张相文怎么也没想到，他这条分界线会成为中国“南北供暖线”，并影响了中国 60 余年。

2012 年 3 月 5 日召开的全国两会期间，驻川全国政协委员张晓梅在《将北方集中公共供暖延伸到南方》提案中指出，传统的秦岭一淮河供暖线已经过时，南方冬季的阴冷天气远比北方难熬，而且 2008 年以来南方地区屡遭“冷冬”，应将公共供暖延伸到南方。其提案受到媒体广泛关注，不仅张晓梅，湖南、湖北、江西、江苏和贵阳等地人大代表、政协委员，纷纷提出供暖线南移的议案、提案。武汉市人大代表池莉说：“城市发展了，基础设施和公共服务的标准应该提高，不能停留在不冻死人的下限。”[②]南方地区采暖成为了当年的热议提案并迅速在全国范围成为讨论的热点。

对于多数当今的上海人，每年最痛恨的就是冬天：少阳光、多湿冷，要忍受从 12 月到次年 3 月的长达 130 天左右的冬季，甚至寒冷会到第二年的四月份。例如 1861 年艾林波伯爵（Graf zu Eulenburg）书信中的上海 4 月 13 日（星期六）：

天很冷，壁炉又派上用场。[③]

1903 年，德国记者蔡博（Zabel）眼中的上海的冬天：

与我们那里没有什么大的区别，这里同样也需要经常生上火炉，就像在柏林一样。[④] 上海冬天虽不降雪，气候仍甚寒冷。[⑤]

在上海，一到冬天，很多居民陷入两难：开空调费电也不太暖和；不开空调，只能“佝头缩颈”，全副武装。而很多从北方来到上海工作学习的人都对上海冬天的阴冷表示了

---

① http://weibo.com/u/1619311953.

② http://news.xinhuanet.com/yzyd/energy/20130115/c_11464419.htm. 2013 年 1 月 15 日。

③ 另眼相看：晚清德语文献中的上海[M]. 王维江，吕澍辑译. 上海：上海辞书出版社，2009：53.

④ 同上：271.

⑤ 张绪谔. 乱世风华：20 世纪 40 年代上海生活与娱乐的回忆[M]. 上海：上海人民出版社，2009：27.

强烈的不满，觉得比在北方的家乡更冷，这也是因为上海室内不采暖的原因。而通过对在上海留学的俄罗斯学生访谈中，他们认为上海的冬天和莫斯科一样冷，尽管上海没有莫斯科冬天的平均气温低，雪也少。但第一上海冬天没有暖气，第二上海冬天刮风，感觉非常冷。因此在上海解决冬天的采暖问题有其现实的社会意义。

如果说习俗也可以被定义为发生之初的“被发明的传统”[①]，那么在上海开埠后的一百年里，从西方所移植过来的生活方式，比如现代化的热水汀采暖方式，因其对上海当地气候的适应性及所提供的舒适性，从“被发明的传统”也转变成为“习俗”，一种建立在工业文明之上的摩登上海的新习俗，并被广泛推广开来。以至于在当时的建筑设计中，只要条件允许，无论是公共建筑还是住宅，热水（蒸汽）采暖系统是设备系统中非常重要的内容。而在当时上海人的眼中，好的建筑就是需要配备“冷热水和热水汀”的。

由于经过六十多年的行为方式断裂，1949 以后出生的上海人大都不知道也没见过有上海有热水汀采暖这样的方式，更理所应当地认为采暖是北方才有的事情。“上海没有采暖，不宜采暖，应该寒冷”，变成了一种新的社会普遍观念，对寒冷无奈的适应又演化成为一种新的生活习俗。甚至有在 1949 年以后出生的专家认为：南方并不适合进行集中供暖，原因是南方居民已经习惯冬季的湿冷气候，如果突然集中供暖，可能导致居民身体不适应。著名节目主持人孟非很快在微博中对此观点进行了反驳。[②]

“把秦岭—淮河线作为供暖分界线不够严谨。”华东师大教授陈振楼指出，随着全球气候变化，厄尔尼诺等现象导致极端气候频现，寒冷南移，最典型的案例就是 2008 年南方冰灾。中国工程院院士、清华大学建筑学院教授江亿也认为提供舒适健康的室内环境，需要供暖的时候就供暖，这没有任何疑义。[③] 住房城乡建设部相关负责人表示，按照《民用建筑热工设计规范》(GB50176－93)的划分，夏热冬冷地区在我国涉及 14 个省、直辖市的部分地区。当室外温度低于 5℃时，这些地区人们的不舒适感比严寒、寒冷地区的人们要大。因此，夏热冬冷地区有必要设置供暖设施。

而最新的国标《民用建筑供暖通风与空气调节设计规范》(GB50736－2012)条文说明对于条文 5.1.2“宜设置集中供暖的地区”进行了补充说明：

近些年，随着我国经济发展和人民生活水平的提高，累年日平均温度稳定低于或等于 5℃的日数小于 90 天地区的建筑也开始逐渐设置供暖设施，具体方法可根据当地条件确定。[④]

这些都对南方部分夏热冬冷地区的采暖提供了政策依据。

---

① E 霍布斯鲍姆. 传统的发明[M]. 顾杭等译. 南京：南京译林出版社，2004：2.

② http://t.qq.com/mengfei. 2013 年 1 月 4 日。

③ http://news.xinhuanet.com/politics/2013-01/15/c_114364702.htm.

④ 2012 年 1 月 21 日发布，2012 年 10 月 01 日实施. P17。

图 6-2　上海某历史建筑再利用中重新恢复暖气系统

一种习俗的兴起和消亡显然是多种因素：政治、经济、社会和文化综合影响的结果。在这其中，政治及政策是重要的影响因素，系统/制度对生活实施的全面而集权的呵护[①]改变社会的运行方式和人的生活方式，其背后隐藏着权力与空间的关联。[②] 而对于上海来说，用管道采暖方式来提高冬季舒适性是有其历史的传统和渊源。认识和厘清上海采暖制式的渊源，一方面对于在当今历史建筑保护再利用中，如何提高建筑舒适性，包括对其原有采暖系统的重新利用和重构提供了历史依据。另一方面也为在新建筑设计中如何多方位提高冬季舒适性提供了历史依据。在冬季，暖气系统其热辐射采暖效果要比空调对流采暖效果有着无可比拟的舒适性优势，因此在当今上海历史建筑保护再利用的中，已经有在历史建筑中恢复暖气采暖的实践(图 6-2)，并取得了良好的环境舒适性效果。

6.2　对当代历史建筑保护的反思

6.2.1　历史建筑保护中的设备问题

1949 年以后，上海城市建设相对停滞，这种状况一直维持到 1970 年代末(中国改革开放前)。市中心的面貌也变化不大，重新回到上海观光的外国游客被这种时光倒流感到错愕。除了大楼顶上飘扬的旗帜，安放的红星与标语外，所有的高楼都凸显着资本主义和上海国际性的过去。保留下来的洋式楼房，更确切地说是尚未拆掉的城市遗产，并不引人自豪，而是令人尴尬，充其量是漠不关心。[③] 1980 年，出生于上海的历史学家贝蒂・裴梯・魏返回她 1945 年离开的这座城市，虽然时隔 35 年，但在她看来，“上海除了没有对城市清扫外，什么都没有变”。[④]

20 世纪 80 年代后，中国的改革开放使得上海重获振兴，特别是 90 年代的浦东开发，使得上海又重新成为中国的经济金融中心。从 1992 年至 1995 年，上海建造的商用

---

① 熊万胜. 个体化时代的中国式悖论及其出路：来自一个大都市的经验[J]. 开放时代，2012(10)：138.

② 张文诺.《上海的早晨》与“早晨”的“上海”——论《上海的早晨》中的上海都市空间想象[J]. 文化研究第 14 辑. 北京：社会科学文献出版社，2013：204.

③ (法)白吉尔. 上海史：走向现代之路[M]. 王菊，赵念国译. 上海：上海社会科学出版社. 2005：330.

④ Wei，Betty Peh-Ti. Shanghai：Crucible of Modern China[M]. Hongkong：Oxford University Press，1987：68.

大楼就相当于香港 40 年来所建造的写字楼的总和。① 上海人又重新拾起他们祖辈在 20 世纪 30 年代就产生过的憧憬：拥有舒适居所中的幸福之家。②

因此在城市发展和居住改善的社会洪流中，上海一方面付出了拆除大约 3000 万平方米建筑的巨大代价。③ 另一方面，在 20 世纪最后的 20 年间，上海的干部们逐步意识到了城市文化遗产所具有的价值。于是，他们努力地保存这部分遗产，使之有利于经济的发展，重新展现 19 世纪上海就已具有的魅力。在黄浦江边吸引外国人和他们的资本，绝非仅仅是出于怀旧的情结。④

图 6-3　新添设备对于历史建筑外立面的破坏

图 6-4　室内壁炉被破坏

在整个城市建设和遗产保护并进的过程中，上海在全国都走到了前列，但依旧存在很多的问题：一些（历史）建筑的内部和外观在使用过程中由于功能性质的变化和超负荷与过量的使用受到严重的损坏。⑤ 特别体现在保障日常运行的建筑设备上：一方面是大规模的历史建筑再利用中，在没有对历史建筑本体进行深入研究的情况下，大量的原有建筑设备包括整个系统，由于老旧等因素被废弃，造成了资源的极大浪费；作为特征要素并具有审美价值

① Rboert C. K. Chan：Urban Development and Redevelopment 载 Yeung，Sung：Shanghai，Transformation and Modernization under China's open Door Policy. P316。

② 白吉尔.，上海史：走向现代之路[M]. 王菊，赵念国译. 上海：上海社会科学出版社，2005：384.

③ 郑时龄. 上海的建筑文化遗产保护及其反思. 历史建筑保护工程学同济城乡建筑遗产学科领域研究与教育探索[M]. 上海：同济大学出版社，2014：51.

④ 白吉尔著. 上海史：走向现代之路[M]. 王菊，赵念国译. 上海：上海社会科学出版社，2005：454.

⑤ 郑时龄. 上海的建筑文化遗产保护及其反思. 历史建筑保护工程学同济城乡建筑遗产学科领域研究与教育探索[M]. 上海：同济大学出版社，2014：56.

的壁炉、灯具、马桶等被拆除，造成历史建筑风貌的部分丧失。另一方面，出于对于舒适性的迫切需求，但对历史建筑保护认知缺乏的情况下，大量的历史建筑在使用更新中新增添的设备对原有建筑的外观及内部空间等产生巨大的破坏，如图 6-3、图 6-4 所示。就像陈丹燕描写的那样：

1996 年，能在照片里面看到八十年代用的那种笨重的窗式空调，它正很粗鲁无知地从 1910 年精美的旧窗饰中探出来。一旦开始制冷，它的出水管就会不断地滴出水来，沿着窗台，沿着墙皮，留下一条发黑的痕迹。它让我想起来八十年代末和九十年代初的时候，上海许多窗台上出现过的情形。那时，人们是这样急切地需要空调，一台空调，是更好，更现代化的生活的具体象征，人们顾不上别的，更没想过究竟对建筑这么做有多粗鲁。[①]

这样的现象不仅发生在上海，更在全国的历史建筑再利用中成为普遍。与此同时，关系到使用方便和舒适性的建筑设备也成为历史建筑再利用中突出需要解决的关键技术问题。上海房屋管理科技研究所于 1983 年发表了《上海市里弄住宅有效利用的问题—技术经济评价方法》，在 1985 年 10 月一些调查数据相继发表。[②] 其中居民普遍认为面积过小，强烈要求更多的房间，没有洗澡间，没有抽水马桶，隔音太差，房屋渗漏问题都成为焦点。[③] 2007 年春建业里改造工程开始，这个名为"卢湾区步高里等旧式住宅小区厨卫改造工程"的项目中，政府对内部厨卫水电设施，公共部分的消防管道和室外场地进行了大力整治。工程中，一种配备新式专利底座的坐便器使居民们告别了几十年来倒马桶的日子，生活质量得到提高，所以"大修"还有另一个雅号"马桶工程"。[④] 这都说明了历史建筑保护再利用需要设备的跟进和更新，才能适应当代生活的需要。

事实上，在没有对历史建筑中原有设备的价值进行解析的基础上，同时对于自身生态环境认识的不足，而对建筑设备系统进行完全更新的状况在目前历史建筑再利用中还是占据了主流。对于当时的人们如何使用这个建筑，原有的建筑如何解决自身物理环境问题，原有设备的空间逻辑及如何为建筑服务，如何避免使用昂贵的或维护费用昂贵的设备来减少对环境的破坏等研究甚少。而解决这一切的基础，都在于对待历史建筑中建筑设备的重视态度应该提高到等同于建筑风格、材料的所具有的地位来对待。建筑设备不仅仅是为了使用者，更重要的是为了建筑本身。[⑤]

---

① 陈丹燕．外滩影像与传奇[M]．北京：作家出版社．2008：155．

② 金企正．上海市旧居民区的民意测验[J]．住宅科技，1985(10)：10．

③ 朱晓明，祝东海．勃朗第之城：上海老弄堂生活空间的历史图景[M]．北京：中国建筑工业出版社，2012：157．

④ 同上。

⑤ Guide to Building Servicesfor Historic Buildings Sustainable Services for Traditional Buildings．CIBSE．2003：7．

6.2.2 近代建筑设备的价值判定

对于建筑遗产的价值思考是一个认识不断发展的过程,从古代的宫殿庙塔到近代的民居里弄,再到近现代的工业遗产,建筑遗产的价值认定体系的内涵和外延都在不断地扩展。而对于建筑设备这种建筑部件来说,对其价值的认定,更反映出历史观的进步。

1995年初夏,上海市人民政府办公地已经逐步从外滩中山东一路12号(原汇丰银行大楼)搬往人民广场的市政府大厦,上海历史博物馆对这幢历史建筑进行了普查和挖掘,先后发现了一些具有收藏价值的物品:木叶吊扇和吊灯、标有上海工部局电气处的电取暖炉等,并发现了汇丰银行铜质壁炉薪架。这支薪架制作构思奇特、工艺精湛,成为上海历史博物馆近年来文物征集的重要收获之一,已作为重要文物入藏。① 而上海历史博物馆收藏还有老式的电表和电阻测试仪等,并对此进行考证研究。② 上海浦江饭店(原理查饭店)也将旧有的电话、灯具(图6-5)等收藏展示,这都说明了建筑设备作为遗产的文物价值已经被认识。

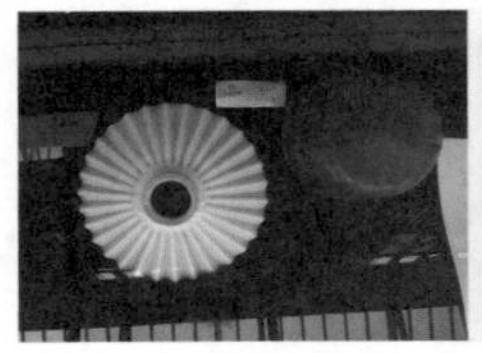

图6-5 浦江饭店收藏展出的建筑设备

在外滩区域,华伦道夫酒店(原上海总会)在保护再利用中,原有的英国Smith Major&Stevens电梯被精心修复利用(图6-6),成为室内重要的景观,彰显着建筑悠久的历史。新建的半岛酒店,也在其中新安装了一部仿制的老式电梯(图6-7),目的是与建筑的场所发生联系,唤起人们对老上海的回忆。电梯、壁炉等都成为上海文化怀旧的理由。③ 这也说明建筑设备其中包含着历史、文化、审美的多重信息,成为建筑场景不可缺少的一部分而存在。

图6-6 外滩华伦道夫酒店对原电梯的复原

总体而言,历史、科学和艺术价值,是国内

① 郑毓明.上海汇丰银行壁炉薪架发现记.收藏上海[M].上海:学林出版社,2005:113-114.

② 刘华.1905年老电表和民国电阻测试仪小考.都会遗踪.上海市历史博物馆论丛第8辑[M].上海:学林出版社,2012:58-61.

③ 陈丹燕.怀旧的理由.上海的风花雪月[M].北京:作家出版社,2001:79-84.

图 6-7　外滩半岛酒店里的怀旧电梯

图 6-8　原汇丰银行中仍在使用的卫生间

外对历史遗产价值的基本共识。[①] 比照多维度的建筑遗产的价值属性:历史纪念价值(Memory);标本(Sample)的留存和研究价值;文化象征(Symbol)价值和适应性利用价值(Adaptive Reuse)。[②] 从上海近代建筑设备的演进特征来看,依旧具备遗产的这些价值认知。

1) 历史价值

历史性特征是历史建筑的普遍共性,也是其他特征要素的基础。[③] 上海近代建筑设备作为建筑的一部分,与近代建筑的外观、空间和结构一起,不可分离地反映着社会的发展面貌、建筑建造和使用的历史。离开了建筑设备,当时这些建筑甚至市政运行都无法展开,因此建筑设备是历史建筑的历史特征译码要素之一。现存最早的电梯:和平饭店南楼(原汇中饭店)的电梯(后已更改)反映出当时早期的电梯如何引入中国的历史;最早的自动扶梯:南京路第一百货商店(原大新百货)一二层的自动扶梯(后已更改)反映出上海商业空间的繁荣与先进面貌;国际饭店最早安装的喷淋消防系统反映了当时上海高层建筑防火的水平;和平饭店(原沙逊大厦)里的 Art Deco 风格的拉利克灯具反映出当时装饰艺术派在上海的盛行状况;浦江饭店(原理查饭店)卫生间原有的卫生洁具布置反映出最早的卫生设备在上海时如何使用的;浦东发展银行(原汇丰银行)至今还有原状的卫生间仍在使用,保存完好(图 6-8)。这些设备都还原出当时的社会及生活场景,成为历史场景的组成部分,传递出一种浓厚的历史感。

2) 科学价值

科学价值是建筑设备的主要价值要素。建筑设备作为过去那个时代科学及建筑技

---

① 董柯.上海近代历史建筑饰面的演变及价值解析[D].同济大学,2013:253.

② 常青.对建筑遗产基本问题的认知.历史建筑保护工程学同济城乡建筑遗产学科领域研究与教育探索[M].上海:同济大学出版社,2014:13.

③ 董柯.上海近代历史建筑饰面的演变及价值解析[D].同济大学,2013:254.

术发展的结晶和实物遗存，虽然在当今大多失去了其工艺和材料本身在建造年代所具备的时代应有的特征，但他反映出的时代的工艺特征、技术水平却是那个时代的显著特征要素。其遗留下来的物质形态展现出的是“标本”所承载的价值——具体而言，建筑设备无论是管道还是设施，经年而成的沧桑印记正是与岁月相连接的“年代价值”的表征，也是历史建筑“真实性”的所在。同时，建筑设备对历史建造活动和使用经历的客观反映、对近代建筑技术发展历史的表述，又是其“历史价值”的重要来源。

以灯具为例，从最早的煤气灯，到电力弧光灯，再到白炽灯、霓虹灯和荧光灯。上海的照明发展几乎与世界照明发展史同步，和平饭店一层东北侧有一间配电房（图 6-9）还遗存有一组 20 世纪 30 年代从美国进口的老式配电设备，虽然已经不能使用，但外观保存完整，真实反映了 20 世纪 30 年代世界先进工艺仪表的风采。[①] 这些设备的遗存是见证和研究东西方科技交流传播、上海乃至中国技术发展史不可缺少的证物。

建筑设备所具有技术的属性是构成科学价值的要素，上海建筑设备的发展在吸收当时西方先进理念的同时，又形成自身的特色。例如采用完备先进的给排水卫生系统；排水管道系统独特地在建筑外立面外敷的形式；大量采用自流井来解决水源问题的做法等，都体现了其建造时期的先进技术和地域性特征。它们蕴含的技术特征反映了当时的工艺技术和建造水平，以及当时社会经济、文化乃至卫生观念等。这些都需要被保存和展示，在今天的历史建筑研究、历史建筑和历史风貌区的保护中具有不可替代的实证意义和借鉴作用。

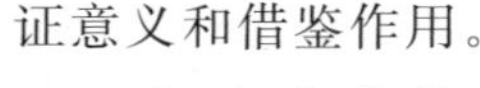

图 6-9　和平饭店老的配电间

3）文化价值

文化艺术价值是指建筑及其部件本身在设计、构造、风格、色彩及造型等方面展示的时代进步或水平层次，它能给人以精神上或情绪上的感染。[②] 建筑设备，不仅是一种系统、一种实用的器物，其上附着的更是一个时代风格。作为室内重要的部件，成为室内环境及装饰不可缺少的组成部分，除了实际的使用功能外，建筑设备还具有美学和情感的价值，成为建筑中不可缺少的场景要素。其隐含的意义不单纯的只是殖民建筑及空间意象的宣誓，其中亦包含着现代化的文明生活的思维表现。[③]

---

① 唐玉恩. 和平饭店保护与扩建[M]. 北京：中国建筑工业出版社，2013：100.

② 参见：历史建筑的信息采集与价值评估体系研究[R]. 国家科技支撑计划“十一五”课题“重点历史建筑可持续利用与综合改造关键技术研究”（编号 2006BAJ03A07）第一子课题研究报告，2010：76-81.

③ 廖镇诚. 日治时期台湾近代建筑设备发展之研究[D]. 台湾中原大学，2007：211.

图 6-10　和平饭店壁炉

上海近代建筑设备都包含着那个时代的风格,成为那个时代格调的象征物。壁炉传入上海后,迅速出现在上海各式的建筑中。以沙逊大厦(和平饭店)里的壁炉(图 6-10 所示)为例,尽管整个建筑都采用了热水采暖系统解决了冬季采暖问题,但主要套房都安装有壁炉,这些精细的木作与室内装修一起,反映出房间(英式佐治亚风格或詹姆士一世风格等)特点,成为室内风格特征的主要表征物。因此就壁炉来讲,不仅有实用的取暖功能,更成为建筑风格的表征,成为建筑中不可缺少的部件,并与上海传统的文化杂糅,形成独特的外观形态。这种壁炉文化一直延续至今,在当今的上海别墅设计中,壁炉仍是非常受欢迎的主题,并发展成为海派文化的物质象征之一。

4) 适应性再利用价值

在前工业时代,人们通过构造、材料设计出宜人的居住生活空间。工业时代后,开始利用科技手段来解决建筑室内环境舒适度问题,建筑设备的植入代表着当时科学技术对建筑的干预。

建筑设备与建筑外观、空间、结构一样,也是建筑整体性的有机组成部分,具有再利用的价值。在进行历史建筑调查研究时,应将原有建筑设备的调查纳入,才能更加完整地呈现出原有历史建筑的生活原貌和建筑技术特征。籍由历史建筑设备的调查,可以体会除历史建筑的形成背景之外,更可以体会其建筑空间机能使用的理由和方式,并且可得知当时人们为何采用设备来解决其空间使用的问题。① 并通过价值判断进行留用或保存。同时必须以建筑遗产的角度来审视这些被保存下来的设备器具,在未来的建筑修复和再利用中进行谨慎对待,才能将历史建筑的整体意义呈现出来。

在现今历史建筑保护再利用中,原有的建筑设备通常是被忽略保存的部分,如能认识到其作为文化遗产的一部分,如还能有区别的对其进行甄别对待,对还能使用的设备将其延用下来,更能诠释历史建筑保存的整体性价值,不应只是单纯地将建筑物的外观和结构保护修复。而老旧、耗能、不符合时代需求的设备,则需要淘汰,拆除时,应同有保存的概念将其作为展示教育及文物保存之资料库,更能让后人了解以往的历史建筑中所使用设备的情形,及如何使用的教育意义,更能将历史建筑原有面貌呈现。② 对于

① 廖镇诚.日治时期台湾近代建筑设备发展之研究[D].台湾中原大学,2007:2.

② 同上。

表现文化及建筑特征要素的建筑设备，比如代表时代风格的灯具等，更需要通过价值评估，通过保存、复制等手段来重现时代的风采。

建筑设备价值的认知是历史建筑价值评估的组成部分，其目的在尊重建筑遗产历史特征的同时，最大限度地减少建筑的能源消耗和对环境的负面影响，以达到从形式到实质的历史建筑可持续利用的最高目标，而这都是建筑设备的适应性再利用环境适应性、经济适应性和创造性的体现。①

对于上海近代建筑设备的价值解读和判定，最终落实于建筑设备在当代的处置问题—即如何对待当前环境中的历史建筑设备：其价值体系如何评价？特征如何存续？设备体系如何再利用，等等。承认和重视历史建筑设备的价值意义，以适应性延承为指向的保护修复，将会成为上海近代历史建筑保护和再利用新的价值取向之一，也将是建筑遗产保护领域的长期课题。

6.3 近代建筑设备演进的启示

6.3.1 重视建筑演进中各种因素的相互作用

建筑的发展受多种因素综合支配。在以往的建筑历史的研究中，建筑的风格、形式因其与历史理论的密切相关性往往成为研究的重点，并成为推导建筑变迁的主要特征因素。而影响建筑演变的物质因素：建筑技术，包括构造、结构和设备技术在建筑演变中所起的作用研究甚少，科学技术在建筑演进过程中的作用容易被研究忽视，这也使得对于建筑历史的书写因缺少科学技术的合理内核支持而变得整体完整性的缺失。

建筑技术不仅仅是技术本身，由技术延伸到制度和观念的探讨更成为深入理解建筑演进内在因素的钥匙之一。在建筑技术研究中，更不能忽略文化的因素，技术的发展与社会文化预期之间有着很强的相互依赖关系，二者间每一个都能去激发或是形成另一个。这些都是我们在对上海近代建筑设备演进研究中得到的结论。

6.3.2 努力推动观念更新和科技自主创新

从上海近代建筑设备演进的经验来看，建筑设备技术和结构技术一起，对于上海建筑现代化的推动起到了关键的支撑作用。通过了解当时的人们如何结合建筑设计，并通过设备来提升建筑的方便性和舒适性，这些结合的主动性和被动性对环境干预的方法，为我们当今如何利用历史建筑提供了宝贵的经验。同时，技术的演进和观念更新仍是当今建筑技术学科发展的主题，作为环境干预工具的建筑设备，在未来的建筑发展中

① 刘旻.创造与延续——历史建筑适应性再生概念的界定[J].建筑学报，2011(5):33-34.

扮演着越来越重要的角色。如何通过科技进步提高建筑设备的效率，降低建筑设备的能耗，减少建筑设备对于环境的影响，是当今建筑发展的方向之一。

同时，由于上海近代建筑设备的主要技术和生产都被西方所垄断，而使得上海近代建筑发展存在着严重不均衡的历史教训来看，只有建立在独立自主、科技创新的基础上，建筑的现代化才不是无根之木，才会有坚实的支撑。这就需要不仅在应用技术上，更需要在产品研发上，走自立自强的自主创新之路，上海乃至中国的科技创新建设的实现才会成为可能。

6.3.3　对当代技术路径的批判和选择

工业革命后，一方面设备技术为人类建筑环境提供了前所未有的舒适和方便性，在建筑的发展过程中起到了关键的作用。但同时也带来了对于技术的过度依赖和技术本身的过度膨胀。技术系统的触角是如此广泛深入到了无数人们亲身体验的领域中，人们严格遵守这种逻辑的、科学的、技术的规则，却忽视了所设计事物的本质和特性，以及我们设计的服务对象—人的本质和特性。这种片面追求和依赖设备技术的唯技术论所带来的危害在不仅是新建筑中的高能耗，对环境的污染表现得也越来越严重；同时，机械制冷和制热技术的进步让建筑物更大程度地与室外环境脱离，同时与社会和文化环境脱离。这些不仅对能源消耗（及其相关环境）有重要影响，也对文化与社会技术多样化的消失以及地域感的消失有重要影响。在历史建筑再利用设备系统更新中也体现得非常显著：设备的不合理及过度使用，不仅对历史建筑的本体及历史特征造成不可逆的损害，同时也对环境造成了严重破坏。

因此，对于上海近代历史建筑设备演进的研究既要关注到设备在特殊历史时期所发挥的作用：这种从无到有的人工环境控制是一种革命性的改进，使得建筑的舒适性和便利性有着质的飞跃，是西方工业革命后建筑革新技术传播到上海的成果之一，在当时对社会有着积极的意义。但在当今可持续发展观的背景下，建筑设备学也演变为环境控制学，始终考虑的是人与建筑、城市的关系。① 技术与生态共存的新体系已经取代了纯技术主导的旧体系，建筑设备成为建筑能耗控制最主要的工具，低能耗和可持续的建筑观都需要通过对于建筑设备技术的调节来实现。无论在历史建筑再利用中，还是在新建筑设计中，都须努力挖掘适应上海气候特征的环境控制方法，用设计者们的经验素质来丰富创造新的室内外环境，努力用“环境喜悦”取代“环境单一”，创造出与具体社会、区域和文化背景相联系的建筑环境品质。②

---

① （日）纪谷文树．建筑环境设备学[M]．李农，杨燕译．北京：中国电力出版社，2007：6-7.

② Raymond J，Cole&Richard Lorch. Buildings，Culture and Environment：Informing Local and Global Practices [M]. Blackwell Publishing. 2003：199.

6.4 本章小结

本章是对全书研究的总结，首先选择了暖气系统在上海的消失时间作为研究时间的截止点。通过制度、习俗、观念等层面引发对于上海近现代建筑设备演进的思考，再以遗产保护的角度揭示了当今历史建筑保护中的设备问题，同时引出近代建筑设备的价值评判，最后总结出建筑设备演进对于当今的启示。

在全球化进程日益加速的当今，或许可以从更深的层面上这样理解，今天对于上海近代建筑设备的演进研究，其实是为了更加客观地认识近代上海包括现代上海的本身。这种回顾，既是当今上海重新面向西方的一种从边缘到中心尝试的历史溯源，更是通过西方折射式地做自我认识的尝试，甚至是完全内化了的西方视野中的世界图景[①]的再现。

这，就是我的上海。

① 李陀. 上海酒吧：空间、消费与想象[M]. 南京：江苏人民出版社，2001：149.

上海近代历史建筑设备普查表

<table>
<tr><td colspan="2">编号</td><td>001</td><td colspan="2">名称</td><td>浦江饭店</td></tr>
<tr><td colspan="2">原名</td><td>礼查饭店</td><td colspan="2">建造年代</td><td>1846 始建，1907 扩建</td></tr>
<tr><td colspan="2">地址</td><td>黄浦路 15 号</td><td colspan="2">保护级别</td><td>上海市文物保护单位</td></tr>
<tr><td colspan="2">类别</td><td>旅馆建筑</td><td colspan="2">结构类型</td><td>钢筋混凝土结构</td></tr>
<tr><td colspan="2">设计者</td><td></td><td colspan="2">施工者</td><td></td></tr>
<tr><td colspan="2">普查重点</td><td>近代历史建筑设备</td><td colspan="2">普查时间</td><td>2016 年 8 月</td></tr>
<tr><td rowspan="5">原有设备类型</td><td>暖通空调</td><td>不详</td><td rowspan="5">现存设备情况</td><td>暖通空调</td><td>现为空调系统</td></tr>
<tr><td>给排水</td><td>冷热水齐备</td><td>给排水</td><td>已更新</td></tr>
<tr><td>电气</td><td>齐备</td><td>电气</td><td>残存灯具作为展示</td></tr>
<tr><td>通讯</td><td>电话</td><td>通讯</td><td>已更新，残存电话机作为展示</td></tr>
<tr><td>其他</td><td>电梯</td><td>其他</td><td>已更新，有一部电梯还保留原有人工控制的制式</td></tr>
<tr><td colspan="6">建筑外观</td></tr>
<tr><td colspan="6"></td></tr>
<tr><td colspan="6">设备调查情况</td></tr>
<tr><td colspan="2">照片</td><td>图片来源</td><td colspan="3">说明</td></tr>
<tr><td colspan="2"></td><td>作者摄</td><td colspan="3">此电梯为新更换</td></tr>
</table>

续表

照片	图片来源	说明
	作者摄	此电梯为人工控制的电梯，仍专门有电梯司机负责开启，目的是保留建筑原有的风味
	作者摄	此为客房洗手间，卫浴洁具已经全部更换
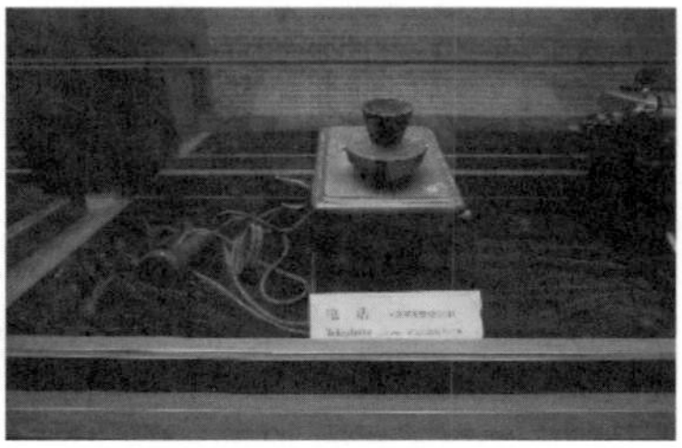	作者摄	原有的电话，现保存在展示厅，供展示
	作者摄	此为原孔雀大厅汉白玉立柱上的花蜡烛台，和饭店客房所配备的铸铁座铜台灯，现仅供展示

续表

照片	图片来源	说明
	作者摄	此为原餐厅，酒吧所使用的云石灯罩，现供展示
	作者摄	原有电表，现保存在展示厅，供展示
	作者摄	室内排水管外挂

上海近代历史建筑设备普查表

编号	002	名称	宋氏老宅
原名		建造年代	1908
地址	陕西北路 369 号	保护级别	上海市文物保护单位
类别	居住建筑	结构类型	砖木结构
设计者		施工者	
普查重点	近代历史建筑设备	普查时间	2017 年 1 月

原有设备类型			现存设备情况		
	暖通空调	壁炉		暖通空调	壁炉保存，现另设空调
	给排水	冷热水俱全		给排水	已更新，保存部分卫生设备
	电气	俱全		电气	已更新
	通讯	电话		通讯	已更新
	其他			其他	

建筑外观

设备调查情况

照片	图片来源	说明
	作者摄	此卫生间，原浴缸、花洒、龙头等为历史原物。现状尚可给排水使用

续表

照片	图片来源	说明
	作者摄	主要房间内原均设置了壁炉取暖,。且风格各异,具有较高的艺术价值,现已不再使用
	作者摄	部分壁炉的设计结合了橱柜及衣镜的功能,造型独特
	作者摄	部分壁炉的设计结合了橱柜及衣镜的功能,造型独特
	蒲仪军拍摄	室外排水管,为原物,仍在使用

上海近代历史建筑设备普查表

<table>
<tr><td colspan="2">编号</td><td>003</td><td colspan="2">名称</td><td>上海工艺美术博物馆</td></tr>
<tr><td colspan="2">原名</td><td>法租界公董局董事住宅</td><td colspan="2">建造年代</td><td>1905</td></tr>
<tr><td colspan="2">地址</td><td>汾阳路 79 号</td><td colspan="2">保护级别</td><td>上海市文物保护单位</td></tr>
<tr><td colspan="2">类别</td><td>居住建筑</td><td colspan="2">结构类型</td><td>混合结构</td></tr>
<tr><td colspan="2">设计者</td><td></td><td colspan="2">施工者</td><td></td></tr>
<tr><td colspan="2">普查重点</td><td>近代历史建筑设备</td><td colspan="2">普查时间</td><td>2017 年 4 月</td></tr>
<tr><td rowspan="5">原有设备类型</td><td>暖通空调</td><td>暖气采暖及壁炉</td><td rowspan="5">现存设备情况</td><td>暖通空调</td><td>壁炉及暖气片尚存，但已失去功能</td></tr>
<tr><td>给排水</td><td>冷热水齐备</td><td>给排水</td><td>部分卫生间保存完整保存</td></tr>
<tr><td>电气</td><td>齐备</td><td>电气</td><td>部分灯具及开关保存，系统已更新</td></tr>
<tr><td>通讯</td><td>电话</td><td>通讯</td><td>已更新</td></tr>
<tr><td>其他</td><td></td><td>其他</td><td></td></tr>
<tr><td colspan="6">建筑外观</td></tr>
<tr><td colspan="6"></td></tr>
</table>

<table>
<tr><td colspan="3">设备调查情况</td></tr>
<tr><td>照片</td><td>图片来源</td><td>说明</td></tr>
<tr><td></td><td>许一帆摄</td><td>房间内保留洗脸盆、浴缸、马桶和妇洗盆等设施，状态良好，现仍可使用</td></tr>
</table>

续表

照片	图片来源	说明
 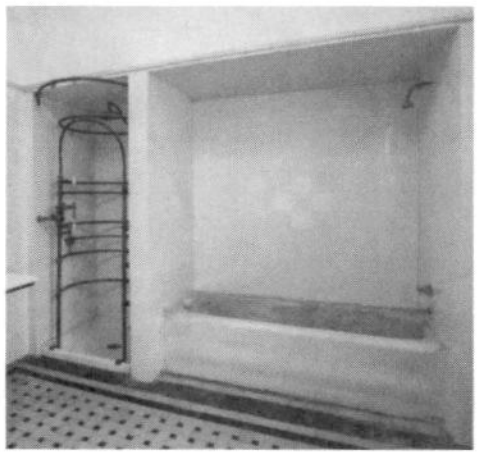	许一帆摄	卫生间内的洗浴设备，分为站立式淋浴和浴缸两种设施，站立式淋浴器可以上下立体喷水，非常少见。该设备目前仍可继续使用
	作者摄	建筑各房间均设暖气片，暖气片暗藏在墙里，并设有装饰罩，与室内装修相得益彰。据工作人员介绍，该暖气系统运行到 1980 年代才停止

续表

照片	图片来源	说明
	作者摄	壁炉仅为展示功能，室内主要房间均有壁炉，形态各异
	作者摄	壁炉仅为展示功能，室内主要房间均有壁炉，形态各异
	作者摄	旧式的灯具，其中玻璃罩为后配，与最初的历史照片比对后，不是最初的原物，推断为更新过，但仍历史悠久
	作者摄	旧式的灯具，其中玻璃罩为后配，从尺度上看不甚协调，与最初的历史照片比对后，不是最初的原物，推断为更新过，但仍历史悠久

续表

照片	图片来源	说明
	作者摄	多联翘板开关，为旧物，但工作人员介绍非原物，也更新过

上海近代历史建筑设备普查表

<table>
<tr><td colspan="2">编号</td><td>004</td><td colspan="2">名称</td><td>外滩华伦道夫酒店</td></tr>
<tr><td colspan="2">原名</td><td>上海总会，后更名为东风饭店</td><td colspan="2">建造年代</td><td>1912</td></tr>
<tr><td colspan="2">地址</td><td>中山东一路 2 号</td><td colspan="2">保护级别</td><td>上海市文物保护单位</td></tr>
<tr><td colspan="2">类别</td><td>酒店建筑</td><td colspan="2">结构类型</td><td>钢筋混凝土结构</td></tr>
<tr><td colspan="2">设计者</td><td>塔兰特和布雷</td><td colspan="2">施工者</td><td>霍华兹·艾斯金有限公司总承包</td></tr>
<tr><td colspan="2">普查内容</td><td>上海近代历史建筑设备</td><td colspan="2">普查时间</td><td>2016 年 7 月</td></tr>
<tr><td rowspan="5">原有设备类型</td><td>暖通空调</td><td>壁炉和暖气系统</td><td rowspan="5">现存设备情况</td><td>暖通空调</td><td>部分壁炉保存，增加了空调系统</td></tr>
<tr><td>给排水</td><td>冷热水俱全</td><td>给排水</td><td>均更新</td></tr>
<tr><td>电气</td><td>俱全</td><td>电气</td><td>均更新，保留了少量特色灯具，并对其他电器设备等进行了整体风格的协调</td></tr>
<tr><td>通讯</td><td>电话</td><td>通讯</td><td>均更新</td></tr>
<tr><td>其他</td><td>电梯</td><td>其他</td><td>特色电梯恢复</td></tr>
<tr><td colspan="6">建筑外观</td></tr>
<tr><td colspan="6"></td></tr>
<tr><td colspan="6">设备调查情况</td></tr>
<tr><td colspan="3">照片</td><td colspan="2">图片来源</td><td>说明</td></tr>
<tr><td colspan="3"></td><td colspan="2">作者摄</td><td>房间内保留有壁炉，展示功能，风貌特征保存良好</td></tr>
</table>

续表

照片	图片来源	说明
	作者摄	底层接待厅(原骨牌室)中的壁炉,展示功能
 	作者摄	电梯原为英国 SIMITH MAJOR & STEVENS 公司制造,三边形,现按照原来的进行修缮,目前仍可使用
	作者摄	此为仿古形式的插座

续表

照片	图片来源	说明
	作者摄	此为新增的空调系统出风口，与室内装饰结合，紧贴顶棚布置
	作者摄	东立面的现存的铸铁雨水管为历史原物，雨水斗正面有大写字母“S”与“C”重叠铸造，修缮后仍在使用
	作者摄	此为底层的远东第一酒吧廊，现状为根据原有的场景复原，包括吊灯，吊扇等设备
	作者摄	此为楼梯旁的立灯，现存灯罩有火焰型、白玉兰型和球形三种。与于历史照片比对，火焰型灯罩为历史原物

上海近代历史建筑设备普查表

<table>
<tr><td colspan="2">编号</td><td>005</td><td colspan="2">名称</td><td>上海浦东发展银行</td></tr>
<tr><td colspan="2">原名</td><td>汇丰银行大楼</td><td colspan="2">建造年代</td><td>1927</td></tr>
<tr><td colspan="2">地址</td><td>中山东一路 12 号</td><td colspan="2">保护级别</td><td>上海市文物保护单位</td></tr>
<tr><td colspan="2">类别</td><td>办公建筑</td><td colspan="2">结构类型</td><td>钢框架结构</td></tr>
<tr><td colspan="2">设计者</td><td>公和洋行</td><td colspan="2">施工者</td><td>英商德罗洋行</td></tr>
<tr><td colspan="2">普查重点</td><td>近代历史建筑设备</td><td colspan="2">普查时间</td><td>2016 年 12 月</td></tr>
<tr><td rowspan="5">原有设备类型</td><td>暖通空调</td><td>通风系统(有加热功能),壁炉及采暖系统</td><td rowspan="5">现存设备情况</td><td>暖通空调</td><td>已更新,壁炉大部分保留,残存暖气片</td></tr>
<tr><td>给排水</td><td>冷热水系统及消防俱全</td><td>给排水</td><td>残存两个完整的卫生间,仍在使用,其余已经完全更新</td></tr>
<tr><td>电气</td><td>俱全</td><td>电气</td><td>已更新,残存吊灯、开关</td></tr>
<tr><td>通讯</td><td>电话</td><td>通讯</td><td>已更新</td></tr>
<tr><td>其他</td><td>电梯,金库</td><td>其他</td><td>电梯系统更新,还有一部电梯保持外观,金库完好</td></tr>
<tr><td colspan="6">建筑外观</td></tr>
</table>

设备调查情况

照片	图片来源	说明
	作者摄	大楼内原建有多种形式、材质不同的壁炉,均已采用保护性处理,现已不再使用

续表

照片	图片来源	说明
	作者摄	大楼内原建有多种形式、材质不同的壁炉，均已采用保护性处理，现已不再使用
	作者摄	残存的扭子开关，非常珍贵
	作者摄	大厅中为满足使用，对原有灯具内部进行了改造设计，外观进行了复原
	作者摄	大楼底层及二层幸存两间完整的洗手间，原有设施良好，现已更新排水管道和热水系统，并对残破的台盆和地砖进行了保护性修补，现作为员工洗手间，仍在使用

续表

照片	图片来源	说明
	作者摄	电梯内部的机械设备已经完全更新，保存了电梯的外观
	作者摄	室内残存的暖气片，底层大厅利用原有的暖气片的壁柜和地柜设置了送回风口
	作者摄	室外铸铁排水管，具有花蔓装饰，是仅存的具有装饰元素的室外管道

续表

照片	图片来源	说明
	作者摄	室内消火栓箱，为原物保存
	作者摄	黄铜消火栓原物，展示作用
	作者摄	室外消火栓，为原物

续表

照片	图片来源	说明
	作者摄	室内排水管道室外安装，布置在外廊内，不影响建筑外观
	作者摄	室内排水管道室外安装，布置在外廊内，近处为新增的空调室外机，与历史风貌不协调
	作者摄	银行金库，保存完好，目前仍可以使用

上海近代历史建筑设备普查表

<table>
<tr><td>编号</td><td colspan="2">006</td><td colspan="2">名称</td><td>和平饭店北楼</td></tr>
<tr><td>原名</td><td colspan="2">华懋饭店</td><td colspan="2">建造年代</td><td>1929</td></tr>
<tr><td>地址</td><td colspan="2">中山东一路 20 号</td><td colspan="2">保护级别</td><td>上海市文物保护单位</td></tr>
<tr><td>类别</td><td colspan="2">旅馆建筑</td><td colspan="2">结构类型</td><td>钢框架结构</td></tr>
<tr><td>设计者</td><td colspan="2">公和洋行</td><td colspan="2">施工者</td><td>新仁记营造厂</td></tr>
<tr><td>普查重点</td><td colspan="2">近代历史建筑设备</td><td colspan="2">普查时间</td><td>2016 年 10 月</td></tr>
<tr><td rowspan="5">原有设备类型</td><td>暖通空调</td><td>暖气采暖系统，壁炉，
部分区域设空调系统</td><td rowspan="5">现存设备情况</td><td>暖通空调</td><td>暖气系统废弃，壁炉保存，
空调系统已更新</td></tr>
<tr><td>给排水</td><td>冷热水，消防系统齐备</td><td>给排水</td><td>已更新</td></tr>
<tr><td>电气</td><td>齐备</td><td>电气</td><td>已更新，保存部分特色灯具</td></tr>
<tr><td>通讯</td><td>电话</td><td>通讯</td><td>已更新</td></tr>
<tr><td>其他</td><td>电梯</td><td>其他</td><td>已更新</td></tr>
</table>

建筑外观

设备调查情况

照片	图片来源	说明
	作者摄	大厅的灯具采用原样复原

续表

照片	图片来源	说明
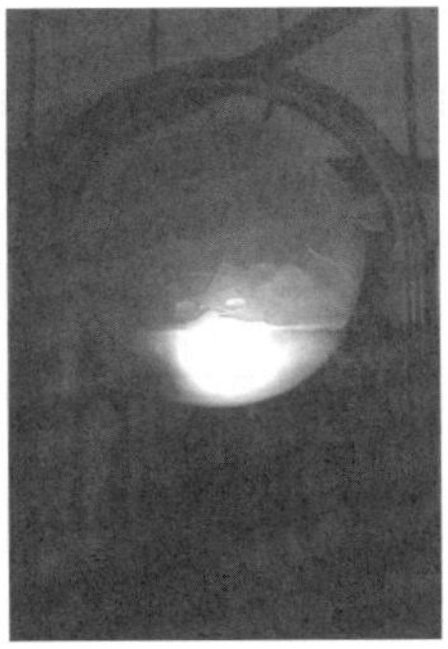	作者摄	拉利克壁灯，装饰艺术风格，价值很高，原物已收藏，现为仿制
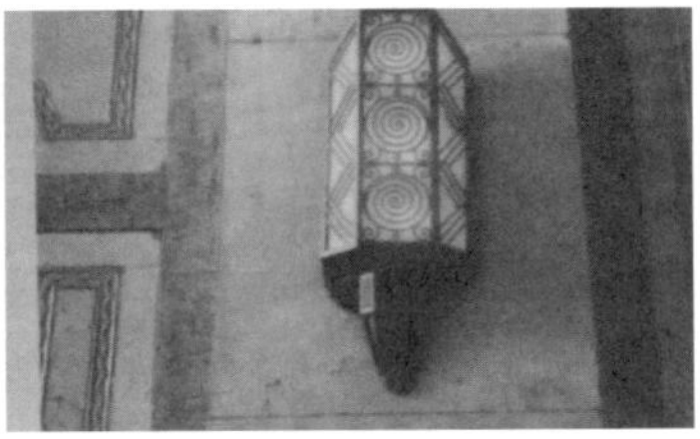	陈伯熔摄（2007年）	东门厅壁灯，保存完好，继续使用
	作者摄	原有灯具，现在饭店博物馆中展示
	作者摄	原有拉利克灯具，现在饭店博物馆中展示

续表

照片	图片来源	说明
	作者摄	原有灯具，现在饭店博物馆中展示
	作者摄	原有台灯，现在饭店博物馆中展示
	作者摄	原有落地灯具，现在饭店博物馆中展示
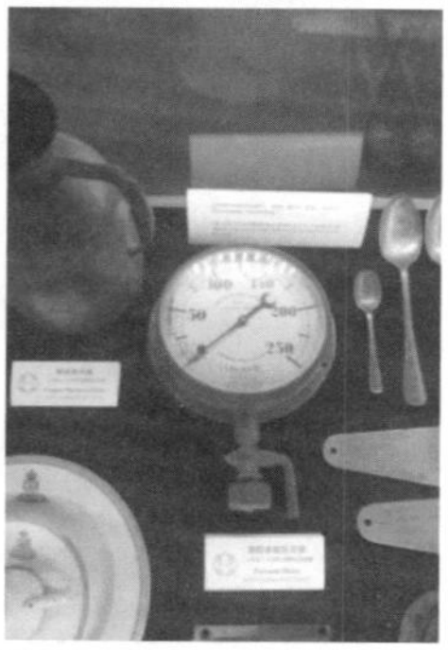	作者摄	原有消防水泵压力表，现在饭店博物馆中展示

续表

照片	图片来源	说明
	作者摄	爵士吧中的电扇，为原物仿制
	作者摄	美式套房中的壁炉，原样保存
	作者摄	利用原有的暖气片的位置及暖气罩布置了空调出风口
	作者摄（2008 年）	饭店在改造之前的暖气设备

续表

照片	图片来源	说明
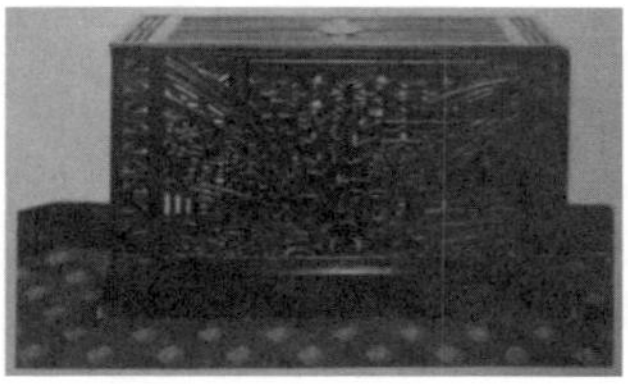	陈伯熔摄 (2007年)	西班牙式套房内的铁艺暖气罩,仍保留
	陈伯熔摄 (2007年)	中式套房内的铁艺暖气罩,仍保留
	作者摄	电梯,系统已更新
	陈伯熔摄 (2007年)	西北侧铁笼式电梯,已停止运行,外观良好,原样保存

上海近代历史建筑设备普查表

<table>
<tr><td colspan="2">编号</td><td>007</td><td colspan="2">名称</td><td>孙科住宅</td></tr>
<tr><td colspan="2">原名</td><td></td><td colspan="2">建造年代</td><td>1930—1931</td></tr>
<tr><td colspan="2">地址</td><td>番禺路 60 号</td><td colspan="2">保护级别</td><td>上海市文物保护单位</td></tr>
<tr><td colspan="2">类别</td><td>住宅</td><td colspan="2">结构类型</td><td>砖木结构</td></tr>
<tr><td colspan="2">设计者</td><td>邬达克</td><td colspan="2">施工者</td><td></td></tr>
<tr><td colspan="2">普查重点</td><td>近代历史建筑设备</td><td colspan="2">普查时间</td><td>2016 年 11 月</td></tr>
<tr><td rowspan="5">原有设备类型</td><td>暖通空调</td><td>暖气系统、壁炉</td><td rowspan="5">现存设备情况</td><td>暖通空调</td><td>采暖系统废弃，存暖气片、壁炉</td></tr>
<tr><td>给排水</td><td>冷热水俱全</td><td>给排水</td><td>已更新，存台盆、浴缸和淋浴</td></tr>
<tr><td>电气</td><td>俱全</td><td>电气</td><td>已更新，残存开关、插座</td></tr>
<tr><td>通讯</td><td>电话</td><td>通讯</td><td>已更新</td></tr>
<tr><td>其他</td><td>金库，百叶窗控制装置</td><td>其他</td><td>金库，百叶窗控制装置均保存</td></tr>
</table>

建筑外观

设备调查情况

照片	图片来源	说明
	许一凡摄	室内保存了多组暖气片，藏于外窗台下。暖气片目前已无法使用，但保存良好，仅作为展示陈列。原供暖锅炉等也已拆除不存

续表

照片	图片来源	说明
	作者摄	暖气管道的石棉保温，因年代久远，石棉已发黑
	许一凡摄	室内主要房间均设置了壁炉，样式精美，但已不再使用
	许一凡摄	室内主要房间均设置了壁炉，样式精美，但已不再使用
	许一凡摄	室内主要房间均设置了壁炉，样式精美，但已不再使用

续表

照片	图片来源	说明
	许一凡摄	三层卫生间，浴缸、花洒、龙头等为历史原物，尚可使用
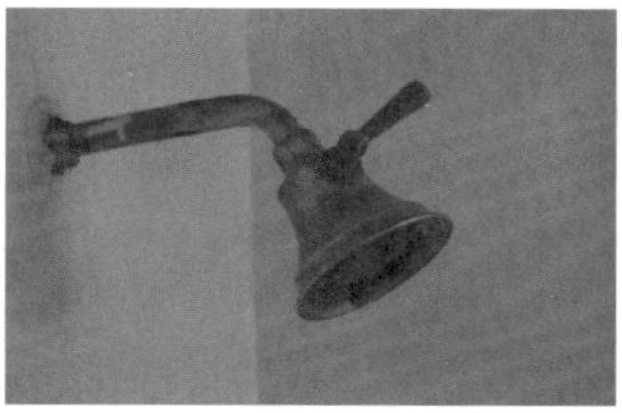	作者摄	原物淋浴喷头，出水口可以调节
	作者摄	百叶窗控制装置，可以通过拉绳控制整个木百叶窗的开启，该设备目前还能使用

续表

照片	图片来源	说明
	作者摄	首层暗室里的金库,保存完好
	作者摄	二层主卫生间一侧,面积宽大,干湿分离,卫生设备保存完好
	作者摄	二层主卫生间另一侧,马桶和小便斗分设两处,私密性好

上海近代历史建筑设备普查表

<table>
<tr><td colspan="2">编号</td><td>008</td><td colspan="2">名称</td><td>上海海关大楼</td></tr>
<tr><td colspan="2">原名</td><td>江海关</td><td colspan="2">建造年代</td><td>1927</td></tr>
<tr><td colspan="2">地址</td><td>中山东一路 13 号</td><td colspan="2">保护级别</td><td>上海市文物保护单位</td></tr>
<tr><td colspan="2">类别</td><td>办公建筑</td><td colspan="2">结构类型</td><td>钢框架结构</td></tr>
<tr><td colspan="2">设计者</td><td>公和洋行</td><td colspan="2">施工者</td><td>新仁记营造厂</td></tr>
<tr><td colspan="2">普查重点</td><td>近代历史建筑设备</td><td colspan="2">普查时间</td><td>2016 年 7 月</td></tr>
<tr><td rowspan="5">原有设备类型</td><td>暖通空调</td><td>热水采暖，低压
蒸汽采暖（首层大堂）</td><td rowspan="5">现存设备情况</td><td>暖通空调</td><td>热水汀残存</td></tr>
<tr><td>给排水</td><td>冷热水、消防俱全，深井取水</td><td>给排水</td><td>均更新，消防水箱，消防箱残存</td></tr>
<tr><td>电气</td><td>俱全</td><td>电气</td><td>均更新，残存电扇，灯具</td></tr>
<tr><td>通讯</td><td>电话</td><td>通讯</td><td>已更新</td></tr>
<tr><td>其他</td><td>钟、表、电梯</td><td>其他</td><td>电梯更新，钟、表为原物</td></tr>
<tr><td colspan="6">建筑外观</td></tr>
<tr><td colspan="6"> </td></tr>
<tr><td colspan="6">设备调查情况</td></tr>
<tr><td colspan="3">照片</td><td colspan="2">图片来源</td><td>说明</td></tr>
<tr><td colspan="3"></td><td colspan="2">程城摄</td><td>原有的消火栓及箱体</td></tr>
</table>

续表

照片	图片来源	说明
	作者摄	原有的翘板式开关，目前仍可以使用
	作者摄	原状壁炉，与室内木制拼花地坪一起，成为室内特征要素的重要组成部分
	作者摄	室内电梯，位置为原状，电梯已经更新
	程城摄	位于8层平台的油罐状消防水箱为当年的消防水箱，共2个，现设备状态良好，仍在继续使用

续表

照片	图片来源	说明
	程城摄	海关大楼顶部的钟表部分为当年原件，保存状态良好，现仍继续使用
	程城摄	海关大楼顶部的大钟为当年由英国伦敦进口，直接吊装的原件，保存状态良好，至今仍在使用，每隔一刻钟、半小时、一小时分别报时一次
	程城摄	内部残存的旧式灯具、灯罩、灯架、吊扇及叶片等，堆放于杂物间中，这些物件具有文物价值
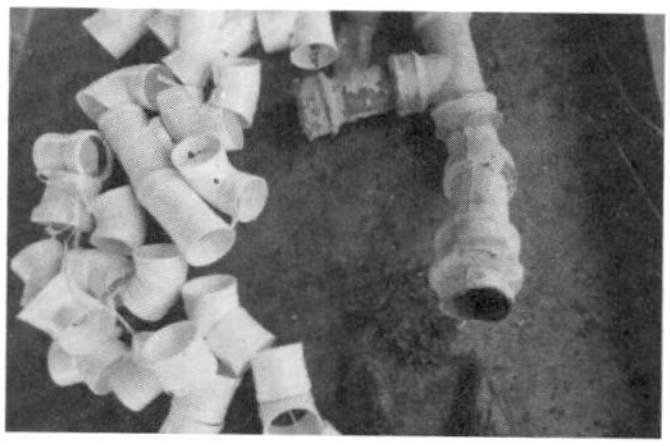	作者摄	钟楼原有的铸铁排水管正被塑料管所代替，这种做法需要商榷

续表

照片	图片来源	说明
	作者摄	底层室内大厅中心的灯柱，是大厅的视觉焦点，原物已经散失，现为复原设计
	作者摄	室外排水管道为原物，新增的空调设备与外立面风格不协调

上海近代历史建筑设备普查表

<table>
<tr><td colspan="2">编号</td><td>009</td><td colspan="2">名称</td><td>吴同文住宅</td></tr>
<tr><td colspan="2">原名</td><td></td><td colspan="2">建造年代</td><td>1936—1937</td></tr>
<tr><td colspan="2">地址</td><td>铜仁路 333 号</td><td colspan="2">保护级别</td><td>上海市文物保护单位</td></tr>
<tr><td colspan="2">类别</td><td>住宅</td><td colspan="2">结构类型</td><td>钢筋混凝土结构</td></tr>
<tr><td colspan="2">设计者</td><td>邬达克</td><td colspan="2">施工者</td><td></td></tr>
<tr><td colspan="2">普查重点</td><td>近代历史建筑设备</td><td colspan="2">普查时间</td><td>2016 年 12 月</td></tr>
<tr><td rowspan="5">原有设备类型</td><td>暖通空调</td><td>地暖，空调</td><td rowspan="5">现存设备情况</td><td>暖通空调</td><td>原空调系统已废弃，
地暖部分保存(已不再使用)</td></tr>
<tr><td>给排水</td><td>冷热水俱全</td><td>给排水</td><td>原有精美洁具均遗失，整个系统已更新</td></tr>
<tr><td>电气</td><td>俱全</td><td>电气</td><td>已更新，仅存部分开关</td></tr>
<tr><td>通讯</td><td>电话</td><td>通讯</td><td>已更新</td></tr>
<tr><td>其他</td><td>电梯，保险柜</td><td>其他</td><td>电梯修复，保险柜修复</td></tr>
<tr><td colspan="6">建筑外观</td></tr>
<tr><td colspan="6"></td></tr>
<tr><td colspan="6">设备调查情况</td></tr>
</table>

照片	图片来源	说明
	许一凡摄	建筑电梯为当年非标的荷叶形的 OTIS 电梯，当时是上海私人住宅第一台电梯。2014 年由专业公司修缮原始机械设备，复原电梯轿厢内装饰，现可继续使用

续表

照片	图片来源	说明
	许一凡摄	修复后的电梯轿厢内部
	作者摄	原采用了地暖管道辐射采暖技术，原地下室配备锅炉，产生热水，通过埋在地板下的管道进行采暖。修缮后为还原和展示作用
	上海建筑装饰集团提供	开关分老式和新式两种，此为老式开关，修缮原则为对于原本存在部位选择老式开关，新增部分选择现代式
	上海建筑装饰集团提供	原有的保险柜位于二楼，修复后仍可使用

上海近代历史建筑设备普查表

<table>
<tr><td colspan="2">编号</td><td>010</td><td colspan="2">名称</td><td>上海锦江饭店北楼</td></tr>
<tr><td colspan="2">原名</td><td>华懋公寓</td><td colspan="2">建造年代</td><td>1929</td></tr>
<tr><td colspan="2">地址</td><td>黄浦区茂名南路 59 号</td><td colspan="2">保护级别</td><td>上海市文物保护单位</td></tr>
<tr><td colspan="2">类别</td><td>公寓建筑</td><td colspan="2">结构类型</td><td>钢框架结构</td></tr>
<tr><td colspan="2">设计者</td><td>安利洋行</td><td colspan="2">施工者</td><td>华商王荪记营造厂</td></tr>
<tr><td colspan="2">普查重点</td><td>近代历史建筑设备</td><td colspan="2">普查时间</td><td>2016 年 10 月</td></tr>
<tr><td rowspan="5">原有设备类型</td><td>暖通空调</td><td>热水采暖和壁炉</td><td rowspan="5">现存设备情况</td><td>暖通空调</td><td>残存暖气片,壁炉</td></tr>
<tr><td>给排水</td><td>冷热水、消防俱全</td><td>给排水</td><td>已更新</td></tr>
<tr><td>电气</td><td>俱全</td><td>电气</td><td>残存部分吊灯,部分仿制。</td></tr>
<tr><td>通讯</td><td>电话</td><td>通讯</td><td>已更新</td></tr>
<tr><td>其他</td><td>电梯</td><td>其他</td><td>已更新</td></tr>
</table>

建筑外观

设备调查情况

照片	图片来源	说明
	作者摄	楼内餐厅灯具多为原物仿造,只有两组吊灯在物业经理坚持下保留下来,至今仍在使用

续表

照片	图片来源	说明
	程城摄	公寓套房内壁炉已作为纯装饰用,原有功能已不在
	作者摄	组合式开关面板,目前还可以使用
	作者摄	按钮开关,已经废弃
	作者摄	电梯为原电梯空间利用,设备更新替换

续表

照片	图片来源	说明
	作者摄	酒店宴会厅黄铜暖气片状态完好,作为展示用途

上海近代历史建筑设备普查表

<table>
<tr><td colspan="2">编号</td><td>011</td><td colspan="2">名称</td><td>柯灵住宅</td></tr>
<tr><td colspan="2">原名</td><td></td><td colspan="2">建造年代</td><td>1933</td></tr>
<tr><td colspan="2">地址</td><td>复兴西路 147 号</td><td colspan="2">保护级别</td><td>上海徐汇区文物保护单位</td></tr>
<tr><td colspan="2">类别</td><td>居住建筑</td><td colspan="2">结构类型</td><td>钢筋混凝土</td></tr>
<tr><td colspan="2">设计者</td><td></td><td colspan="2">施工者</td><td></td></tr>
<tr><td colspan="2">普查重点</td><td>近代历史建筑设备</td><td colspan="2">普查时间</td><td>2016 年 10 月</td></tr>
<tr><td rowspan="5">原有设备类型</td><td>暖通空调</td><td>暖气系统</td><td rowspan="5">现存设备情况</td><td>暖通空调</td><td>残存热水汀</td></tr>
<tr><td>给排水</td><td>冷热水齐备</td><td>给排水</td><td>已更新,卫浴设备残存</td></tr>
<tr><td>电气</td><td>齐备</td><td>电气</td><td>已更新,部分插座残存</td></tr>
<tr><td>通讯</td><td>电话</td><td>通讯</td><td>已更新</td></tr>
<tr><td>其他</td><td></td><td>其他</td><td></td></tr>
<tr><td colspan="6">建筑外观</td></tr>
<tr><td colspan="6"> </td></tr>
</table>

<table>
<tr><td colspan="3">设备调查情况</td></tr>
<tr><td>照片</td><td>图片来源</td><td>说明</td></tr>
<tr><td></td><td>作者摄</td><td>原有的煤气灶具及水斗,仅为展示</td></tr>
</table>

续表

照片	图片来源	说明
	作者摄	此为旧时电源插座，现仍可使用
	作者摄	卫生间马桶已经更改，暖气片保留，但已无实际功能
	作者摄	浴缸为原物，其他设备已经更改
	作者摄	旧的插座仍然在使用中，旁边新增了弱电插座
	作者摄	走廊保留原有的暖气片，作为陈设，已无使用功能

上海近代历史建筑设备普查表

<table>
<tr><td colspan="2">编号</td><td>012</td><td colspan="2">名称</td><td>宋庆龄故居</td></tr>
<tr><td colspan="2">原名
（中、外文）</td><td></td><td colspan="2">建造年代</td><td>1920 年代初期</td></tr>
<tr><td colspan="2">地址</td><td>淮海中路 1843 号</td><td colspan="2">保护级别</td><td>全国重点文物保护单位</td></tr>
<tr><td colspan="2">类别</td><td>居住建筑</td><td colspan="2">结构类型</td><td>砖木结构</td></tr>
<tr><td colspan="2">设计者</td><td></td><td colspan="2">施工者</td><td></td></tr>
<tr><td colspan="2">普查重点</td><td>近代历史建筑设备</td><td colspan="2">普查时间</td><td>2016 年 10 月</td></tr>
<tr><td rowspan="5">原有设备类型</td><td>暖通空调</td><td>暖气系统和壁炉</td><td rowspan="5">现存设备情况</td><td>暖通空调</td><td>原物保存，展示功能</td></tr>
<tr><td>给排水</td><td>冷热水俱全</td><td>给排水</td><td>卫生设备原物保存</td></tr>
<tr><td>电气</td><td>俱全</td><td>电气</td><td>系统更新，电气设备保存，
灯具为特色，防雷系统仍运行</td></tr>
<tr><td>通讯</td><td>呼叫系统，电话</td><td>通讯</td><td>原物保存，展示功能</td></tr>
<tr><td>其他</td><td>灶具、锅炉、冰箱</td><td>其他</td><td>均保存良好并展示</td></tr>
<tr><td colspan="6">建筑外观</td></tr>
<tr><td colspan="6"></td></tr>
</table>

<table>
<tr><td colspan="3">设备调查情况</td></tr>
<tr><td>照片</td><td>图片来源</td><td>说明</td></tr>
<tr><td></td><td>作者摄</td><td>此为原物厨房煤气灶具，包括烤箱，保存状态良好</td></tr>
</table>

续表

照片	图片来源	说明
	作者摄	此为厨房原物冰箱,保存状态良好
	作者摄	此为旧时盥洗台,保存状态良好
	作者摄	原有的插座,胶木制作
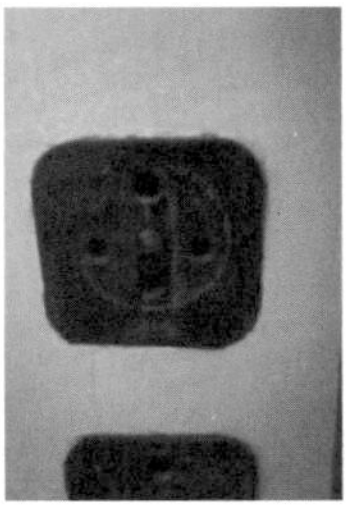	作者摄	原有的插座,胶木制作

续表

照片	图片来源	说明
	作者摄	原有的开关,按钮式
	作者摄	卫生间一,原浴缸、花洒、龙头等为历史原物,尚可使用
	作者摄	卫生间二,原卫生设备等为历史原物,尚可使用
	作者摄	主要房间内原设置了壁炉。壁炉保留良好,但已不再使用

续表

照片	图片来源	说明
	作者摄	原有的暖气片，增加了保护罩，使其与室内装修风格更为协调，显示出主人的品味
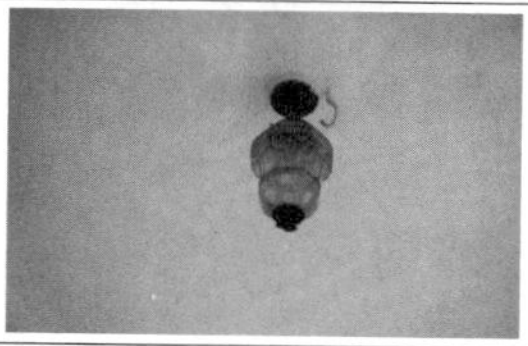	作者摄	此为原物灯具，保存状态良好，仍可继续使用。该住宅里采用了各种不同的灯具，显示出宋庆岭对于室内装饰的喜爱
	作者摄	原物灯具及壁炉，保存状态良好，灯具仍继续使用
	作者摄	原物灯具，保存状态良好，仍继续使用

续表

照片	图片来源	说明
	作者摄	此为原物灯具，保存状态良好，仍继续使用
	作者摄	此为原物灯具，保存状态良好，仍继续使用
	作者摄	此为原有的锅炉，放置在附属地下室，已废弃
	作者摄	室外烟囱及避雷针，外挂的铸铁排水管

续表

照片	图片来源	说明
	作者摄	室内排水管为原状，挂壁室外安装，为当时上海常见的排水管安装形式，目的是为方便检修。新增的室外空调机与外立面整体性不协调

上海近代历史建筑设备普查表

<table>
<tr><td colspan="2">编号</td><td>013</td><td colspan="2">名称</td><td>武康大楼</td></tr>
<tr><td colspan="2">原名</td><td>诺曼底公寓</td><td colspan="2">建造年代</td><td>1924</td></tr>
<tr><td colspan="2">地址</td><td>上海徐汇区淮海中路
1842—1858 号</td><td colspan="2">保护级别</td><td>上海市文物保护单位</td></tr>
<tr><td colspan="2">类别</td><td>居住建筑</td><td colspan="2">结构类型</td><td>钢筋混凝土结构</td></tr>
<tr><td colspan="2">设计者</td><td>邬达克</td><td colspan="2">施工者</td><td>法商华法公司</td></tr>
<tr><td colspan="2">普查重点</td><td>近代历史建筑设备</td><td colspan="2">普查时间</td><td>2016 年 12 月</td></tr>
<tr><td rowspan="6">原有设备类型</td><td>暖通空调</td><td>壁炉</td><td rowspan="6">现存设备情况</td><td>暖通空调</td><td>壁炉</td></tr>
<tr><td>给排水</td><td>冷热水齐备</td><td>给排水</td><td>已更新,残存卫浴设施</td></tr>
<tr><td>电气</td><td>齐备</td><td>电气</td><td>已更新,残存部分吊灯、开关及插座</td></tr>
<tr><td>通讯</td><td>电话</td><td>通讯</td><td>已更新</td></tr>
<tr><td>其他</td><td>电梯</td><td>其他</td><td>已更新</td></tr>
<tr><td colspan="2"></td><td colspan="2"></td></tr>
<tr><td colspan="6">建筑外观</td></tr>
</table>

设备调查情况

照片	图片来源	说明
	作者摄	公寓内部走廊的吊灯,目前保存状态良好,仍继续使用

续表

照片	图片来源	说明
	作者摄	电梯仍保留原有外观，但设备已经完全更新
	作者摄	公寓内部保存有原来式样的壁炉，外观完整，但仅作为陈设
	作者摄	部分公寓走廊和住宅套内保存有原来的开关插座，现状态良好，仍可继续使用
	作者摄	部分公寓走廊和住宅套内保存有原来的开关插座，现状态良好，仍可继续使用
	作者摄	部分公寓走廊和住宅套内保存有原来的开关插座，现状态良好，仍可继续使用

续表

照片	图片来源	说明
	作者摄	公寓内卫浴设备大多已经更换，此浴缸为残存，仍在使用
	作者摄	原有的洗脸盆，配件更换，还在使用
	作者摄	残存的煤气炉灶，已废弃
	作者摄	原有的插座，已经不能使用

上海近代历史建筑设备普查表

编号	014	名称	上海邮政总局大楼
原名		建造年代	1922—1924 年
地址	北苏州河路 250～276 号	保护级别	国家重点文物保护单位
类别	办公建筑	结构类型	钢筋混凝土结构
设计者	思九生洋行	施工者	余洪记营造厂
普查重点	近代历史建筑设备	普查时间	2016 年 12 月

原有设备类型			现存设备情况		
	暖通空调	壁炉		暖通空调	壁炉
	给排水	冷热水及消防系统齐备		给排水	已更新
	电气	齐备		电气	已更新
	通讯	电话		通讯	已更新
	其他	邮包滑梯，窗扇开启摇柄		其他	邮包滑梯，窗扇开启摇柄仍可使用

建筑物相关图片

设备调查情况

照片	图片来源	说明
	作者摄	此为旧时室外消防管道，保存状态良好

续表

照片	图片来源	说明
	作者摄	此为地下室换气扇排风口，目前仍在工作中
	作者摄	此为邮包货物滑梯，保存状态良好，但已不再使用，仅做展示
	作者摄	此为旧时落水管和消火栓箱，保存良好，消火栓箱内消防器材已更新
	作者摄	此为原地下室开启窗户的摇柄器械，保存状态良好，目前仍可使用。在建筑中，此类机械设备有多处，用于开启大型窗户，大多设备都还可以使用

续表

照片	图片来源	说明
	作者摄	地下设备间,设备均已更新
	作者摄	此电梯为新增,解决快速的垂直交通问题
	作者摄	此为原办公楼内原有壁炉,式样保存良好,但已不作使用,旁边有通风口
	作者摄	此为原建筑烟囱,与每层的壁炉相通,并附设避雷针,目前保存状态良好,但已不作使用

上海近代历史建筑设备普查表

<table>
<tr><td colspan="2">编号</td><td>015</td><td colspan="2">名称</td><td>中福会市少年宫</td></tr>
<tr><td colspan="2">原名</td><td>嘉道理爵士公馆</td><td colspan="2">建造年代</td><td>1924</td></tr>
<tr><td colspan="2">地址</td><td>延安西路 64 号</td><td colspan="2">保护级别</td><td>上海市文物保护单位</td></tr>
<tr><td colspan="2">类别</td><td>居住建筑</td><td colspan="2">结构类型</td><td>钢筋混凝土结构</td></tr>
<tr><td colspan="2">设计者</td><td>马海洋行</td><td colspan="2">施工者</td><td></td></tr>
<tr><td colspan="2">普查重点</td><td>近代历史建筑设备</td><td colspan="2">普查时间</td><td>2016 年 11 月，2017 年 5 月</td></tr>
<tr><td rowspan="5">原有设备类型</td><td>暖通空调</td><td>壁炉及暖气系统</td><td rowspan="5">现存设备情况</td><td>暖通空调</td><td>暖气系统已拆除，壁炉保存良好</td></tr>
<tr><td>给排水</td><td>冷热水及消防齐备</td><td>给排水</td><td>已更新，卫生间部分设备存留，并仍在使用</td></tr>
<tr><td>电气</td><td>齐备</td><td>电气</td><td>已更新</td></tr>
<tr><td>通讯</td><td>电话</td><td>通讯</td><td>已更新</td></tr>
<tr><td>其他</td><td></td><td>其他</td><td></td></tr>
<tr><td colspan="6">建筑外观</td></tr>
<tr><td colspan="6"></td></tr>
<tr><td colspan="6">设备调查情况</td></tr>
<tr><td colspan="2">照片</td><td colspan="2">图片来源</td><td colspan="2">说明</td></tr>
<tr><td colspan="2"></td><td colspan="2">高文虹摄</td><td colspan="2">吊灯，为仿制</td></tr>
</table>

续表

照片	图片来源	说明
	高文虹摄	吊灯,为仿制
	作者摄	大型水晶吊灯,原物
	高文虹摄	室内保留有多种形式的壁炉,保存良好,石材贴面,风格多样。现仅为展示作用
	高文虹摄	室内保留有多种形式的壁炉,保存良好,石材贴面,风格多样。现仅为展示作用
	高文虹摄	室内保留有多种形式的壁炉,保存良好,石材贴面,风格多样。现仅为展示作用

续表

照片	图片来源	说明
	高文虹摄	室内保留有多种形式的壁炉，保存良好，石材贴面，风格多样。现仅为展示作用
	作者摄	柱状出风口，为后改造时，增加空调系统时新做
	作者摄	原暖气片的位置被改造为VRV空调出风口
	高文虹摄	空调出风口，空调系统为新增，与室内装饰结合较好
	高文虹摄	新增空调设备为避免对室内特征的影响，将空调机放置在地面上，空调罩造型与周围环境相协调

续表

照片	图片来源	说明
	高文虹摄	卫生间内的小便斗风貌特征保持完好，现仍在使用
	作者摄	室外落水管根据其落水斗的五角星符号推断应为1949年后更改过。新增的室外空调机放置与建筑外立面不和谐

上海近代历史建筑设备普查表

<table>
<tr><td colspan="2">编号</td><td>016</td><td colspan="2">名称</td><td>光陆大厦</td></tr>
<tr><td colspan="2">原名</td><td>光陆大戏院</td><td colspan="2">建造年代</td><td>1928</td></tr>
<tr><td colspan="2">地址</td><td>虎丘路 146 号</td><td colspan="2">保护级别</td><td>上海市优秀历史建筑</td></tr>
<tr><td colspan="2">类别</td><td>混合功能</td><td colspan="2">结构类型</td><td>钢筋混凝土结构</td></tr>
<tr><td colspan="2">设计者</td><td>鸿达</td><td colspan="2">施工者</td><td></td></tr>
<tr><td colspan="2">普查重点</td><td>近代历史建筑设备</td><td colspan="2">普查时间</td><td>2016 年 8 月</td></tr>
<tr><td rowspan="6">原有设备类型</td><td>暖通空调</td><td>暖气系统，剧院有空调系统</td><td rowspan="6">现存设备情况</td><td>暖通空调</td><td>原系统均废弃</td></tr>
<tr><td>给排水</td><td>冷热水，消防齐备</td><td>给排水</td><td>已更新，残存部分卫生设备</td></tr>
<tr><td>电气</td><td>齐备</td><td>电气</td><td>已更新，残存部分电气设备</td></tr>
<tr><td>通讯</td><td>电话</td><td>通讯</td><td>已更新</td></tr>
<tr><td>其他</td><td>电梯，遮阳摇杆</td><td>其他</td><td>电梯已更新，遮阳摇杆残存</td></tr>
<tr><td colspan="2"></td><td colspan="2"></td></tr>
<tr><td colspan="6">建筑外观</td></tr>
<tr><td colspan="6"></td></tr>
<tr><td colspan="6">设备调查情况</td></tr>
<tr><td colspan="3">照片</td><td colspan="2">图片来源</td><td>说明</td></tr>
<tr><td colspan="3"></td><td colspan="2">作者摄</td><td>此为旧式吊灯，保存状态良好，现仍在使用</td></tr>
</table>

续表

照片	图片来源	说明
	作者摄	此为旧式电源开关,现仍可使用
	作者摄	此为原电源开关,现仍可使用
	作者摄	原有的电气接线箱,现已废弃
	作者摄	此为旧式的电路熔断器,现保存状态良好,仍可使用

续表

照片	图片来源	说明
	作者摄	此为原卫浴设施，保存状态良好，配件更新现在仍可以继续使用
	作者摄	旧时电梯位置所在，现电梯已更新，仍在使用
	作者摄	此为旧时电梯机器设备，保存状态良好，但现已经不再使用
	作者摄	原有底层剧院的砖砌通风管道直通屋顶，已废弃，铁皮管道为后增的通风管道

续表

照片	图片来源	说明
	作者摄	原有的遮阳摇杆设备，现已废弃

上海近代历史建筑设备普查表

<table>
<tr><td colspan="2">编号</td><td>017</td><td colspan="2">名称</td><td>法国领事官邸</td></tr>
<tr><td colspan="2">原名</td><td>巴塞住宅</td><td colspan="2">建造年代</td><td>1921</td></tr>
<tr><td colspan="2">地址</td><td>淮海中路 1431 号</td><td colspan="2">保护级别</td><td>上海徐汇区文物保护单位</td></tr>
<tr><td colspan="2">类别</td><td>居住建筑</td><td colspan="2">结构类型</td><td>砖混结构</td></tr>
<tr><td colspan="2">设计者</td><td></td><td colspan="2">施工者</td><td></td></tr>
<tr><td colspan="2">普查重点</td><td>近代历史建筑设备</td><td colspan="2">普查时间</td><td>2016 年 11 月</td></tr>
<tr><td rowspan="5">原有设备类型</td><td>暖通空调</td><td>暖气系统及壁炉</td><td rowspan="5">现存设备情况</td><td>暖通空调</td><td>壁炉仅为展示功能、暖气系统仍在使用，增加了空调机</td></tr>
<tr><td>给排水</td><td>齐备</td><td>给排水</td><td>已更新</td></tr>
<tr><td>电气</td><td>已更新</td><td>电气</td><td>已更新</td></tr>
<tr><td>通讯</td><td>电话</td><td>通讯</td><td>已更新</td></tr>
<tr><td>其他</td><td></td><td>其他</td><td></td></tr>
<tr><td colspan="6">建筑外观</td></tr>
<tr><td colspan="6"></td></tr>
<tr><td colspan="6">设备调查情况</td></tr>
<tr><td colspan="2">照片</td><td>图片来源</td><td colspan="3">说明</td></tr>
<tr><td colspan="2"></td><td>作者摄</td><td colspan="3">房间内保留有壁炉，仅陈设作用，外观有中式元素，风貌特征保存良好</td></tr>
</table>

续表

照片	图片来源	说明
	作者摄	暖气采暖系统仍在使用,暖气片此处为明装
	作者摄	暖气采暖系统仍在使用,暖气片为暗装。与室内装修协调
	作者摄	暖气采暖系统仍在使用,窗下的暖气片为暗装,与室内装修协调
	作者摄	此立式空调为新增,外包以木装饰,与周围环境结合,精致典雅

图片来源

图 1-1　日本 1934 年出版的《建筑设备》. 东京常盘书店. 1934 年封面
图 1-2　美国家庭卫生设备广告. 新周刊. 2013 年第 11 期:118

图 2-1　上海租界扩张图. 上海公共租界史稿. 上海人民出版社. 正文前插图
图 2-2　煤油灯. The Far Eastern Review. Feb1911. P65
图 2-3　最早的电弧灯布置地点. 内蒙古师大学报(自然科学版). 2009(5):330
图 2-4　早期的电弧灯. 近代上海都市社会与生活. 中华书局. 2006:29
图 2-5　自来水塔. www. weibo. com/u/2693745732
图 2-6　早期的各种电话. 上海传奇文明嬗变的侧影(1553-1949). 上海人民出版社. 2004:187
图 2-7　早期双出口消火栓. 上海消防博物馆提供
图 2-8　杨树浦电厂外观. The Far Eastern Review. May 1931:287
图 2-9　给水站取水上海. 1842—2010: 一座伟大城市的肖像. 世界图书出版社,2010:153
图 2-10　客利饭店外观. Social Shanghai. Vo1. X1. Jan-June1911:137
图 2-11　客利饭店客房卫生间. SocialShanghai. Vo1. X1. Jan-June1911:141
图 2-12　上海新报 1866 年 7 月 22 日报道. 上海新报. 1866 年 7 月 22 日
图 2-13　装有 Grinnell 喷淋灭火器的厂房示意图. 上海档案馆盛宣怀档案. 编号 073754
图 2-14　Grinnell 喷淋灭火器的效果图. 上海档案馆盛宣怀档案. 编号 073754
图 2-15　瑞生洋行给大纯纱厂的采购单. 上海档案馆盛宣怀档案. 编号 051955
图 2-16　江北海关的壁炉烟囱. 百年回望:上海外滩建筑与景观的历史变迁. 上海科学技术出版社. 2005:131.
图 2-17　剃头店装火炉. 沪滨闲影. 上海辞书出版社,2004:110-111.
图 2-18　自来火公司的卫生间展示厅. SocialShanghai. July-Dec 1912:52
图 2-19　上海电话公司接线间. SocialShanghai. 1910:60
图 2-20　发条电扇. 游沪杂记. 上海书店出版社. 2006:156
图 2-21　客利饭店的电扇. SocialShanghai. 1911. P139
图 2-22　蜜采里饭店外观. 百年回望:上海外滩建筑与景观的历史变迁. 上海科学技术出版社. 2005:43
图 2-23　蓬卡示意图. 上海图书馆近代文献资料室档案. 西屋公司广告
图 2-24　晚清画报中的电扇. 游沪杂记. 上海书店出版社. 2006:263

图 2-25　理查饭店今昔 http://www.doyouhike.net/forum/discover_shanghai/dsh12/848325,0,0,0.htm
图 2-26　清末曲院.上海传奇:文明嬗变的侧影(1553-1949).上海人民出版社.2004:194

图 3-1　上海 1925—1931 房地产投资图.The Far Eastern Review.Nov 1932:515
图 3-2　建筑新法封面.建筑新法.上海商务印书馆.1911 封面
图 3-3　老式石库门平面布局.上海里弄建筑.中国建筑工业出版社.1993:33
图 3-4　新式石库门布局.上海里弄建筑.中国建筑工业出版社.1993:35
图 3-5　新式里弄布局.上海里弄建筑.中国建筑工业出版社.1993:38
图 3-6　公寓里弄布局.上海里弄建筑.中国建筑工业出版社.1993:45
图 3-7　里弄建筑给水图.上海档案馆.编号 U1-14-6171
图 3-8　里弄建筑器具给水详图.上海档案馆.编号 U1-14-6171
图 3-9　里弄建筑采暖系统图.上海档案馆.编号 U1-14-6173
图 3-10　《建筑月刊》推荐的住宅.建筑月刊第二期 P42、43、44、45 作者组合
图 3-11　吴文同住宅.www.weibo.com/u/2940916580
图 3-12　吴文同住宅地暖.同济大学 2011-2012 学年第 1 学期保护设计课程作业
图 3-13　河滨公寓.The Far Eastern Review.Nov 1932:517
图 3-14　河滨公寓平面.老上海经典公寓.同济大学出版社.2005:67
图 3-15　河滨公寓排水节点图.上海城建档案馆.编号 D(03-03)0019300008.8/9
图 3-16　外滩早期建筑(1910 年)鸟瞰.http://weibo.com/p/1005051985056033/ [University of Bristol]
图 3-17　汇丰银行总体布置图.上海城建档案馆.编号 D(03-02)0019200404.11/16
图 3-18　海关大楼室内设备图.百年回望:上海外滩建筑与景观的历史变迁.上海科学技术出版社.2005:43
图 3-19　沙逊大厦.The Far Eastern Review.Nov 1929:213
图 3-20　沙逊大厦消防给水图.上海消防局档案室.沙逊大厦消防档案
图 3-21　沙逊大厦给排水布置图及节点大样图.上海城建档案馆.编号 D(03-02)-1926-0007.20/30
图 3-22　沙逊大厦原有热水汀.作者自摄
图 3-23　汉密尔登大厦.作者自摄
图 3-24　汉密尔登大厦给排水系统及水箱节点图.上海城建档案馆.编号 D(03-03)0019300008.8/9
图 3-25　汉密尔登大厦底层给排水平面图.上海城建档案馆.编号 D(03-03)0019300011.26/32
图 3-26　百老汇大厦.作者自摄
图 3-27　百老汇大厦首层暖气及给排水平面图.上海城建档案馆.编号 D(03-03)-1931-001165/65
图 3-28　大新公司.作者自摄
图 3-29　大新公司自动扶梯.The Far Eastern Review.June 1936:266
图 3-30　大新公司奥蒂斯自动扶梯设计图.上海城建档案馆.编号 D(03-03)0019330004.23/35
图 3-31　大新公司自动喷淋布置图.上海城建档案馆.编号 D(03-03)0019330004.27/35
图 3-32　大新公司地下室空调布置图.上海城建档案馆.编号 D(03-03)0019330004.20/35
图 3-33　大新公司商场空调大样布置图.上海城建档案馆.编号 D(03-03)0019330004.20/35

图 4-5　美国本土的暖气及锅炉广告. 新周刊. 2013 年 11 期:118
图 4-6　慎昌洋行的暖气广告. The China Architects and Builders Compendium. 1931:182
图 4-7　慎昌洋行在外滩供应暖气的建筑统计. 慎昌洋行二十五周年纪念册(1906-1931). 1931(西文部分):92-93
图 4-8　上海自来水用具公司广告. The China Architects and Builders Compendium. 1931:160
图 4-9　陆南熙. 暖通空调. 2012 年 10 期:01
图 4-10　胡西园. 都会遗踪. 学林出版社. 第五辑. 2012-1:57
图 4-11　亚浦尔灯泡. 都会遗踪. 学林出版社. 第五辑. 2012-1:60
图 4-12　1933-34 年上海工厂统计. The Chinese Economic & Statistical Review. March 1934. 封面
图 4-13　华生电扇广告. 西南实业通讯. 第五卷第五期. 广告
图 4-14　奇异电扇. 杨浦百年史话. 上海科学技术文献出版社:56
图 4-15　GE 上海工厂. 慎昌洋行二十五周年纪念册(1906-1931). 1931(英文部分):165
图 4-16　中和公司广告. 建筑月刊第四卷第十期. 封底广告
图 4-17　亚浦尔灯泡广告. 十年来上海市公用事业之演进. 1937. 广告
图 4-18　德华灯泡广告. 十年来上海市公用事业之演进. 1937. 广告
图 4-19　中和公司灯泡广告. 申报. 1935 年 3 月 28 日第 3 张

图 5-1　暖气工程. 商务印书馆. 1938. 封面
图 5-2　冷气工程. 商务印书馆. 1935. 封面
图 5-3　热工专刊. 热工专刊 . 1948(1). 封面
图 5-4　视远惟明. 吴有如画宝. 新疆哈什维吾尔文出版社. 2002:139
图 5-5　别饶风味. 吴有如画宝. 新疆哈什维吾尔文出版社. 2002:135
图 5-6　上海的高大阔. 良友. 88 期
图 5-7　上海的声光电. 良友. 87 期
图 5-8　静物摄影:光与影. 良友 8 周年纪念册:16
图 5-9　静物摄影:路灯. 良友 8 周年纪念册:18
图 5-10　斯坦达洁具广告一. 申报 1929 年 7 月 2 日
图 5-11　斯坦达洁具广告二. 申报 1929 年 7 月 1 日
图 5-12　上海电力公司广告 1932 年. The China Architects and Builders Compendium. 1932:188
图 5-13　上海电力公司广告 1933 年. The China Architects and Builders Compendium. 1933:167
图 5-14　上海电力公司 1932 年申报广告. 申报. 1935 年 3 月 3、8、13、17、22、31 日作者组合
图 5-15　上海霓虹灯夜景一. 老上海十字街头. 上海文艺出版社. 2004:27
图 5-16　上海霓虹灯夜景二. 老上海十字街头. 上海文艺出版社. 2004:29
图 5-17　《残春》剧照. 上海(1842—2010):一座伟大城市的肖像. 世界图书出版社. 2010:153
图 5-18　上海近现代建筑设备演进关系图. 作者自绘

图 6-1　上海某西式建筑更换业主. 上海城市规划馆

图 6-2　上海某历史建筑再利用中重新恢复暖气系统. 作者自摄
图 6-3　新添设备对于历史建筑外立面的破坏. 作者自摄
图 6-4　室内壁炉被破坏. 席子摄影
图 6-5　浦江饭店收藏展出的建筑设备. 作者自摄
图 6-6　外滩华伦道夫酒店对原电梯的复原. 作者自摄
图 6-7　外滩半岛酒店里的怀旧电梯. 作者自摄
图 6-8　原汇丰银行中仍在使用的卫生间. 作者自摄
图 6-9　和平饭店老的配电间. 和平饭店保护与扩建. 中国建筑工业出版社. 2013. P101
图 6-10　和平饭店壁炉. 作者自摄

参考文献

外文

[1] All about Shanghai and environs, A Standard Guidebook. 1935.

[2] TakeyoshiHori , Shinya Izumi. Dynamic Yokohoma: A City on the move. City of Yokohama. 1986.

[3] Siegfried Gideion. Mechanization Takes Command: A Contribution to Anonymous History[M]. New York: Oxford University Press ,1995.

[4] Lewis Mumford. The City in History: Its Origins, Its Transformations and Its Prospects[M]. New York: Harcourt, Brace & World. 1961.

[5] Cecil D. Elliott. Technicesand Architecture: the Development of Materials and Systems for Buildings[M]. London: The MIT Press,1992.

[6] Perter Hibbard. The Bund Shanghai: China Face West[M]. Three on theBund. 2007.

[7] DyceCharles M. Personal Reminiscences of thirty Year's Residence in the Model Settlement Shanghai 1870—1900[M]. London Champman&Hall. Ltd. ,1906.

[8] Hilde Heynen. Architecture and Modernity: ACritique Cambridge [M]. Mass: MIT Press, 1999.

[9] PasiFalk. The Consuming Body[M]. SAGE Publications Ltd. ,1994.

[10] Betty Peh-t'I Wei. Shanghai: Crucible of Modern China[M]. Hongkong Oxford University Press,1987.

[11] George Benko& Ulf Strohmager(ed.), Rob Shields. Spatial Stressand Resistance: Social Meanings of Specialization. Space& Social Theory, Interpreting Modernity and Post modernity [M]. Publishers Inc,1997.

[12] The city in literature[M]. University of CaliforniaPress, 1998.

[13] H. J. Lethbridge. All about Shanghai: A standard Guidebook[M], Oxford University Press (China) Ltd. ,1983.

[14] Guide to building servicesfor historic buildings sustainable services for traditional buildings CIBSE . 2003.

[15] PasiFalk. the Consuming Body[M]. SAGE Publications Ltd. , 1994.

[16] Raymond J. Cole, Richard Lorch. Buildings, Culture and Environment: InformingLocal and Global Practices[M]. Blackwell Publishing, 2003.

[17] 中西义荣. 建筑设备[M]. 东京常盘书店. 1934.

[18] 松井翠声.松井翠声的《上海指南》[M].东京:横山隆.1938.

中文

学位论文:

[19] 李俊华.台湾日据时期建筑家铃置良一之研究[D].台湾:台湾中原大学,2000.
[20] 周秀全.想象的异邦:印刷文化与近代上海都市及建筑的现代性关联研究[D].上海:同济大学,2003.
[21] 李海清.中国建筑现代转型[M].南京:东南大学,2004.
[22] 王方.上海英国领事馆地区外滩源研究[D].上海:同济大学,2006.
[23] 唐方.都市建筑控制:近代上海公共租界建筑法规研究[D].上海:同济大学,2006.
[24] 钱海平.以《中国建筑》与《建筑月刊》为资料源的中国建筑现代化进程研究[D].浙江:浙江大学,2006.
[25] 张鸿声.文学中的上海想象[D].浙江:浙江大学 2006.
[26] 张晓春.文化适应与中心转移:近现代上海空间变迁的都市人类学研究[M].南京:东南大学,2006.
[27] 廖镇诚.日治时期台湾近代建筑设备发展之研究[D].台湾:台湾中原大学,2007.
[28] 乔飞.上海租界排水系统的发展及其相关问题研究(1845—1949年)[D].上海:复旦大学,2007.
[29] 吴宇新.煤气照明在中国:知识传播、技术应用及其影响考察[D].内蒙古师大,2007.
[30] 李嫣.清末电磁学译著《电学》研究[D].北京:清华大学,2007.
[31] 张鹏.都市形态的历史根基:上海公共租界市政发展与都市变迁研究[M].上海:同济大学,2008.
[32] 王凯.现代中国建筑话语的发生[D].上海:同济大学,2009.
[33] 陈怀玉.1930年代的大众文化:大都会的现代性想象与追寻[D].上海:上海师范大学,2009.
[34] 黄兴.电气照明技术在中国的传播、应用和发展(1879—1936)[D].内蒙古师大,2009.
[35] 宣磊.近代上海大众媒体中的建筑讨论研究(20世纪初—1937年)[D].上海:同济大学,2010.
[36] 董柯.上海近代历史建筑饰面的演变及价值解析[D].上海:同济大学,2013.

史志:

[37] 孙毓棠.中国近代工业史资料第一辑[M].北京:北京科学出版社,1957.
[38] 信夫清三郎.日本政治史第一卷[M].吕万和,熊达云,张健,译.上海:上海译文出版社,1981.
[39] 作者不详.上海公共租界史稿[M].上海:上海人民出版社,1984.
[40] 费正清.剑桥中国晚清史[M].北京:中国社会科学院出版社,1985.
[41] 上海租界志编委会.上海租界志[M].上海:上海社会科学出版社,2001.
[42] 熊月之.上海通史[M].上海:上海人民出版社,1999.
[43] 熊月之,周武.上海一座现代化都市的编年史[M].上海:上海书店出版社,2007.

[44] 胡霁荣.中国早期电影史(1896—1937)[M].上海:上海人民出版社，2010.
[45] 上海通社.上海研究资料[M].上海:上海书店出版社，1984.
[46] 上海研究论丛第2辑、第9辑[M].上海社会科学出版社 1989,1996.
[47] 中国人民政协会议上海委员会.旧上海的房地产经营[M].上海:上海人民出版社，1990.
[48] 陆坚心,完颜绍元. 20世纪上海文史资料文库[M].上海:上海书店出版社，1999.
[49] 上海市政协文史资料委员会编. 上海文史资料存稿汇编. 2001.
[50] 上海史研究译丛[M].上海:上海古籍出版社,2003—2004.
[51] 档案里的上海[M].上海:上海辞书出版社，2006.
[52] 张仲礼.近代上海城市研究(1840—1949)[M].上海:上海文艺出版社，2008.
[53] 上海档案史料研究(九)[M].上海:上海三联书店.2010.
[54] 上海档案馆史料研究第十二辑[M].上海:上海三联书店. 2012.
[55] 上海公用事业管理局.上海公用事业(1840—1986)[M].上海:上海人民出版社，1991.
[56] 上海市电力工业局史志编纂委员会.上海电力工业志[M].上海:上海社会科学院出版社，1994.
[57] 王寿林.上海消防百年纪事[M].上海:上海科技出版社，1994.
[58] 上海市黄浦区人民政府财贸办公室,上海市黄浦区商业志编纂委员会.上海市黄浦区商业志[M].上海:上海科学技术出版社，1995.
[59] 本书编委会. 上海市黄浦区商业志[M].上海:上海科学技术出版社，1995.
[60] 上海煤气公司.上海市煤气公司发展史(1865—1995)[M].上海:上海远东出版社，1995.
[61] 上海轻工业志编纂委员会. 上海轻工业志[M].上海:上海社会科学院出版社，1996.
[62] 上海机电工业志编纂委员会.上海机电工业志[M].上海:上海社会科学院出版社,1996.
[63] 上海建筑施工志编纂委员会.上海建筑施工志[M].上海:上海社会科学院出版社，1997.
[64] 上海二轻工业志编纂委员会.上海二轻工业志[M].上海:上海社会科学院出版社,1997.
[65] 上海邮电志编撰委员会.上海邮电志[M].上海:上海社会科学院出版社，1999.
[66] 上海电子仪表工业志编纂委员会. 上海电子仪表工业志[M].上海:上海社会科学院出版社,1999.
[67] 吴贻弓,上海电影志编撰委员会.上海电影志[M].上海:上海社会科学院出版社，1999.
[68] 上海公用事业志编委会.上海公用事业志[M].上海:上海社会科学院出版社，2000.
[69] 上海对外经济贸易志编委会. 上海对外经济贸易志[M].上海:上海社会科学院出版社,2001.
[70] 上海冶金控股(集团)公司钢铁志编志办公室.上海钢铁工业志[M].上海:上海社会科学院出版社，2001.
[71] 上海地方志办公室.上海名建筑志[M].上海:上海社会科学院出版社，2005.

1949年以前出版:

[71] (清)傅兰雅.格致汇编[J].上海:上海格致书室铅印本，1880(3).
[73] 余上沅. 翩刷运动·光影[J].上海:上海新月书店出版，1927.
[74] 上海特别市公用局编.上海特别市公用局一览. 1927.

[75] 慎昌洋行二十五周年纪念册(1906—1931).1931.
[76] 上海工务局.上海工务局概况.1931.
[77] 出版者不详.上海市技师技副营造厂登记名录.1933.
[78] 顾均正.电话与电报[M].上海:新生命书局,1933.
[79] 陆警钟.暖气工程[M].上海:商务印书馆,193?.
[80] 工业安全协会编辑.锅炉安全使用法.天厨味精厂发行.1934.
[81] 国民政府建设委员会.电气装置规则[M].上海:商务印书馆,1934.
[82] 张季龙.电话工程[M].学启智书局,1935.
[83] 朱有骞.自来水[M].商务印书馆,1935.
[84] 黄述善.冷气工程[M].商务印书馆,1935.
[85] 丰子恺.西洋建筑讲话[M].上海开明书店,1935.
[86] 丁伋.屋内电灯装置概要[M].商务印书馆,1936.
[87] 理想住宅[M].良友图书公司,1936.
[88] 英华\华英合解建筑辞典.上海市建筑协会.1936.
[89] 上海市公用局.十年来上海市公用事业之演进.1937.
[90] 刘大钧.中国工业调查报告[G].//(上海)经济统计研究所,1937.
[91] 乌兆荣.五金货名华英英华对照表.上海胜源五金号.1946.
[92] 上海机制国货工厂联合会.国货工厂全貌.1947.
[93] 汪胡桢.中国工程师手册给水工程[M].上海:上海厚生出版社,1947.
[94] 赵曾钰.上海之公用事业[M].上海:商务印书馆,1948.
[95] 徐天游.近代的灯[M].上海:中华书局,1948.
[96] 陈湖,王天一.电话学[M].上海:中国科学图书仪器公司.1948.

1949 以后出版:

[97] (清)王韬.瀛濡杂志[M].上海:上海古籍出版社,1989.
[98] (清)黄式权.淞南梦影录卷四[M].上海:上海古籍出版社,1989.
[99] 姚公鹤.上海闲话[M].吴德铎标点.上海:上海古籍出版杜.1989.
[100] 胡祥翰.上海小志[M].上海:上海古籍出版社,1989.
[101] 顾炳权.上海洋场竹枝词[M].上海:上海书店出版社,1996.
[102] 屠诗聘.上海市大观(1948 年)稀见上海史志资料丛书 2[M].邢建榕整理.上海:上海书店出版社,2012.
[103] (清)海上漱石生.沪壖话旧录.稀见上海史志资料丛书 2[M].宋钻友整理.上海:上海书店出版社,2012.
[104] 中国新文学大系续篇第五卷[M].香港:.香港文学研究出版社,1968 .
[105] 茅盾.茅盾选集.成都:四川人民出版社,1982.
[106] 薛绥之.中国现代文学史话[M].上海:上海教育出版社,1990.
[107] 益斌.老上海广告[M].上海:上海画报出版社,1995.

[108] 旷新年.1928:革命文学[M].济南:山东教育出版社,1998.
[109] 陈丹燕.怀旧的理由:上海的风花雪月[M].上海:作家出版社,1998.
[110] 张爱玲.张爱玲文集[M].上海:.上海人民出版社,1999.
[111] 李陀.上海酒吧—空间、消费与想象[M].南京:江苏人民出版社,2001.
[112] 周宪.审美现代性批判[M].北京:商务印书馆出版社,2005.
[113] 郑逸梅.清末民初文坛逸事[M].北京:中华书局.2005.
[114] 陈丹燕.外滩影像与传奇[M].北京:作家出版社,2008.
[115] 刘永丽.被书写的现代:20世纪中国文学中的上海[M].北京:中国社会科学出版社,2008.
[116] 姚建斌,翟吉好.啊上海,你这个中国的安乐窝[M].长沙:岳麓书社,2003.
[117] 张绪谔.乱世风华:20世纪40年代上海生活与娱乐的回忆[M].上海:上海人民出版社,2009.
[118] 孙绍谊.想象的城市:文学、电影和视觉上海(1927—1937)[M].上海:复旦大学出版社,2009.
[119] 胡霁荣.中国早期电影史(1896—1937)[M].上海:上海人民出版社,2010.
[120] 张屏瑾.摩登·革命:都市经验与先锋美学[M].上海:同济大学出版社,2011.
[121] 陈平原.都市想象与文化记忆丛书[M].北京:北京大学出版社,2013.
[122] 梁思成.凝动的音乐[M].天津:百花文艺出版社,1998.
[123] 郑时龄.上海近代建筑风格[M].上海:上海教育出版社,1999.
[124] 常青.大都会从这里开始.上海南京路外滩段研究[M].上海:同济大学出版社,2005.
[125] 钱宗灏等.百年回望:上海外滩建筑与景观的历史变迁[M].上海:上海科学技术出版社,2005.
[126] 赖德霖.中国近代建筑史研究[M].北京:清华大学出版社,2007.
[127] 伍江.上海百年建筑史(1840—1949)[M].上海:同济大学出版社,2008.
[128] 邓庆坦.中国近、现代建筑历史整合研究论纲[M].北京:中国建筑工业出版社,2008.
[129] 左琰.西方百年室内设计(1850—1950)[M].北京:中国建筑工业出版社,2010.
[130] 徐苏斌.近代中国建筑学的诞生[M].天津:天津大学出版社,2010.
[131] 娄承浩,薛顺生.上海百年建筑师和营造师[M].上海:同济大学出版社,2011.
[132] 朱晓明,祝东海.勃朗第之城:上海老弄堂生活空间的历史图景[M].北京:中国建筑工业出版社,2012.
[133] 罗小未.外国近现代建筑史[M].北京:中国建筑工业出版社,2012.
[134] 唐玉恩.和平饭店保护与扩建[M].北京:中国建筑工业出版社,2013.
[135] 常青.历史建筑保护工程学 同济城乡建筑遗产学科领域研究与教育探索[M].上海:同济大学出版社,2014.
[136] 薛顺生,娄承浩.老上海花园洋房[M].上海:同济大学出版社,2002.
[137] 王绪远.壁炉:浓缩世界室内装饰史的艺术[M].上海:上海文化出版社,2006.
[138] 中国建筑设计研究院.建筑给排水设计手册[M].北京:中国建筑工业出版社,2008.
[139] 陆耀庆.实用供热空调设计手册[M].北京:中国建筑工业出版社,2008.
[140] 雷麦.外人在华投资[M].北京:商务印书馆,1959.

[141] 朱有瓛. 华东师范大学《教育科学丛书》编委会. 中国近代学制史料第三辑[M]. 上海:华东师范大学出版社,1990.

[142] 忻平. 从上海发现历史现代化进程中的上海人及其社会生活(1927—1937)[M]. 上海:上海大学出版社, 1996.

[143] 《上海和横滨》联合编辑委员会,上海档案馆. 上海和横滨:近代亚洲两个开放城市[M]. 上海:华东师范大学出版社, 1997.

[144] 马长林. 租界里的上海[M]. 上海:上海社会科学院出版社,2003.

[145] 熊月之. 透视老上海[M]. 上海:上海社会科学院出版社,2004.

[146] 郑祖安. 老上海十字街头[M]. 上海:上海文艺出版社, 2004.

[147] 熊月之. 海外上海学[M]. 上海:上海古籍出版社, 2004.

[148] 刘建辉. 魔都上海:日本知识人的"近代"体验[M] . 上海:上海古籍出版社,2003.

[149] 罗苏文. 沪滨闲影[M]. 上海:上海辞书出版社, 2004.

[150] 罗苏文. 上海传奇文明嬗变的侧影(1553—1949)[M]. 上海:上海人民出版社, 2004.

[151] 中国社会科学院近代史研究所. 近代中国与世界第二届近代中国与世界学术研讨论文集第三卷[M]. 北京:社会科学文献出版社, 2005.

[152] 高梦滔. 沦陷都会的传奇[M]. 北京:社会科学文献出版社, 2008.

[153] 熊月之. 异质文化交织下的上海都市生活[M]. 上海:上海辞书出版社,2008.

[154] 上海历史博物馆. 都会遗踪 2009—2013[M]. 上海:上海书店出版社,2009-2013.

[155] 李长莉. 晚清上海风尚与观念的变迁[M]. 天津:天津大学出版社, 2010.

[156] 叶中强. 上海社会文人生活(1843—1945)[M]. 上海:上海辞书出版社, 2010.

[157] 梁元生. 晚清上海:一个城市的历史记忆[M]. 桂林:广西师范大学出版社, 2010.

[158] 叶忠强. 上海社会与文人关系(1843—1945) [M]. 上海:上海辞书出版社, 2010.

[159] 《中国电梯》编辑部. 中国电梯行业三十年(1980—2010)(内部发行). 2011.

[160] 薛理勇. 上海洋场[M]. 上海:上海辞书出版社, 2011.

[161] 吕澍,王维江. 德国文化地图[M]. 上海:上海锦绣文章出版社, 2011.

[162] 许纪霖、罗岗等. 城市的记忆上海文化的多元历史传统[M]. 上海:上海书店出版社, 2011.

[163] 陈祖恩. 老上海城记[M]. 上海:上海锦绣文章出版社,2011.

[164] 熊月之,高俊. 上海的英国文化地图[M]. 上海:上海锦绣文章出版社, 2011.

[165] 熊月之. 西学东渐与晚清社会[M]. 北京:中国人民大学出版社, 2011.

[166] 忻平. 历史记忆与近代城市社会生活[M]. 上海:上海大学出版社, 2012.

[167] 彭长歆. 现代性・地方性——岭南城市与建筑的近代转型[M]. 上海:同济大学出版社,2012.

期刊及论文:

[168] 池田桃川. 上海的杀人团女性[J]. 1928,13(4).

[169] 《新辞源》之"摩登"条[J]. 申报月刊,1934,3(3).

[170] 中国工程学会主办国产建筑材料展览会报告[J]. 工程周刊, 1936,1.

[171] 胡西园. 上海工业近况[J]. 西南实业通讯,1946(14).

[172] 上海礼赞[N]. 文汇报，1945-9-9.
[173] 金企正. 上海市旧居民区的民意测验[J]. 住宅科技，1985(10).
[174] 何重建. 上海近代营造业的形成及特征第三次中国近代建筑史研究讨论会论文集[D]. 北京：中国建筑工业出版社，1991.
[175] 白鲁恂. 中国民族主义与现代化[J]. 二十一世纪，1992(2).
[176] 赖德霖."科学性"与"民族性"—近代中国的建筑价值观[J]. 建筑师，1995(62,63).
[177] 李欧梵. 当代中国文化的现代性和后现代性[J]. 文学评论，1999(5).
[178] 王远义. 对中国现代性的一种观察[J]. 台大历史学报，2001(28).
[179] 沙永杰. 关于中国近代建筑发展过程中建筑师的作用—与日本之比较[G]// 2000 年中国近代建筑史国际研讨会论文集. 北京：清华大学出版社，2001.
[180] 常青. 从建筑文化看上海城市精神：黄浦江畔的建筑对话[J]. 建筑学报，2003(12).
[181] 熊月之. 照明与文化：从油灯、蜡烛到电灯[J]. 社会科学，2003(3).
[182] 邢建荣 . 水电煤近代上海公用事业的演进及华洋之间的不同心态[J]. 史学月刊，2004(4).
[183] 吴晓东. 阳台：张爱玲小说中的空间意义生产[J]. 现代中国，2007(9).
[184] 罗珊珊，张健. 上海里弄住宅的演变[J]. 华中建筑，2007(4).
[185] 王儒年. 二三十年代的《申报》广告与爱国主义的世俗化[J]. 史林，2007(3).
[186] 张勇."摩登"考辨——1930 年代上海文化关键词之一[J]. 中国现代文学研究丛刊，2007(6).
[187] 张文诺.《上海的早晨》与"早晨"的"上海"——论《上海的早晨》中的上海都市空间想象[J]. 文化研究，2013(14).
[188] 刘旻. 创造与延续——历史建筑适应性再生概念的界定[J]. 建筑学报，2011(5).
[189] 王晓辉. 纪念第一代建筑设备工程师陆南熙[J]. 暖通空调，2012(10).
[190] 吴俏瑶. 上海法租界建筑法规体系发展概述[J]. 华中建筑，2013(3).
[191] 新华社. 上海七百多个公、私营工厂和合作社大量生产水暖电工器材支援基本建设[N]. 人民日报，1953-7-27.
[192] 陈赛. 壁炉：家庭生活[J]. 三联生活周刊，2012(28).
[193] 张磊. 华生电扇之崛起与重生[N]. 新民晚报，2013-7-13.

中文译著：

[194] (美)罗兹墨菲. 上海—现代中国的钥匙[M]. 上海：上海人民出版社，1987.
[195] (法)白吉尔. 中国资产阶级的黄金时代[M]. 张富强，许世芬，译. 上海：上海人民出版社，1994.
[196] (德)诺贝特・埃利亚斯. 文明的进程第 1 卷[M]. 王佩莉，译. 北京：北京三联书店，1998.
[197] (美)霍塞. 出卖上海滩[M]. 越裔，译. 上海：上海书店出版社，2000.
[198] (挪)石海山. 挪威人在上海 150 年[M]. 朱荣发，译. 上海：上海译文出版社，2001.
[199] (英)史蒂芬・科罗维. 世界建筑细部风格设计百科[M]. 刘念雄，邵磊译. 沈阳：辽宁科学技术出版社，2002.
[200] (美)马歇尔・伯曼. 一切坚固的东西终将烟消云散了[M]. 周宪，译. 北京：商务印书

馆，2003.

[201] (英)彼得·柯林斯现代建筑思想的演变[M]. . 英若聪，译. 北京：中国建筑工业出版社，2003.

[202] (美)本·安德森. 想象的共同体：民主主义的起源和散布[M]. 上海：上海人民出版社，2003.

[203] (日)刘建辉. 魔都上海[M]. 上海：上海古籍出版社，2003.

[204] (英)查尔斯辛格. 技术史：第五卷[M]. 远德玉，译. 上海：上海科技教育出版社，2004.

[205] (英)E. 霍布斯鲍姆. 传统的发明[M]. 顾杭等，译. 南京：译林出版社，2004.

[206] (美)卢汉超. 霓虹灯：20 世纪初日常生活中的上海[M]. 段炼，吴敏，译. 上海：上海古籍出版社，2004.

[207] (法)白吉尔. 上海史：走向现代之路[M]. 王菊，赵念国，译. 上海：上海社会科学院出版社，2005.

[208] (美)李欧梵. 上海摩登[M]. 毛尖，译. 北京：北京大学出版社，2005.

[209] (美)肯尼斯·弗兰姆普敦. 现代建筑：一部批判的历史[M]. 张钦楠，等，译. 北京：三联书店. 2005.

[210] (英)威托德·黎辛斯基. 金屋、银屋、茅草屋[M]. 谭天，译. 天津：天津大学出版社，2007.

[211] (日)纪谷文树. 建筑环境设备学[M]. 李农，杨燕，译. 北京：中国电力工业出版社，2007.

[212] (美)葛凯. 制造中国：消费文化与民族国家的创建[M]. 黄振萍，译. 北京：北京大学出版社，2007.

[213] (日)矢代真已. 20 世纪的空间设计[M]. 卢春生，等，译. 北京：中国建筑工业出版社，2007.

[214] (英)劳伦斯·赖特. 高雅与清洁：浴室和水厕趣史[M]. 董爱国，黄建敏，译. 北京：商务印书馆，2007.

[215] (丹)曹伯义，韩悦仁. 从光辉灿烂的昨天到生机盎然的今天：大上海地区的丹麦人和丹麦公司(1846—2006)[M]. 陈颖，译. 上海：上海书店出版社，2008.

[216] (美)马泰卡林内斯库. 现代性的五副面孔[M]. 顾爱彬，李瑞华，译. 北京：商务印书馆，2008.

[217] (法)罗歇—亨利·盖朗. 方便处：盥洗室的历史[M]. 黄艳红，译. 北京：中国人民大学出版社，2009.

[218] (美)刘易斯·芒福德. 城市文化[M]. 宋俊岭，等，译. 北京：中国建筑工业出版社，2009.

[219] (美)刘易斯·芒福德. 技术与文明[M]. 陈允明，等，译. 北京：中国建筑工业出版社，2009.

[220] 另眼相看晚：清德语文献中的上海[M]. 王维江，吕澍辑，译. 上海：上海辞书出版社，2009.

[221] (美)刘香成，(英)凯伦史密斯. 上海 1842—2010：一座伟大城市的肖像[M]. 上海：世界图书出版社，2010.

[222] 夏伯铭编译. 上海 1908[M]. 上海：复旦大学出版社，2011.

[223] 汪民安，陈永国，马海良，编译. 城市文化读本[M]. 北京：北京大学出版社，2008.

[224] 冯天瑜. "千岁丸"上海行：日本人一八六二年的中国观察[M]. 武汉大学出版社，2001.

报刊、公报：

North China Daily News(字林西报) 1882.

Shanghai Mercury(文汇报)1893.

The China Weekly Reviews(中国评论周刊)1931.

The China Architects and Builders Compendium(中国建筑师及建造商概要)1924—1937.

The Far Eastern Review(远东评论)1920—1938.

Social Shanghai(上海社交) 1900—1911.

申报 1872—1947.

建筑月刊 1932—1937.

中国建筑 1932—1937.

时事新报 1907—1938.

热工专刊 1948—1949.

立法院公报 1929—1937.

实业公报 1932—1936.

实业部通知 1936.

实业部月刊 1937.

工程周刊 1946.

西南实业通讯 1946.

人民日报 1953—1955.

上海市人民政府公告 1951.

档案：

工部局会议档案 1854—1943.

上海图书馆盛宣怀档案 1856—1936.

上海档案馆卷宗

上海消防局档案

研究报告：

历史建筑的信息采集与价值评估体系研究[R].国家科技支撑计划“十一五”课题“重点历史建筑可持续利用与综合改造关键技术研究”(编号 2006BAJ03A07)，2010.

网络资源：

上海通上海地方志办公室网站：http://www.shtong.gov.cn

上海档案信息网：http://www.archves.sh.cn

上海图书馆：http://www.library.sh.cn

上海社会科学院历史研究所网站：http://www.historyshanghai.com

数字图书馆网站：http://dl.eastday.com/index.html

同济大学图书馆：http://www.lib.tongji.edu.cn
香港大学图书馆：https://lib.hku.hk
人民网：http://www.people.com.cn
弄堂网：http://www.longdang.org
新浪微博：http://www.weibo.com
上海房屋设备有限公司网页：http://www.sinolift.qianyan.biz/

后记

时间如梭，研究与写作仿佛探索一段未知的旅程，其中的甘苦自不待不言。但研究上海确有磁石般的魔力，投入其中，就会欲罢不能。从最初学习设备专业到研究上海近代设备史，这其中的转变也是自我追寻的过程，但我一直觉得其中有一种无形的因缘，更让我始终心存感激。

导师常青先生一直以来对我的指导、关心和支持无以言表。在这个学风严谨的团队里的训练和熏陶，帮助我在学术上迈出坚实的一步。感谢华耘师母对我工作生活的关心，左琰教授对我长久以来无论从学业还是生活上的一直关心和帮助。

感谢傅信祁、章明、唐玉恩等前辈给予的指导。感谢伍江、赖德霖、卢永毅、钱宗灏、江晓原、徐苏斌、谭玉峰、薛求理、刘少瑜、邢建荣、朱晓明、李海清及彭长歆等教授对我研究的指导和启发。

感谢建筑设备方面的专家龙惟定、范存养、吴德绳和邵乃宇等教授给予的专业指导，才能使我做出不是外行的研究。

感谢江波、李永盛、祁学银、陈幼德、郑孝正和马怡红等教授给于我工作和学业的支持。感谢 Regina Loukotova，George Kunihiro，王云才、赵毓玲、余平和张剑敏等教授对我一直以来各方面的支持帮助。

感谢张鹏、刘雨婷、刘涤宇、华霞虹、戴春、董柯、董一平、李颖春、陈曦、李辉、祝东海和张峥等老师对研究的帮助支持，感谢郑鸣、范保军、孙远、葛庆子、丁康乐和张顺尧等学友的相互鼓励。

感谢登琨艳先生、刘颙先生、杨惠平女士、杨佐英先生、朱建军先生、何娟女士、马崇恩先生、许一凡先生、高文虹女士、李菲先生、乔争月女士及宿新宝先生等给予我的支持。

还要感谢上海市文物保护研究中心对后续研究的支持，上海市新闻出版局、同济出版社对出版的支持和精心的制作，让本书得以最佳地呈现。

最后还要感谢我的家人，你们的理解和支持让我能实现自己想做的事情。

蒲仪军

2017 年 5 月 20 日

图书在版编目(CIP)数据

都市演进的技术支撑:上海近代建筑设备特质及社会功能探析:1865—1955/蒲仪军著.--上海:同济大学出版社,2017.5

(城乡建成遗产研究与保护丛书/常青主编)

国家"十三五"重点图书出版规划项目

本书由上海文化发展基金会图书出版专项基金资助出版

ISBN 978-7-5608-6881-3

Ⅰ.①都… Ⅱ.①蒲… Ⅲ.①建筑史—研究—上海—1865—1955 Ⅳ.①TU-092.5

中国版本图书馆CIP数据核字(2017)第079286号

城乡建成遗产研究与保护丛书

都市演进的技术支撑——上海近代建筑设备特质及社会功能探析(1865—1955)

Technical Foundation of Modern Shanghai:

A Study on the Development and Social Implications of Building Services 1865—1955

蒲仪军 著

策划编辑 江 岱 责任编辑 姚烨铭 责任校对 张德胜 封面设计 潘向蓁

出版发行 同济大学出版社 www.tongjipress.com.cn

(地址:上海市四平路1239号 邮编:200092 电话:021—65985622)

经　销 全国各地新华书店

印　刷 上海安兴汇东纸业有限公司

开　本 787mm×960mm 1/16

印　张 19

字　数 380000

版　次 2017年5月第1版 2017年5月第1次印刷

书　号 ISBN 978-7-5608-6881-3

定　价 68.00元

本书若有印装质量问题,请向本社发行部调换 版权所有 侵权必究